普通高校本科计算机类“十二五”规划教材

WEB开发技术

主　编　王留洋　王媛媛
副主编　张海艳　朱好杰　李　翔

南京大学出版社

图书在版编目(CIP)数据

WEB开发技术 / 王留洋，王媛媛主编. — 南京：南京大学出版社，2014.8(2016.1重印)

ISBN 978-7-305-13767-9

Ⅰ. ①W… Ⅱ. ①王… ②王… Ⅲ. ①网页制作工具—程序设计 Ⅳ. ①TP393.092

中国版本图书馆CIP数据核字(2014)第174530号

出版发行 南京大学出版社
社　　址 南京市汉口路22号　　邮　编 210093
出 版 人 金鑫荣

书　　名 WEB开发技术
主　　编 王留洋　王媛媛
责任编辑 吴宜锴　蔡文彬　　编辑热线 025-83686531

照　　排 南京理工大学资产经营有限公司
印　　刷 宜兴市盛世文化印刷有限公司
开　　本 787×1092 1/16 印张 20.25 字数 493千
版　　次 2014年8月第1版　2016年1月第2次印刷
ISBN 978-7-305-13767-9
定　　价 38.00元

网　　址：http://www.njupco.com
官方微博：http://weibo.com/njupco
官方微信号：njupress
销售咨询热线：(025)83594756

前　言

本书系统地介绍了遵循Web标准的网页设计方法，教学内容采用模块化的编写思路，包含了Web前端开发技术的各个方面，围绕Web设计的各个方面予以展开，并通过大量实例深入剖析CSS应用的核心。

本书从应用出发，将HTML语言、CSS样式、jQuery三方面的学习内容分为了Web站点发布、HTML网站版面设计、HTML标记、CSS基础与应用、网页布局实例、JavaScript、jQuery、图像处理技术、CSS3、HTML5以及AJAX等知识点。每个章节先引出教学核心内容，明确教学任务；从易到难、循序渐进地介绍网页设计的相关内容，通过系列实例实践，边学边做；通过实例综合应用所学知识，提高学生系统的运用知识的能力；强调一些扩展知识、提高技巧。

本书融入Visual Studio、Photoshop等软件的功能和技术知识点，使读者既能学习到上述软件的各种操作和功能运用，更能掌握不同类型网站的制作技巧和实战经验。

参与本书编写的老师均有多年Web开发技术的教学经验，在编写过程中我们充分考虑了学生在学习过程中容易遇到的问题，结合相关知识的讲解予以一一解决，以帮助学生更好地学习和掌握。本书内容由浅入深、循序渐进，方便教师在教学过程中采用“任务驱动”的教学方法，以实例为引导讲解基本知识点，也能引导学生开发比较复杂的应用程序。本书按教学内容分为八章，每章从学习目的和要求、学习要点等方面进行讲解和分析。其中学习要点部分紧扣每章的重点和难点内容，主要列出需要学生掌握的知识点，通过大量的实例和分析，力求用通俗易懂的语言将重点和难点讲透。

本书配套提供了多媒体课件、实例源文件，可以访问本书网络教学平台(http://webdesign.hyit.edu.cn/)免费下载，该网络教学平台还提供了大量的学习资源。本书结构合理，内容丰富，实用性强，可以作为计算机类专业、商务类专业的教学用书，还可以作为相关专业从业人员的自学用书。

本书由王留洋、王媛媛主编，并负责全书的总体策划与统稿、定稿工作，张海艳、朱好杰、李翔任副主编，各单元编写分工如下：第一、二章由张海艳编写，第三、四章由王媛媛、李翔编写，第五章由朱好杰编写，第六、七、八章由王留洋、王媛媛和张海艳编写。周蕾和陈宏明参加了本书编写任务的讨论，并对部分章节的内容提出了建设性的意见。本书在编写的过程中，得到了很多同行专家、教师的支持和帮助，在此表示衷心的感谢。

由于时间仓促和水平所限，书中难免有错误或疏漏之处，敬请同行和广大读者批评指正。作者的联系方式：zhfwyy@126.com。

编　者

2014年5月

目　录

第1章　网站前台开发概述

随着Internet技术的应用及普及，网络已经深入人们的生活中，并已成为生活的一个重要组成部分。而几乎所有的网络活动都与网页相关，网页设计技术已成为当前重要的计算机技术之一，也是深入学习计算机其他技术的基础和前提。

网站开发是从艺术设计到页面制作再到后台开发的系统工程，需要应用多种技术和软件才能完成。开发网站首先要了解网站前台开发的相关技术，例如网页布局以及图像处理技术等。另外，使用最新版本的网页设计软件也可以提高开发的效率。

1.1　网页设计基础知识

学习网页设计，首先要了解网站及网页中的一些基本概念，为后面开发设计打下良好的基础。

1.1.1　基础概念

(1) 网页与网站

网页是构成网站的基本元素，通常一个网站是由很多不同内容的网页组成的，网页是承载各种网站应用的平台。网站是由网页组成的，如果只有域名和虚拟主机而没有制作任何网页，用户仍无法访问网站。

网页是网站中的一个页面，通常是HTML(超文本标记语言)格式。网页要使用网页浏览器(例如，IE、谷歌以及火狐浏览器等)来展现。目前还流行使用移动设备浏览网页。

网页是使用HTML编写的基本文档。它由文字、图片、动画、声音等多种媒体信息以及链接组成，通过链接实现与其他网页或网站的关联和跳转。网页通过浏览器打开，在任何一个打开的页面上，执行“查看”菜单中的“源文件”命令，就可以通过记事本看到网页的实际内容。可以看到，网页实际上只是一个纯文本文件。它通过各式各样的标记对页面上的文字、图片、表格、声音等元素进行描述(例如字体、颜色、大小)，我们之所以能看到丰富多彩的页面，是因为该页面被浏览器解释执行。

(2) 首页

当在浏览器的地址栏输入网站域名，首先看到的网页称为首页或主页(Homepage)。首页一般被认为是一个目录性质的内容。网站首页是一个网站权重最高的页面，是一个网站的精髓所在，通常影响整个网站的形象和网站的运营。

(3) URL

URL(Uniform Resource Locator,统一资源定位符)用于标识 Web 上的页面和资源。每个 URL 均由用于通信的协议、与之通信的主机(服务器)、服务器上资源的路径(例如文件名)三部分组成。例如“http://www.edu.cn/edu”,其中,“http//”表示用于通信的协议,“www.edu.cn”表示与之通信的主机,“/edu”表示服务器中资源的路径。

(4) IP 地址

IP 地址是识别 Internet 中的主机及网络设备的唯一标识。每个 IP 地址通常可分为网络地址和主机地址两部分,长度为四个字节,由三个“.”分隔的十进制数组成,例如:58.63.236.34。

(5) 域名

IP 地址是联网计算机的地址标识,对于大多数人来说,记住众多计算机的 IP 地址并不是很容易的事。因此 TCP/IP 协议提供了域名系统(DNS),允许为主机分配字符名称,即域名。前面提到的 IP 地址:“58.63.236.34”大家可能并不熟悉,但是“www.sina.com.cn”这个域名大家都知道。任何一个域名都对应一个或者多个 IP 地址,一个 IP 地址只能对应一个域名。

1.1.2 构成要素

虽然不同类型网站的页面要素不完全相同,但是对于大多数网页,都包含一些基本的页面元素。Web 站点主页应具备的基本成分包括:标识的站点和企业标志 Logo、页面介绍或广告图片(Banner)、导航栏、文本和图片、超链接、多媒体元素、表格和表单、联系信息(例如普通邮件地址或电话)以及版权信息等。

(1) Logo

网站 Logo(标识)是整个网站对外的标志。在设计制作 Logo 时应该体现该网站的特色、内容及内在的文化内涵和理念。网站标志一般出现在页面的显要位置(通常在页面的左上角)。图 1.1 所示为常见网站的标志。

图 1.1　网站标志 logo

(2) Banner

中文含义为旗帜,网络广告的主要形式,一般使用 GIF 格式的图像文件,可以使用静态图形,也可用多帧图像拼接为动画图像,尺寸一般是 468 * 60 像素或 233 * 30 像素。Banner 的主要作用是展示网站的介绍及广告。如图 1.2 所示。

图 1.2　网站的 Banner

（3）导航栏

导航栏的设计对于一个网站来说是非常重要的，起到链接网站各个页面的作用。导航栏可以是文字、图片，还可以使用 Flash 来制作。网站中导航栏在各个页面中出现的位置比较固定，而且风格也要一致。

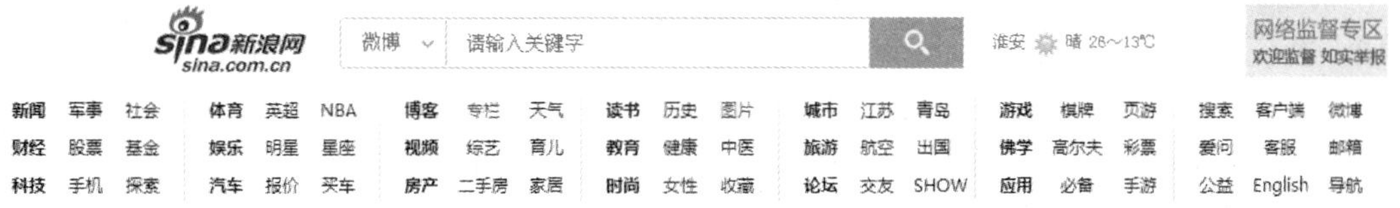

图 1.3 网站的导航栏

（4）文本和图片

文本即网页中的文字内容，其所占用的存储空间非常小，并且传递速度快。文字是网页设计的主体，是网页传递信息的主要载体。通过设置文本的大小、颜色、段落及层次等属性，来突出显示重要内容。风格独特的网页文本会给浏览者带来赏心悦目的感受。

相对于文字，图像显得更加生动直观，可以给人较强的视觉冲击，使用合适的图像可以使网页更具吸引力。网站标志、网页背景和链接等都可以使用图像。Web 页面中的图像大部分都是使用 JPG、GIF 或 PNG 格式。

（5）超链接

超级链接是各个网页之间连接的纽带，可实现在不同页面之间的跳转，或者连接到其他网站，还可以下载文件或发送 E-mail。超链接广泛地存在于网页的图片和文字中，提供与图片文字相关内容的链接。在超链接上单击鼠标左键，即可链接到相应地址的网页。在一个完整的网站中，至少要包括站内链接和站外链接。

（6）多媒体元素

在网页中可以使用的媒体对象主要包括动画、音频和视频等。

在网页中使用动画可以有效地吸引用户的注意。在网页中主要使用 GIF 动画与 Flash 动画。

声音是网页的一个重要组成部分，常用的声音文件格式有 MIDI、WAV 以及 MP3 等。为了不影响网页的下载速度，建议不要使用声音文件作为网页的背景音乐。若确实需要，可以在网页中添加一个链接来打开声音文件作为背景音乐。

使用视频文件可以使网页变得更加丰富多彩。常用的视频文件格式主要有 RM、MPEG、AVI 以及 OGG 等。

（7）表格

表格主要用于在页面上显示规则的内容，可以对文本以及图形进行布局。表格由一行或多行组成，每行又由一个或多个单元格组成。

（8）表单

表单可以完成用户数据的采集。它是用户与服务器之间进行信息交互的元素，主要用于收集信息、完成登录、注册、反馈意见以及通过输入关键字搜索网页等。

1.1.3　静态网页与动态网页

按网页的表现形式进行分类，可以将网页分为静态网页和动态网页。

(1) 静态网页

静态网页使用 HTML 语言编写，简单易学，但缺乏灵活性，早期的网站一般都是静态网页，静态网页的后缀为 htm、html 或 xml 等。例如：下面后缀为 htm 的网页为静态网页：

http://webdesign. hyit. edu. cn/Main. htm

有些静态网页中含有 gif 格式的动画或滚动的文字等，这些只是视觉上有“动态效果”的网页，与动态网页是不同的概念。

在静态网页中，用户只能浏览网站提供的网页，若网站开发人员不修改网页，则网页内容不会发生变化。静态网页也不能实现和浏览网页的用户之间的交互，没有数据库的支持，在网站制作和维护方面工作量很大。

(2) 动态网页

动态网页以数据库技术为基础，大大降低了网站维护的工作量。动态网页可以与浏览者进行交互，可以搜集用户填写的表单信息等。动态网页可以实现更多的功能，如用户注册、用户登录、搜索查询、用户管理等。动态网页的后缀为 asp、aspx、php 或 jsp 等。例如：下面后缀为 asp 的网页为动态网页：

http://cwc. hyit. edu. cn/News. asp? SortID=29&ItemID=285

动态网页取决于用户提供的参数，并根据存储在数据库中的网站上的数据创建页面。通俗地讲，静态页面类似于照片，每个人看都是一样的，而动态页面类似于镜子，不同的人(不同的参数)看都不相同。

1.2　网页设计入门

1.2.1　网页布局

网页的布局设计就是指网页中图像和文字之间的位置关系，简单来说也可以称之为网页排版。分割、组织和传达信息并且使网页易于阅读、界面具有亲和力和可用性是网页设计师应有的职责。

同其他形式的平面设计相比，技术问题是制约网页布局的一个重要因素，这就决定了网页的布局是有一定规则的，主要有以下几种：

(1) 左右型布局

左右结构是网页布局中最为简单的一种。这类布局是采用分割屏幕的方式实现的，是网页布局结构中最为简单的一种。一般情况下，页面的左半部设置栏目导航，而右半部分则列举页面的详细内容，目前网上的论坛都是这种结构，如图 1.4 所示。

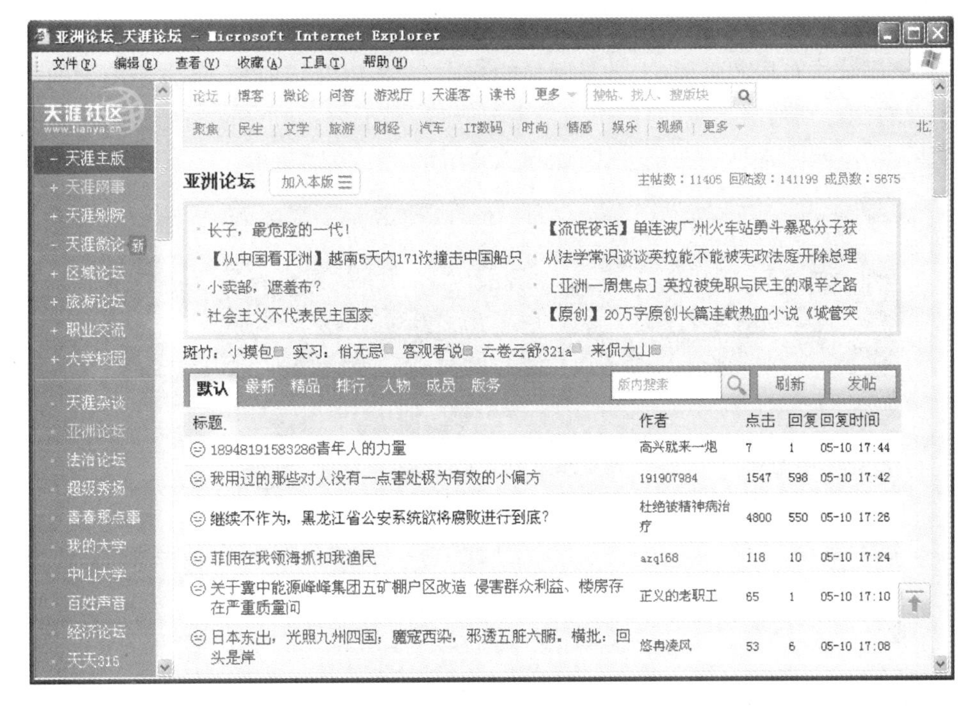

图 1.4　左右型布局实例

(2) 拐角型布局

拐角型布局的网页，最上方是标题及广告横幅，左侧是一列链接，右侧是正文，最下方页脚是网站的辅助信息，如联系方式、版权声明等，如图 1.5 所示。

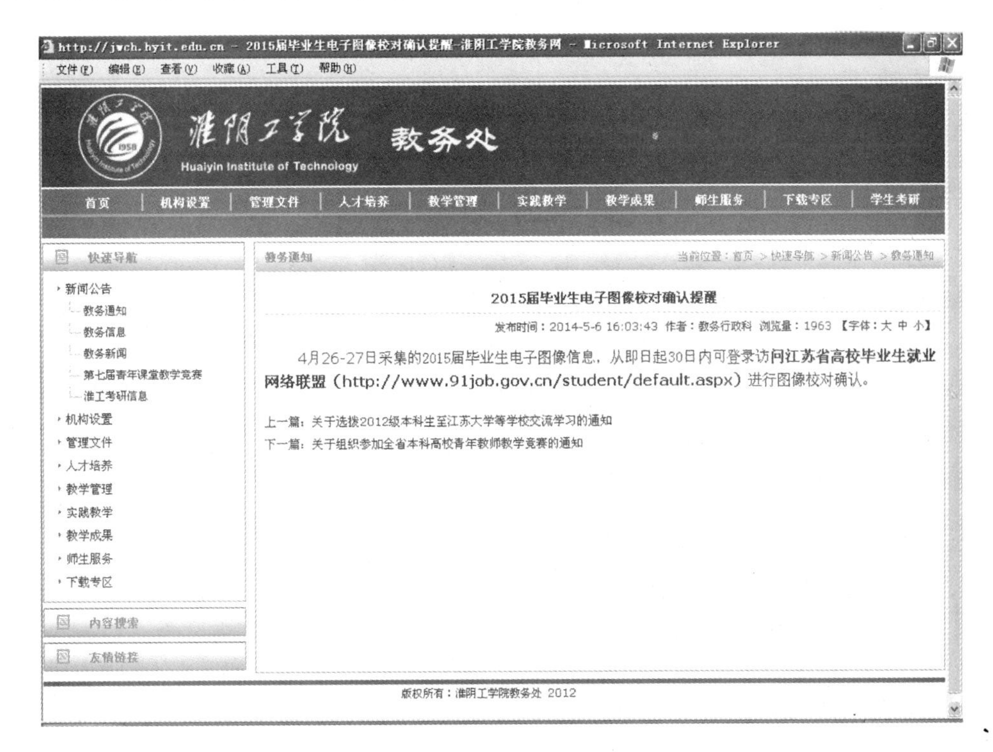

图 1.5　拐角型布局实例

（3）国字型布局

“国”字型结构布局的页面，上方是网站的标志、广告以及导航栏，下方是网站的主要内容，左侧及右侧分别列出导航栏目，中间是主要内容，最下方页脚是网站的版权信息等。这种结构是大中型网站常见的布局方式，如图 1.6 所示。

图 1.6　国字型布局实例

（4）框架型布局

框架型结构目前主要用于系统后台管理界面的布局，左边栏是系统功能导航，右边栏是系统功能部分，如图 1.7 所示。

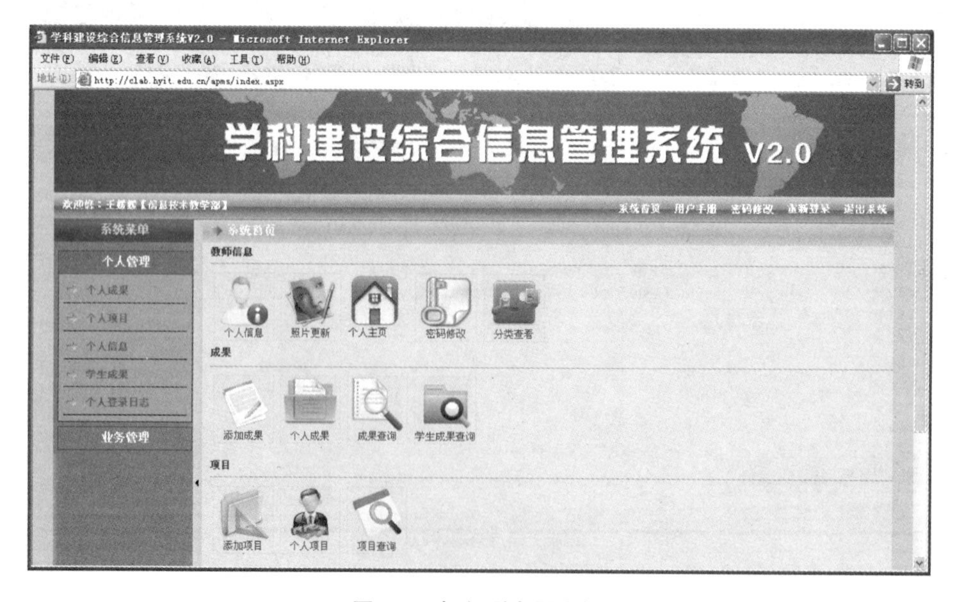

图 1.7　框架型布局实例

（5）封面型布局

封面型结构布局一般用于网站的首页，使用精美的平面设计结合页面链接，如图 1.8 所示。

图 1.8　封面型布局实例

（6）Flash 型布局

这种布局类型采用 Flash 动画，页面所表达的信息更丰富。如图 1.9 所示，单击链接图标“进入课程”可以进入系统主界面。

图 1.9　Flash 型布局实例

（7）POP 型布局

POP 型结构布局适用于广告页面，页面布局类似一张宣传海报，没有固定的排版模式，通常以精美的图片为页面的设计核心。个人网站、娱乐类以及商品推广类网站使用 POP 型结构布局，如图 1.10 所示。

图 1.10　POP 型布局实例

1.2.2　网页布局方法

确定了网页的布局结构后，实现网页布局的途径主要有以下三种：

（1）表格布局

在使用表格布局网页时，表格相当于网页的骨架，首先绘制表格，根据需要在表格中嵌套表格或合并某些单元格，再向各个单元格中添加网页元素（例如文字或图片等）。

表格布局的优势在于生成表格比较方便。表格布局的缺点是，当使用了过多表格时，HTML 标记增多，页面下载速度受到影响，并且灵活性较差，不易于修改和扩展。

（2）DIV＋CSS 布局

在新的 HTML4.0 标准中提出了 CSS（层叠样式表）模式，它可以完全精确的定位文本和图片。在 XHTML 网站设计中，主要使用 DIV＋CSS 模式进行网页布局，通过对网页的排列和嵌套，使网页元素在网页上以合适的方式排列从而实现了网页的布局。使用 CSS 定义盒模型的位置、大小、边框、排列方式等。

（3）框架布局

使用框架布局可以将一个浏览器窗口分成几个部分，每个区域分别显示不同的网页。目前，在前台网页布局中不提倡使用框架，它很难实现不同框架中各元素的精确对齐，而且下载框架网页相对耗费时间。但框架布局能有效的实现页面的导航，因此网站后台页面的制作常使用框架布局。

1.2.3　网站设计基本流程

网站设计的流程大致可以分成以下几个阶段：

(1) 确定网站主题

网站的主题是一个网站的核心，需要根据实际情况来确定网站的性质和题材，只有确定了主题之后才会有目的地去查找相关的资料。

(2) 搜集网站前期资料并规划网站架构

搜集网页素材，再确定网站的结构、栏目的设置、网站的风格、颜色搭配、版面布局以及文字图片的运用等。

(3) 设计网页及测试

常用的网页编辑软件主要分为两种，一种是纯文本编辑软件，例如记事本、WordPad等；另一种是所见即所得的编辑工具，例如 Visual Studio、Dreamweaver 以及 Frontpage 等软件。另外，还需要配合使用图片编辑工具，例如 Photoshop、Photoimpact 等软件。网页设计完成后，需要对页面中的各个元素进行测试，要特别注意浏览器的兼容性，因此需要在常用的浏览器中分别进行测试。

(4) 申请域名与上传

网页设计结束后需要申请域名，再利用 FTP 工具将网站发布到 Web 服务器上。有三种 Web 服务器可以供选择：网站设计者可以向 ISP(Internet 服务供应商)租用专线，再将发布网站的计算机 24 小时开机作为服务器；网站设计者也可以在网上申请租用服务器；还可以在网上申请免费的网页空间。

(5) 推广宣传

为了提高网站的访问率和知名度，需要做好宣传工作。例如，在页面中添加广告链接。

(6) 网站的维护

在服务器上发布网站后，还需要对网站做定期维护、内容的更新和版面的扩展等。这样才能够吸引更多的用户。

1.3　建立网站

本书主要以 Visual Studio 2010 开发平台(以下简称为 VS2010)为例设计网页。Visual Studio 平台提供了对本地站点强大的管理功能。在 VS2010 中建立新站点，是开发网站的第一步，下面介绍如何建立站点。

1.3.1　新建本地站点

在 VS2010 中建立站点时可以选择新建项目或新建网站，本书以“新建项目”为例说明。

在 VS2010 中选择“文件”→“新建”→“项目”菜单，弹出“新建项目”对话框。在左侧“最近的模板”列表中选择“Visual C#”类型节点，在窗口右侧选择“ASP.NET Web 应用程序”，在窗口下方的“名称”文本框中输入项目名称，例如“WebSite”，单击“浏览”按钮选择合适的存储路径，单击“确定”按钮，创建一个新的 Web 项目。如图 1.11 所示。

图 1.11 “新建项目”对话框

1.3.2 Web 项目管理

创建了新的项目后，可以使用“解决方案资源管理器”对网站中的资源进行管理，如图1.12所示。例如，可以查看当前项目所包含的文件，也可以向项目中添加新的文件或文件夹。

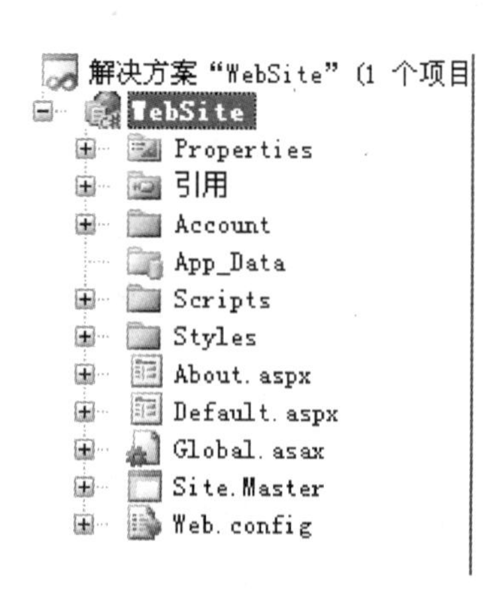

图 1.12 解决方案资源管理器

(1) 新建文件夹

例如，在如图1.12所示的“解决方案资源管理器”中，右键单击项目名称“WebSite”，弹出快捷菜单，如图 1.13 所示。选择“添加”→“新建文件夹”，将新建的文件夹重新命名为“Images”，如图 1.14 所示。在网页设计过程中，可以复制所需图片，在“解决方案资源管理器”中右键单击“Images”文件夹，在弹出的快捷菜单中选择“粘贴”，即可将所需图片复制到站点中。

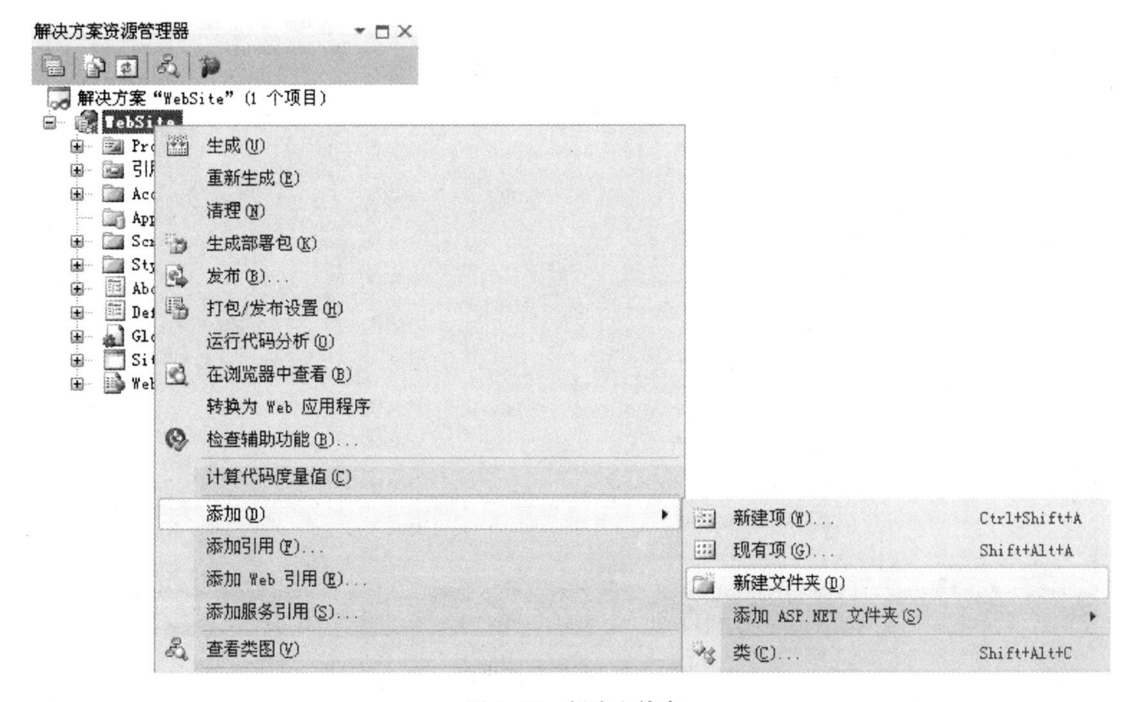

图 1.13　新建文件夹

图 1.14　新建 Images 文件夹

(2) 新建项

在图 1.13 中选择“新建项”，打开如图 1.15 所示的对话框，选择“HTML 页”，在“名称”

文本框内输入文件名，单击“添加”按钮即可向项目中添加一个新的静态页面，该页面的源文件如图 1.16 所示。

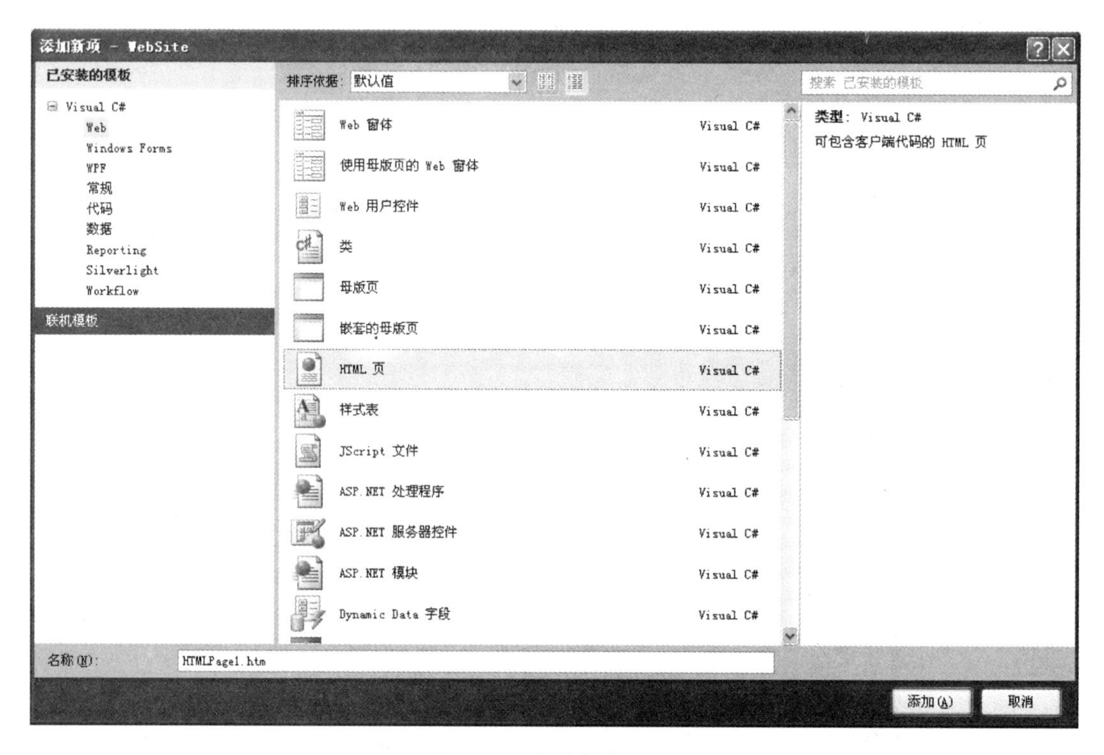

图 1.15　新建静态页面

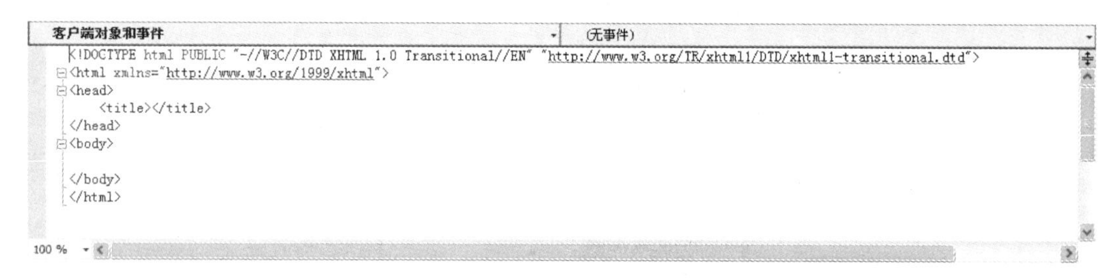

图 1.16　新建的 HTML 页面

若在图 1.17 中“添加新项”对话框中选择“Web 窗体”，则可以向项目中添加一个动态页面。重新命名新添加的文件，单击“添加”按钮即可向项目中添加一个新的动态页面。该页面的源文件如图 1.18 所示。

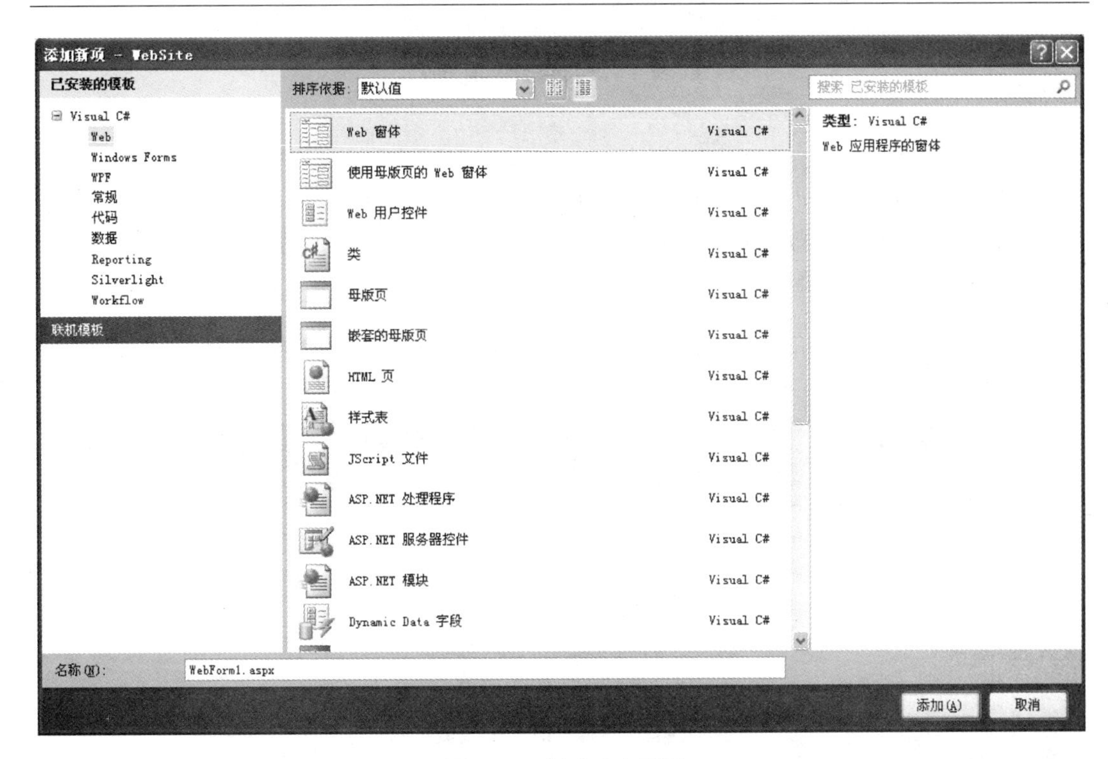

图 1.17　新建动态页面

```
客户端对象和事件                    (无事件)
<%@ Page Language="C#" AutoEventWireup="true" CodeBehind="WebForm1.aspx.cs" Inherits="WebSite.WebForm1" %>

<!DOCTYPE html PUBLIC "-//W3C//DTD XHTML 1.0 Transitional//EN" "http://www.w3.org/TR/xhtml1/DTD/xhtml1-transitional.dtd">

<html xmlns="http://www.w3.org/1999/xhtml">
<head runat="server">
    <title></title>
</head>
<body>
    <form id="form1" runat="server">
    <div>

    </div>
    </form>
</body>
</html>
100 %
```

图 1.18　新建的 Web 窗体

(3) 在浏览器中查看页面运行效果

若需要在浏览器中预览设计好的页面，有以下几种方法：

① 可以执行“调试”→“启动调试”命令；② 可以在工具栏中单击图标 ▶ 运行程序；③ 按下 F5 功能键；④ 在需要测试的页面上单击鼠标右键，在弹出的快捷菜单中选择“在浏览器中查看”，如图 1.19 所示，则可在浏览器中预览该页面。

图 1.19　在浏览器中预览页面

1.4 网站的发布

1.4.1 IIS 的安装

要将设计好的网站在本地发布，需要安装并配置 IIS(Internet Information Server，互联网信息服务)。Windows 7 旗舰版自带 IIS 7.0 安装包，但在默认情况下，安装 Windows 7 操作系统时不会自动安装 IIS，使用时需要手动安装。安装配置 IIS 7.0 的操作步骤如下：

(1) 进入 Windows 7 的控制面板，在界面右上方的"查看方式"中选择"小图标"显示，界面如图 1.20 所示。

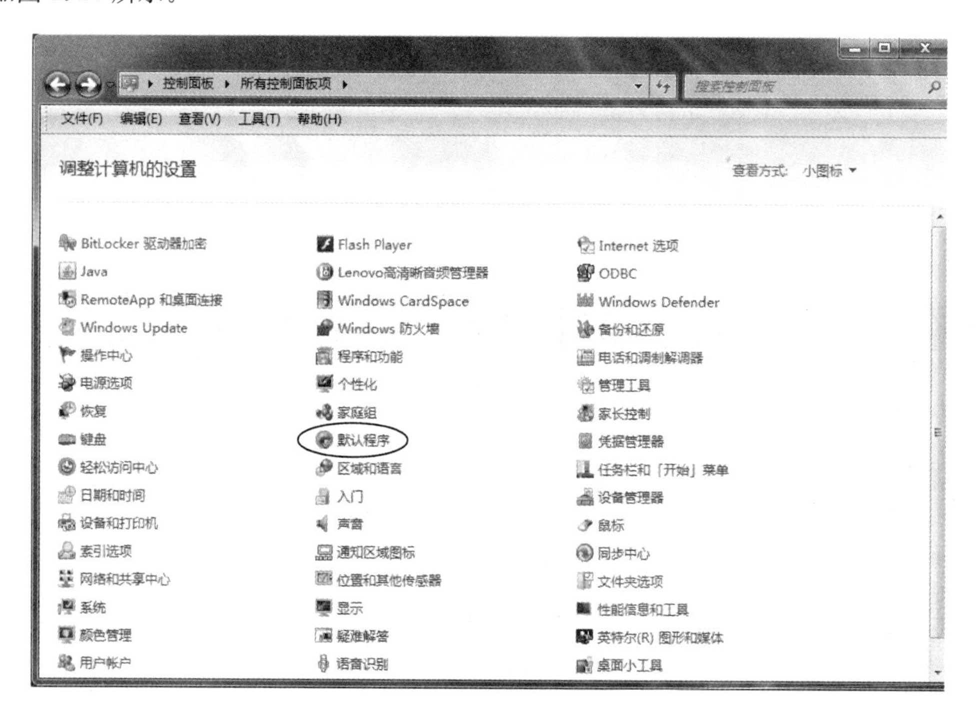

图 1.20 所有控制面板项窗口

(2) 在图 1.20 中选择"默认程序"，弹出窗口如图 1.21 所示。

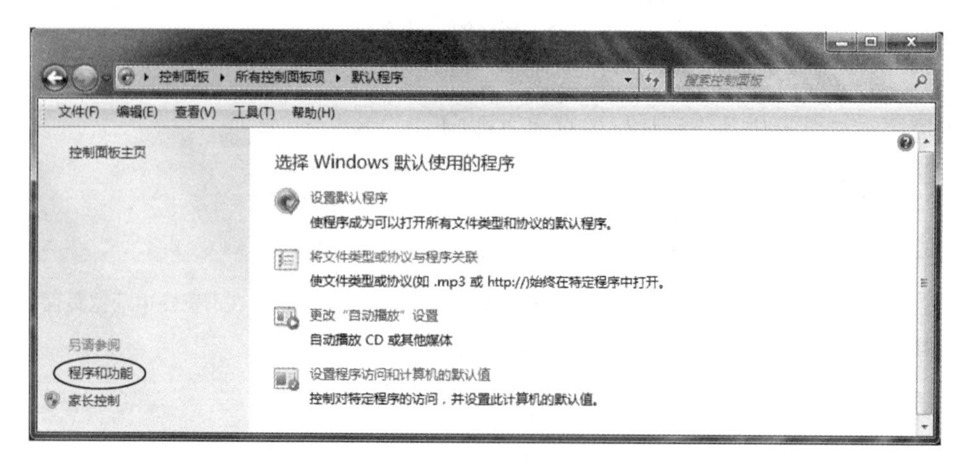

图 1.21 默认程序窗口

(3) 在图 1.21 中选择“程序和功能”，弹出窗口如图 1.22 所示。

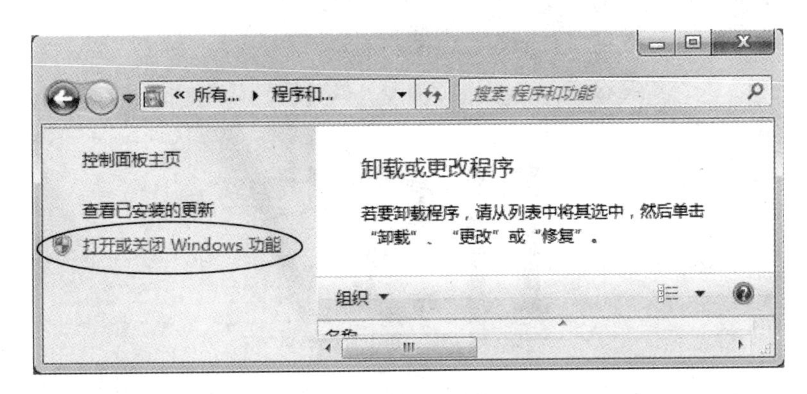

图 1.22　程序和功能窗口

(4) 在图 1.22 中单击“打开或关闭 Windows 功能”，在弹出的列表中选择“Internet 信息服务”，建议全部勾选“Internet 信息服务”，如图 1.23 所示。

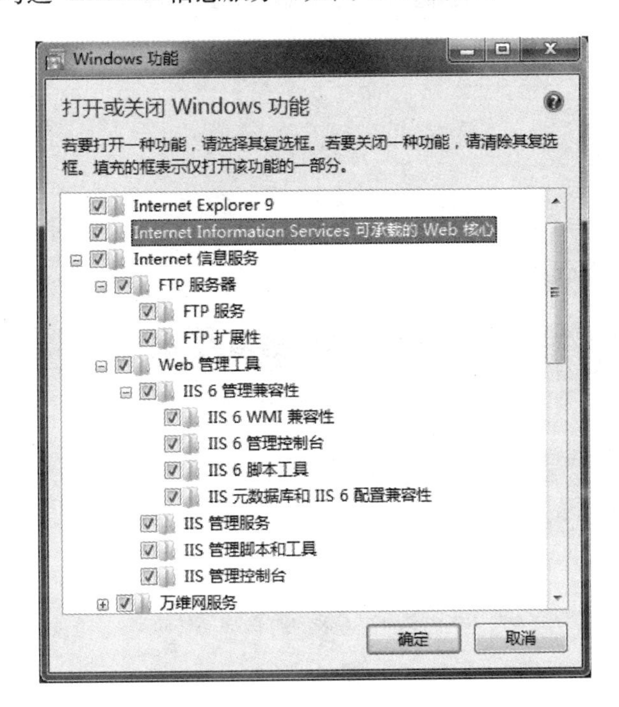

图 1.23　打开 Windows 功能窗口

1.4.2　测试 IIS

IIS 安装完成后，可以使用以下方法进行测试：

打开浏览器，在地址栏输入本地计算机的地址，例如 http://localhost/(代表本地主机)或 http://127.0.0.1/(127.0.0.1 是回送地址，指本地主机，一般用于测试使用)；若计算机位于局域网中，也可以输入本机的 IP 地址，例如“172.16.111.183”。若浏览器能够成功打开 IIS 默认网页，则 IIS 安装成功如图 1.24 所示。

图 1.24　IIS 7 默认页

1.4.3　网站的发布

(1) IIS 安装完成后，打开“控制面板”→“管理工具”→“Internet 信息服务(IIS)管理器”，打开如图 1.25 所示页面。

图 1.25　Internet 信息服务(IIS)管理器

(2) 单击左侧窗口“OEM-20130107ESZ (OE”，在弹出的下拉列表中单击“网站”，再选中“Default Web Site”，如图 1.26 所示。

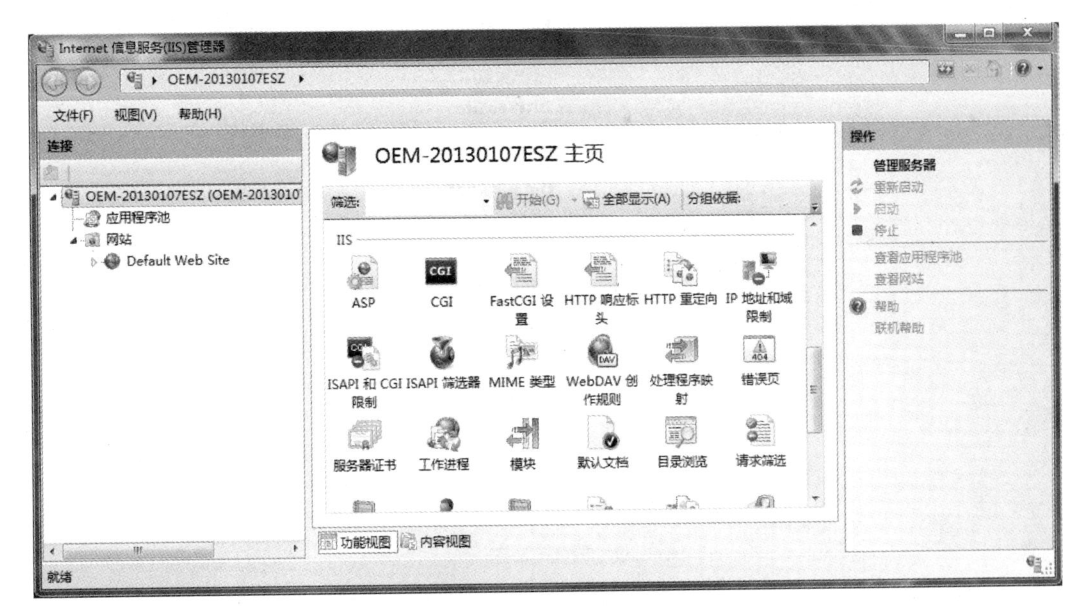

图 1.26　默认网站界面

(3) 在图 1.26 中双击图标“ASP”，即可显示 ASP 的设置内容，如图 1.27 所示。在“行为”组中将“启用父路径”设置为“True”，单击界面右侧的“应用”，完成 ASP 父路径的设置。

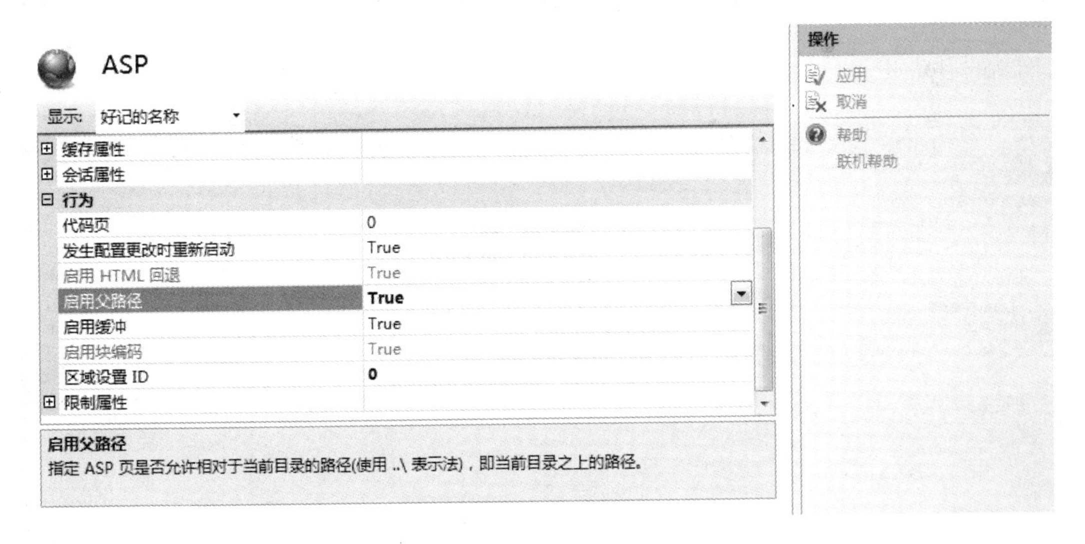

图 1.27　启用父路径

(4) 右键单击图 1.26 中左侧的“Default Web Site”，选择“管理网站”→“高级设置”，则弹出如图 1.28 所示界面。将图 1.28 中的“物理路径”设置为待发布网站的路径，设置好后单击“确定”按钮。

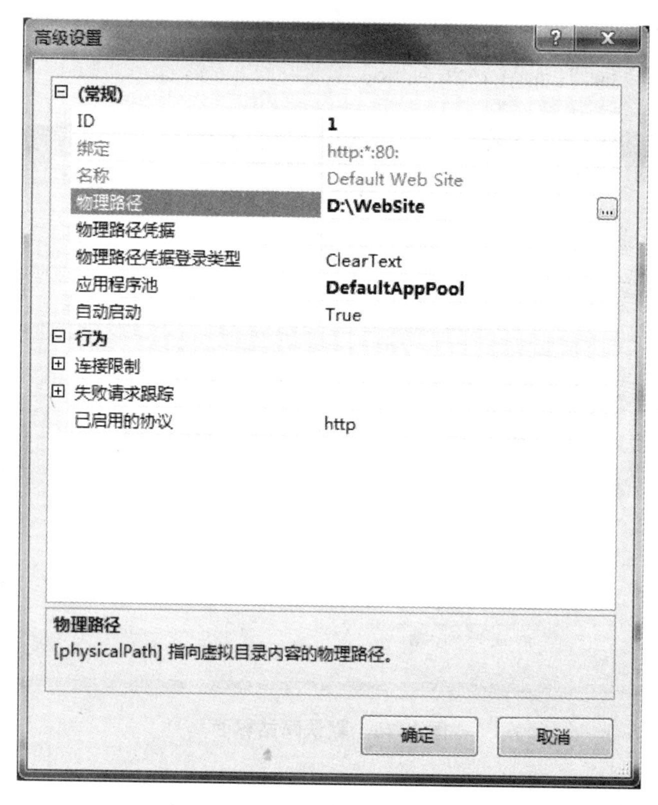

图 1.28　高级设置窗口

(5) 在图 1.26 所示的界面内双击“默认文档”，则打开如图 1.29 所示窗口，在该窗口设置网站的启动页。

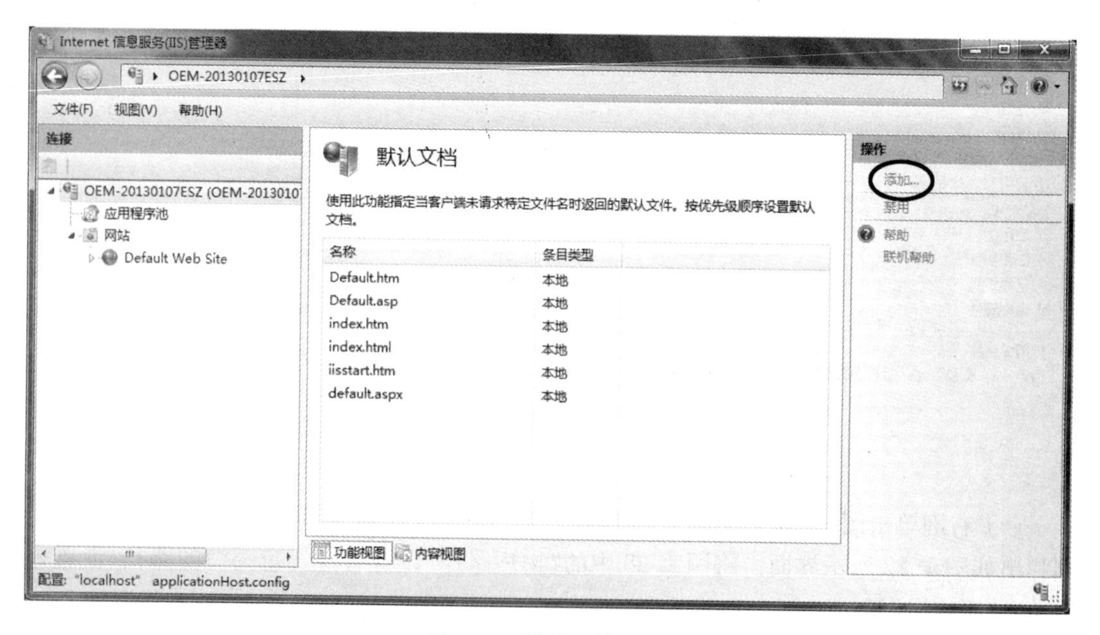

图 1.29　默认文档窗口

(6) 若待发布网站的首页不在图1.29所示的默认文档中，单击"添加"，弹出如图1.30所示界面，按要求设置。若待发布网站的首页已经存在默认文档中，则不再需要设置此项。

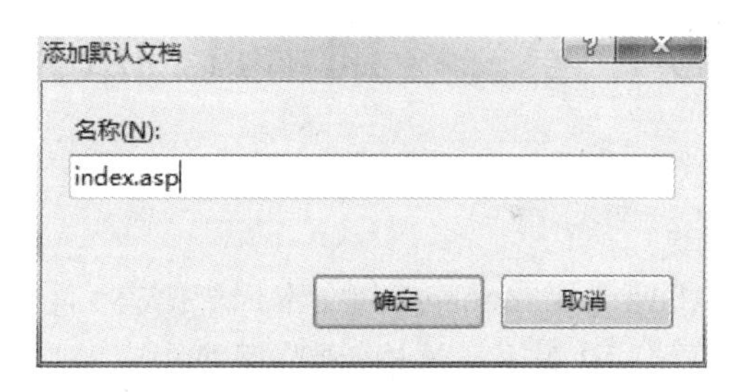

图1.30　添加默认文档窗口

(7) 全部配置结束后，在浏览器中输入"http://localhost"，即可打开该网站的默认网页，如图1.31所示。

图1.31　网站首页

第 2 章　HTML 标记

HTML(HyperText Markup Language,超文本标记语言)通过标记符号来标记要显示的网页中的各个部分。HTML 是弱语法结构,浏览器按顺序阅读网页文件,然后根据标记符解释和显示其标记的内容,对书写出错的标记将不指出其错误,且不停止其解释执行过程,只能通过显示效果分析出错原因和出错的位置。需要注意的是,对于不同的浏览器,对同一标记可能会有不完全相同的解释。

2.1　HTML 标记语言

一个网页对应一个 HTML 文件,超文本标记语言文件的扩展名为. htm 或. html。可以使用任何能够生成 txt 类型源文件的文本编辑器来编写超文本标记语言文件。例如,可以直接将文本文件的扩展名改为 htm 或 html。

标准的超文本标记语言文件都具有一个基本的整体结构,超文本标记语言包括头部与实体两大部分。标记一般都是成对出现(部分单标记除外,例如
),即超文本标记语言的开始标记与结束标记。

2.1.1　HTML 文档的基本结构

编写 HTML 不需要特殊的工具,任何可以进行文本编辑的工具都可以编写 HTML 文档。新建一个记事本文件,在记事本中输入代码,代码如图 2.1 所示。

代码输入结束后,执行"文件"→"保存"命令,弹出"保存"对话框,在"保存类型"中选择"所有文件",输入文件名"2－1. html",单击"保存",即可建立一个后缀名为". html"的文件,该文件图标为本机默认浏览器图标,如图 2.2 所示。双击打开该文件,则显示如图 2.3 所示网页。

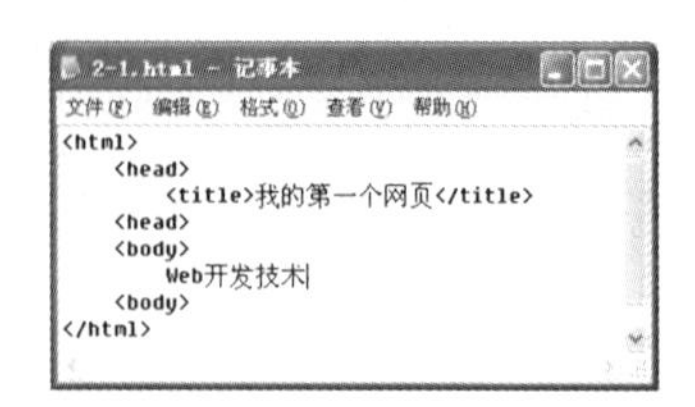

图2.1　使用记事本编辑 HTML 代码

图 2.2　HTML 文件图标

图 2.3　页面在 IE 浏览器中的效果

从图 2.1 可以看出,一个最基本的 HTML 文档包括四对标记,各标记的含义如下:

(1) <html>…</html>:该对标记在网页文档的最外层,告诉浏览器这个文件是 HTML 文档。HTML 文档中所有的内容都应该在这两个标记之间。一个 HTML 文档总是以<html>开始,以</html>结束。

(2) <head>…</head>:HTML 文件的头部标记。头部主要提供文档的描述信息,头部标记部分的所有内容都不会在浏览器窗口中显示。在<head>…</head>标记对中可以放置页面的标题以及页面的类型、使用的字符集、链接的其他脚本或样式文件等内容。

(3) <title>…</title>:用来定义页面的标题,在浏览器最顶端的标题栏显示在此标记内输入的内容,如图 2.3 所示。

(4) <body>…</body>:用来指明文档的主体区域,是文档的可见部分,网页所要显示的内容都放在这个标记内,其结束标记</body>指明主体区域的结束。

2.1.2 HTML 标记

(1) 标记的概念

标记是 HTML 文档中一些有特定意义的符号,这些符号指明网页内容的含义或结构,是用一对尖括号"<"和">"括起来的单词或单词缩写,它是 HTML 文档的主要组成部分。HTML 标记有以下约定:

• HTML 文件的列宽不受限制,多个标记可写成一行,甚至整个文件可写成一行;若写成多行,浏览器一般忽略文件中的回车符(标记指定除外);标记中的一个单词不能分两行写。

• 尖括号、标记、属性项等必须使用半角的西文字符,不能使用全角字符。

(2) HTML 标记的分类

HTML 标记分为配对标记、单标记和成组标记。

配对标记由"开始标记"和"结束标记"两部分构成,它们必须成对使用,例如<p>表示开始,</p>表示结束。单标记只有开始标记,常见的单标记有
、<hr/>、<img/>、<input/>、<meta/>以及<link/>等。成组标记:配对标记中很多都是成组标记,例如 table、form、ul、ol、dl、frameset 以及 fieldset 等必须与其包含标记成组出现,否则就没有意义。

(3) 标记属性

标记可以带有若干属性(Attribute)。属性必须放在开始标记内,属性和属性之间用空格隔开,属性包括属性名和属性值。在使用标记属性时,应为属性值加入双引号,不要在"<"与标记名之间输入多余的空格,各属性之间无先后顺序。其语法如下:

<标记名称 属性 1="属性值 1" 属性 2="属性值 2"属性 3="属性值 3=" …>

图 2.4　带有属性的标记

例如:如图 2.4 所示,在页面上"百度"超链接,则可链接到地址为 http://www.baidu.com 的页面。href 属性表示链接地址为"http://www.baidu.com",target 属性表示打开方式为"_blank",即在新的窗口中打开。页面代码如下:

```
<a href="http://www.baidu.com" target="_blank">百度</a>
```

(4) 行内元素和块级元素

行内元素(Inline elements)是指元素在浏览器中从左到右并列排列,只有当浏览器窗口容纳不下时才会转到浏览器的下一行。块级元素(Block elements)是指当每个元素占据浏览器一整行位置时,块级元素与块级元素之间自动换行,并且块级元素在浏览器中从上到下垂直排列。

下列代码显示效果如图 2.5 所示。

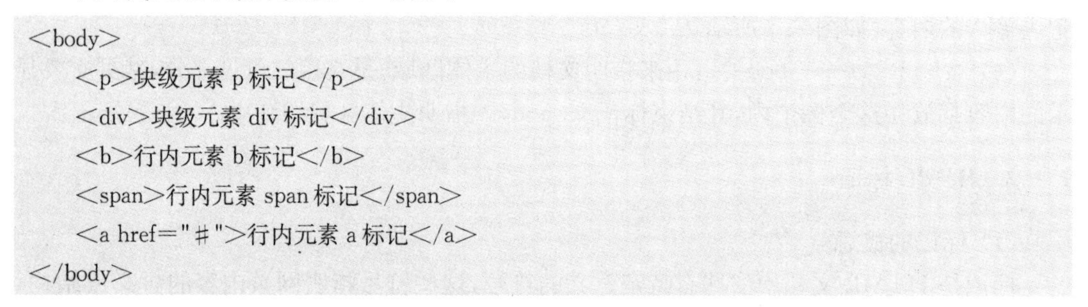

```
<body>
    <p>块级元素 p 标记</p>
    <div>块级元素 div 标记</div>
    <b>行内元素 b 标记</b>
    <span>行内元素 span 标记</span>
    <a href="#">行内元素 a 标记</a>
</body>
```

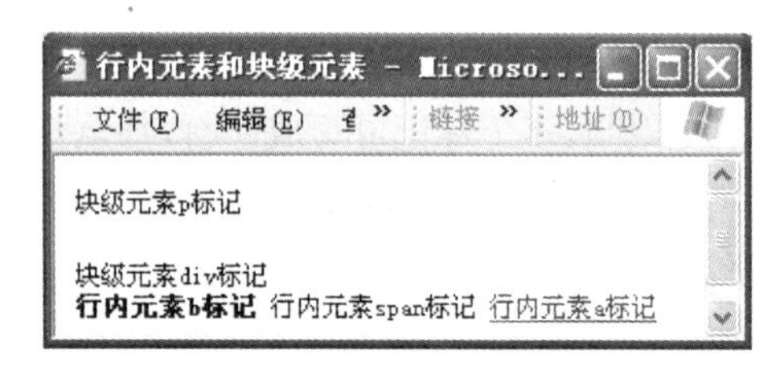

图 2.5　块级元素及行内元素

2.1.3　从 HTML 到 XHTML

HTML 语法要求比较松散,对网页编写者来说比较方便,但对于机器来说,语法越松散处理起来就越困难。对于传统的计算机来说,还有能力兼容松散语法,但对于许多其他设备,比如手机,难度就比较大。

XHTML(eXtensible HyperText Markup Language,可扩展超文本标记语言)是 HTML 的扩展,其表现方式与超文本标记语言(HTML)类似,不过语法上更加严格,是由 HTML 发展而来的一种网页编写语言,也是目前最常用的网页编写语言之一。XHTML 相比早期的 HTML,最大的特点是将网页的结构内容与排版表现功能相分离,使用 XHTML 展示内容,使用 CSS 进行页面布局,使用 JavaScript 表示行为。这样,使用 XHTML 标准编写的网页文档结构更加规范、体积更小,代码也更加精炼。

在编写 XHTML 文档之前,必须了解 XHTML 的基本结构。由于网页源文件存在不同的规范和版本,为了使浏览器能够兼容多种规范,在 XHTML 中,必须使用文档类型(DOCTYPE)指令来声明使用哪种规范解释该文档。在 XHTML1.0 标准中规定了三种文档类型,以对应各自的 DTD。DTD(Document Type Definition 文档类型定义)是一套关于标记符的语法规则,是文档的验证机制。三种文档类型如下:

(1) 在 Visual Studio 2010 或 Dreamweaver CS 5 环境下新建的网页在代码的第一行默认显示:

```
<! DOCTYPE html PUBLIC "-//W3C//DTD XHTML 1.0 Transitional//EN"
"http://www.w3.org/TR/xhtml1/DTD/xhtml1-transitional.dtd">
```

其中“Transitional”是过渡型，它允许继续使用 HTML 4.0 的标识（但是要符合 XHTML 的标准）。过渡型是要求非常宽松的 DTD 的标识语法，建议读者使用。

（2）“strict”为严格型，标识要求符合 XHTML 标准，不能使用任何样式的表现标记（如<font>）和属性（如 bgcolor）。

```
<! DOCTYPE html PUBLIC "-//W3C//DTD XHTML 1.0 Strict//EN"
"http://www.w3.org//TR/xhtml1/DTD/xhtml1-strict.dtd">
```

（3）“frameset”为框架集定义，专门针对框架页面设计使用的 DTD。如果页面中包含有框架，则需要采用这种 DTD。

```
<! DOCTYPE html PUBLIC "-//W3C//DTD XHTML 1.0 Frameset//EN"
"http://www.w3.org//TR/xhtml1/DTD/xhtml1-frameset.dtd">
```

2.1.4　XHTML 与 HTML 的差异

为了编写符合 Web 标准的网页，我们应该尽量使用 XHTML 规范来编写代码，XHTML 的语法规则比 HTML 严格，其区别主要有以下几个方面：

（1）所有的标记必须要有一个相应的结束标记

配对标记必须有开始标记和结束标记；如果是单标记，在标记最后加一个"/"来关闭它。例如：

```
<p>网页设计</p>
<img src="Images/logo.gif" alt="网页设计" />
```

（2）所有标记的元素和属性的名字都必须使用小写

与 HTML 不一样，XHTML 对大小写是敏感的，XHTML 要求所有的标记和属性的名字都必须使用小写。例如，下面的写法是错误的：

```
<A HREF="http://www.baidu.com"  TARGET="_blank">百度</A>
```

（3）所有的 XHTML 标记都必须合理嵌套

例如，下面的代码是错误的：

```
<div><a></div></a>
```

必须写为：

```
<div><a></a></div>
```

（4）所有的属性值必须用引号括起来

在 HTML 中，可以不给属性值加引号，例如：

```
<img src=Images/logo.gif width=71 height=63 />
```

但是在 XHTML 中，属性值必须加引号。例如：

```
<img src="Images/logo.gif" width="71" height="63" />
```

(5) 属性必须有值

XHTML 规定所有属性都必须有一个值，即使该属性只有一个取值也必须指明。例如：在 HTML 中：

```
<input type="checkbox" name="shirt" value="medium" checked />
```

但在 XHTML 中必须写为：

```
<input type="checkbox" name="shirt" value="medium" checked="checked" />
```

(6) 图片必须有说明文字

```
<img src="news.jpg" alt="新闻图片" title="校园新闻" />
```

为了兼容 IE 浏览器和其他浏览器(如火狐、谷歌浏览器)，对于 img 标记，尽量采用 alt 和 title 双标记。如果只设置 alt 属性，则在火狐浏览器中无法显示图片说明文字。

在不影响表述的前提下，在以后的章节中，所有的 XHTML 将简称为 HTML。

2.2 常用文本格式及排版标记

2.2.1 注释标记

为代码添加注释是非常必要的，在 HTML 中使用注释，可以方便其他用户了解编写的代码，为以后的页面维护提供参考思路。被注释的内容在浏览器中不显示，但注释也会随浏览器载入。

HTML 注释语法如下：

```
<! --注释的内容-->
```

例如，下面的代码，页面显示效果如图 2.6 所示，注释标记是不显示的。

```
<body>
<! --Web 开发技术网站-->
<a href="http://webdesign.hyit.edu.cn">
        学习 Web 开发
</a>
</body>
```

图 2.6 注释标记

2.2.2　文本修饰标记

(1) 定义文字字体

在 HTML 中，字体标记<font>…</font>通过以下几个属性设置文本的字体、字体尺寸和字体颜色。

① face 属性

在页面中，文字的字体一般会选择“宋体”或“黑体”，因为大部分计算机默认安装这两种字体。一般不建议在网页中使用特殊的字体，若设置的字体样式不存在，则浏览器以默认的字体样式显示。例如，下面的代码页面效果如图 2.7 所示。

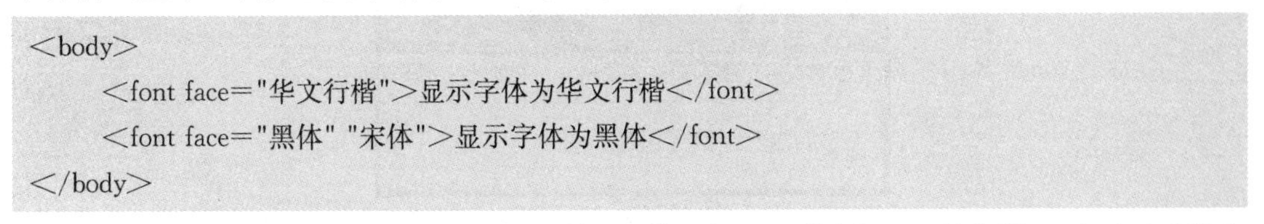

```
<body>
    <font face="华文行楷">显示字体为华文行楷</font>
    <font face="黑体" "宋体">显示字体为黑体</font>
</body>
```

在 face 属性中可以同时定义多种字体，字体之间用空格隔开。浏览器显示页面时首先查找第一个字体，如果找到则使用第一种设置的字体，否则依次查找后边列出的字体。

图 2.7　face 属性

② size 属性

size 属性用于设定文字的字体的大小，即字号。字号可以采用绝对字体大小和相对字体大小两种方式：绝对字号是设置 size 属性的值为 1—7 之间的整数值；相对字号是在默认字体大小的基础上加上相对值。

例如，下面的代码页面效果如图 2.8 所示。

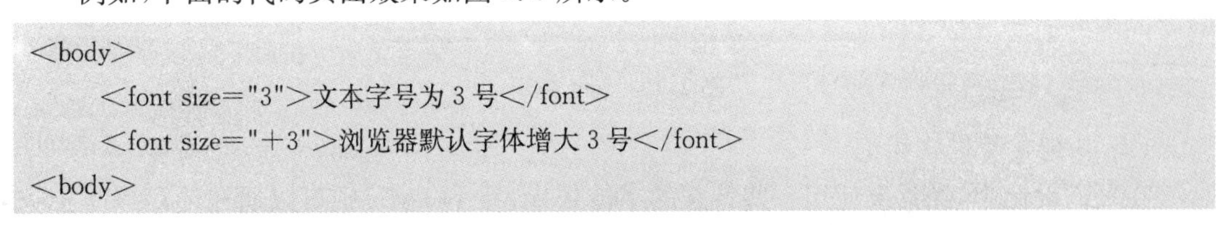

```
<body>
    <font size="3">文本字号为 3 号</font>
    <font size="+3">浏览器默认字体增大 3 号</font>
<body>
```

图 2.8　size 属性

③ color 属性

HTML 页面中的文字可以使用不同的颜色表示，颜色值可以使用颜色关键字（如 yellow）或十六进制颜色（“＃nnnnnn”）表示。

例如，下面的代码页面效果如图 2.9 所示。

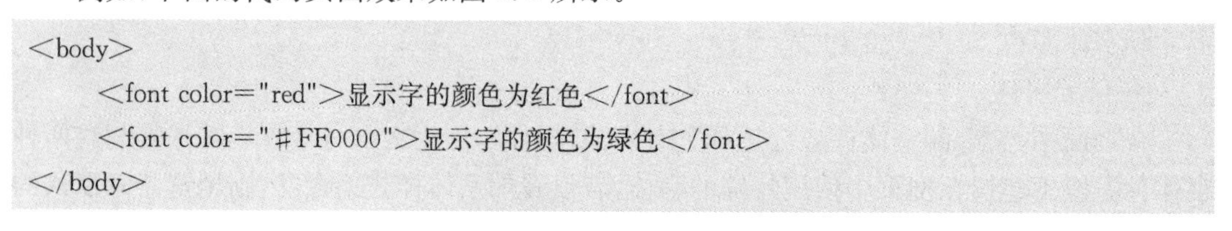

```
<body>
    <font color="red">显示字的颜色为红色</font>
    <font color="#FF0000">显示字的颜色为绿色</font>
</body>
```

图 2.9　color 属性

在使用<font>标记时，可以多个属性同时使用，各个属性之间用空格隔开。

例如，下面的代码页面效果如图 2.10 所示。

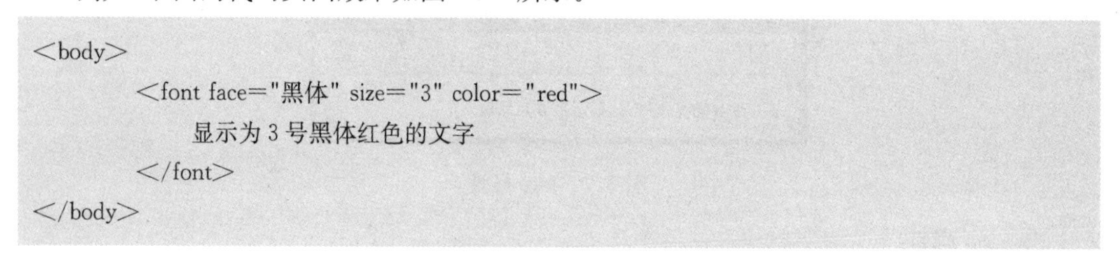

```
<body>
        <font face="黑体" size="3" color="red">
            显示为 3 号黑体红色的文字
        </font>
</body>
```

图 2.10　font 标记

(2) 特定文字样式标记

在页面设计中，经常会使用一些特殊的字体效果，在 HTML 中可以通过使用以下标记实现：

<b>…</b>或<strong>…</strong>标记可以设置文字加粗；

<i>…</i>或<em>…</em>标记可以设置文字倾斜；

<u>…</u>标记可以设置文本加下划线（HTML 4 及 XHTML 中已经废弃<u>标记，但多数浏览器仍然支持）。

使用加粗、倾斜与下划线标记（b、i、u）的组合，可对文本文字进一步修饰。

例如，下面的代码页面效果如图 2.11 所示。

```
<body>
    <b><i><u><font color="red" size="3">
        红色 4 号字粗体倾斜加下划线显示的文本
    </font></u></i></b>
</body>
```

图 2.11　特定文字样式标记

(3) 标题标记

标题标记<hn>…</hn>指明标记内的内容是一个标题，用于定义第 n 级标题，其中 n=1～6，n 值越小，标题字号就越大，因此<h1>是最大的标题标记，<h6>是最小的标题标记。标题标记内的文本将为粗体显示，每个标题标记所标识的文字将独占一行，标题标记可看成是特殊的段落标记。

例如，下面的代码页面效果如图 2.12 所示。

```
<body>
    <h1>计算机工程学院</h1>
    <h2>软件工程专业</h2>
    <h6>WEB 开发技术</h6>
</body>
```

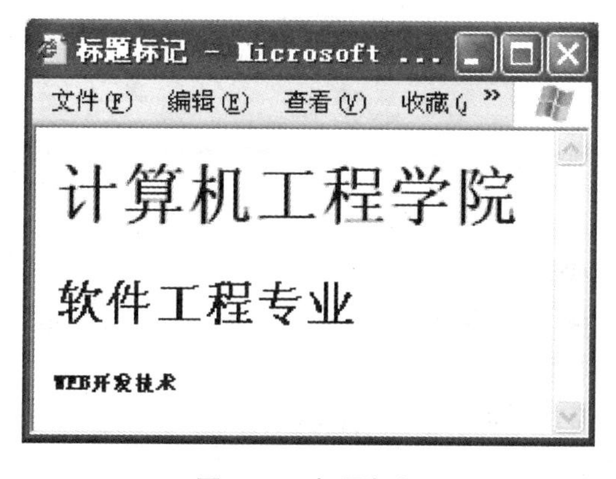

图 2.12　标题标记

2.2.3　文本排版

使用文本排版标记可以使文本按照要求在浏览器中规则的显示。

(1) 直接写文本

很多时候不需要将文本放到文本标记中,可以直接将文本放在其他标记中,例如:

```
<div>文本</div>
<td>文本</td>
<li>文本</li>
```

(2) 段落标记

为了使文字段落排列得整齐清晰,段落之间通常使用<p>…</p>标记定义段落。在页面中使用<p>标记时,各段落文本将换行显示,各段落之间有一行的间距。

段落标记<p>和标题标记<hn>都有一个常用属性 align,用来设置标记内的文本在浏览器中的对齐方式,该属性有三种取值:left 为左对齐,center 为居中对齐,right 为右对齐。但目前此种处理方式已经不推荐使用,要想控制文本的对齐方式需要通过 CSS 来完成。

例如,下面的代码页面效果如图 2.13 所示。

```
<body>
    <p align="left">第一段文字</p>
    <p align="center">第二段文字</p>
    <p align="right">第三段文字</p>
</body>
```

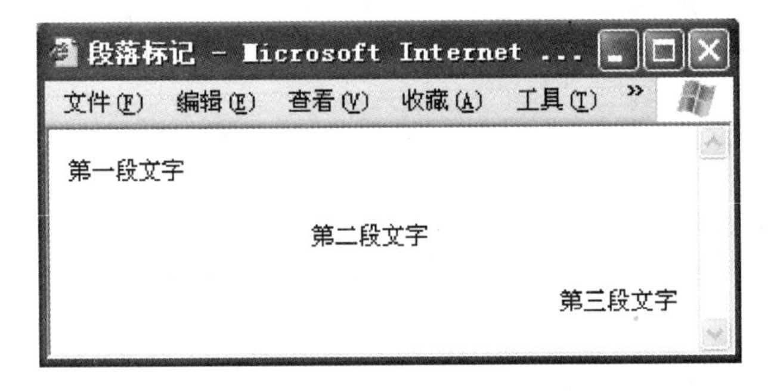

图 2.13　段落标记

(3) 文本换行标记及不换行标记

文本换行标记
是个单标记,在浏览器中,该标记后边的内容将在下一行显示,可连续使用多个
标记。

例如,下面的代码页面效果如图 2.14 所示。

```
<body>
    第一行文字<br />第二行文字
</body>
```

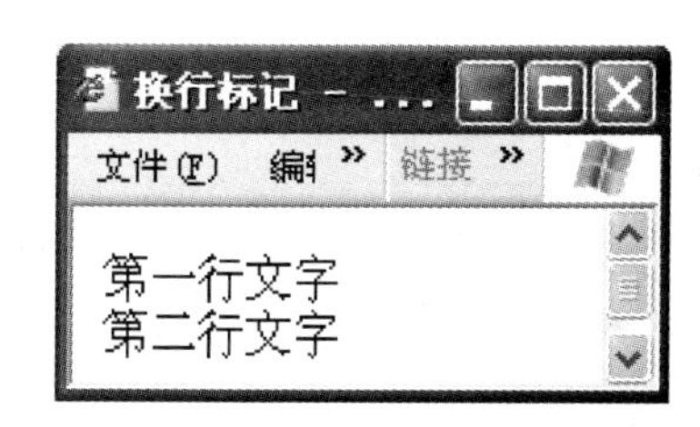

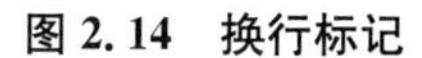
图2.14　换行标记

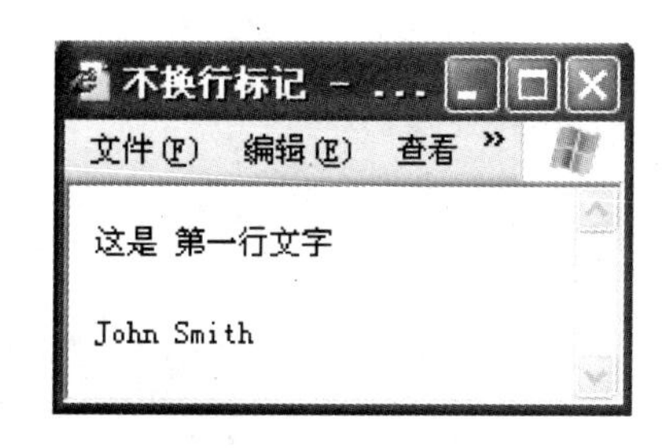

图2.15　不换行标记

在网页排版布局中，如文章列表标题排版、人物姓名，无论多少文字均不希望换行显示，需要强制在一行显示完内容，可以通过<nobr>…</nobr>标记标签来实现，不换行内容放入<nobr>与</nobr>之间即可。

例如，下面的代码页面效果如图2.15所示。

```
<body>
    <p> <nobr>这是
        第一行文字</nobr></p>
    <p> <nobr>John
        Smith</nobr></p>
</body>
```

(4) 文本中的特殊字符

在HTML文档中，有些符号如空格、“>”、“ ÷”等是不会显示在浏览器中的，若希望浏览器显示这些字符就必须在源代码中输入它们对应的特殊字符。

通常，一个字符是由三部分组成的：以“&”符号开始，中间是字符专用名称或字符代号，最后以“;”符号结束。各种特殊符号的表示见表2.1所示。

表2.1　特殊字符

原符号	代替字符	原符号	代替字符
空格	（表示一个半角空格，可连续输入多个）	÷	÷
<	<	&	&
>	>	"	"
±	&plusm;	©	©

例如，我们希望在浏览器中显示下面的表达式：

if a<b

　　{a=a÷b}

则在HTML中写成如下的格式，在浏览器中的显示效果如图2.16所示。

```
<body>
    if a&lt;b<br />
        {a=a&divide;b}
</body>
```

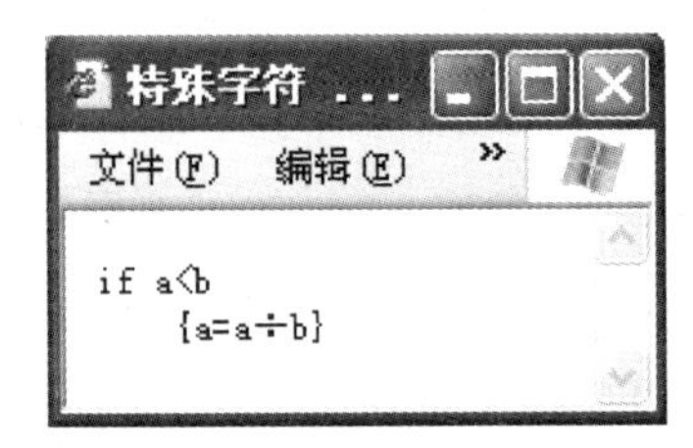

图 2.16　文本中的特殊字符

(5) 预排版标记

在网页设计中，直接使用下述代码进行排版，显示效果如图 2.17 所示：

```
<body>
    <p>国外      技术站点 Mashable.com
    评出了开发人员在 2011 年 应该关注的 5 项 Web 开发技术，
    包括 jQuery Mobile(jQuery 移动版)、Hardware-Accelerated Web Browsers(基于硬件加速的浏览
器)等入选。</p>
</body>
```

图 2.17　直接进行排版

从图中可以看出，我们预先设置的换行并没有在浏览器中显示出来，连续多个空格也只显示出一个空格，若希望在浏览器中显示的内容保留原始文字的排版格式，则可以用预格式化标记<pre>…</pre>格式化文本，该标记中的文本内容将按原格式显示，保留所有空格、换行和定位符等。

例如，下面的代码页面效果如图 2.18 所示。

```
<body>
<pre>国外      技术站点 Mashable.com
评出了开发人员在 2011 年 应该关注的 5 项 Web 开发技术，
包括 jQuery Mobile(jQuery 移动版)、Hardware-Accelerated Web Browsers(基于硬件加速的浏览器)等
入选。</pre>
</body>
```

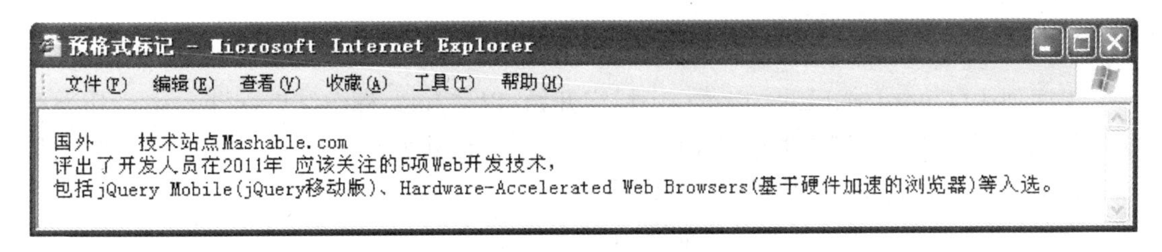

图 2.18　预格式化标记

(6) 水平线标记

<hr />标记是单标记，在 HTML 文档中加入一条水平线，可以使文档结构清晰明了，使文字的排版可以更整齐。通过<hr />的属性值，可以控制水平线的样式。

<hr />标记常用的属性见表 2.2 所示。

表 2.2　<hr />标记的常用属性

属性	属性说明
size	设置水平线的高度
width	设定水平线的宽度，默认单位是像素，也可以使用百分比单位
align	设置水平线的对齐方式(left 为左对齐，center 为居中对齐，right 为右对齐)
noshade	设置水平线的阴影

例如，下面的代码设置一条高度为 3 像素，宽度为页面的 85%，颜色为绿色，没有阴影且在页面上居中的一条水平线，页面效果如图 2.19 所示。

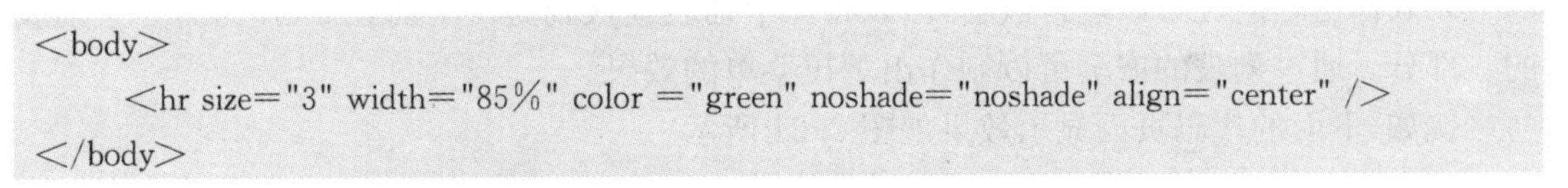

```
<body>
    <hr size="3" width="85%" color ="green" noshade="noshade" align="center" />
</body>
```

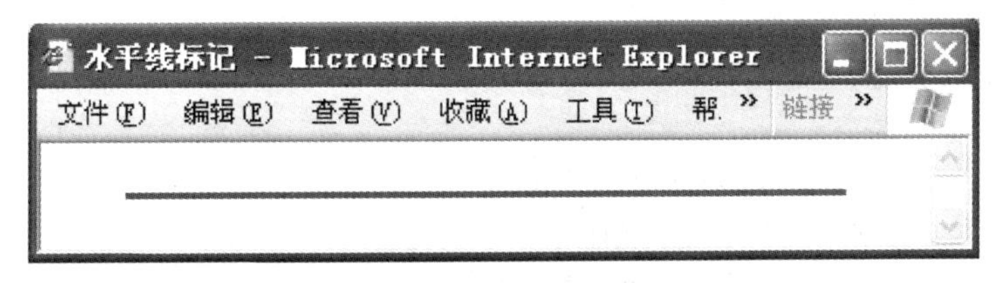

图 2.19　水平线标记

2.3　列表标记

列表是一种以结构化、易读性的方式提供信息的方法，它可以使用户方便的查找到重要的信息，同时使文档结构更加清晰、明确。HTML 中常用的列表标记包括无序列表、有序列表和定义列表。

2.3.1　无序列表

无序列表(Unordered List)以<ul>标记开始,以</ul>标记结束,<li>…</li>标记用于创建列表项。在浏览器中显示时,每个<li>标记处另起一行,列表前的实心圆点是默认样式,可使用列表的 CSS 属性重新设置。

例如,下面的代码页面显示效果如图 2.20 所示。

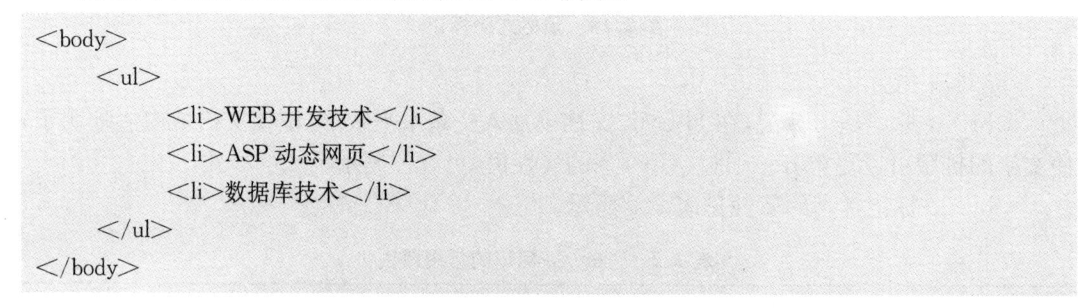

```
<body>
    <ul>
        <li>WEB 开发技术</li>
        <li>ASP 动态网页</li>
        <li>数据库技术</li>
    </ul>
</body>
```

图 2.20　无序列表

列表标记之间还可以进行嵌套,可以将一个列表嵌入到另一个列表中,作为另一个列表的一部分。通过列表的嵌套可以制作出下拉菜单的效果。

例如,下面的代码页面显示效果如图 2.21 所示。

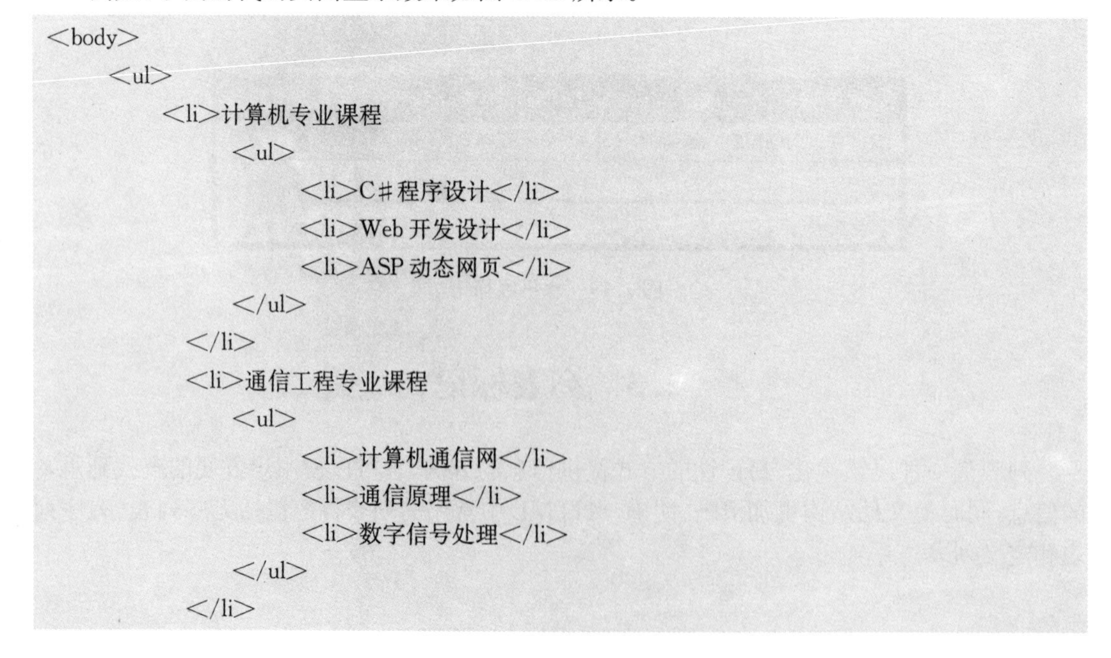

```
<body>
    <ul>
        <li>计算机专业课程
            <ul>
                <li>C#程序设计</li>
                <li>Web 开发设计</li>
                <li>ASP 动态网页</li>
            </ul>
        </li>
        <li>通信工程专业课程
            <ul>
                <li>计算机通信网</li>
                <li>通信原理</li>
                <li>数字信号处理</li>
            </ul>
        </li>
```

```
    </ul>
<body>
```

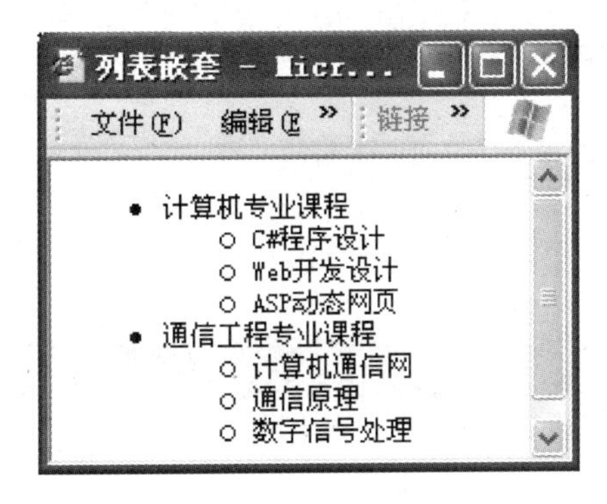

图 2.21　列表的嵌套

2.3.2　有序列表

有序列表(Ordered List)以标记<ol>开始，以标记</ol>结束，使用列表项标记<li>…</li>创建列表项，在浏览中显示时将在列表文本之前显示数字序号。

例如，下面的代码页面显示效果如图 2.22 所示。

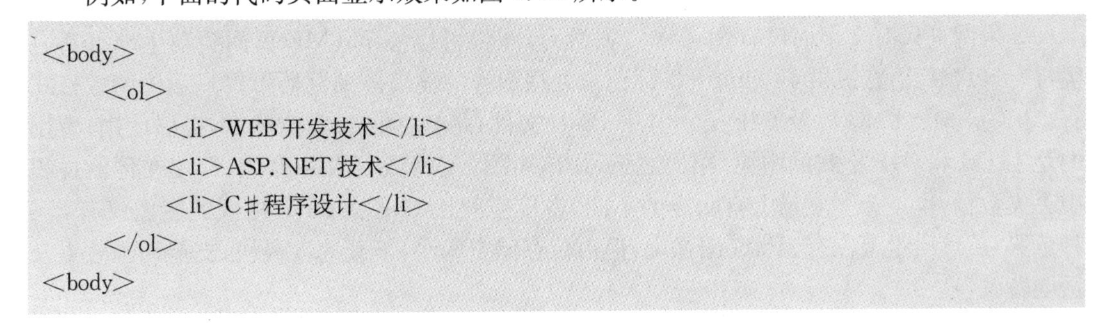

```
<body>
    <ol>
        <li>WEB 开发技术</li>
        <li>ASP. NET 技术</li>
        <li>C# 程序设计</li>
    </ol>
<body>
```

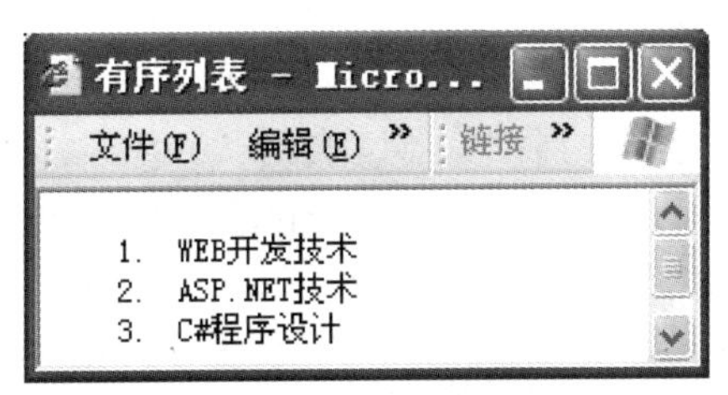

图 2.22　有序列表

2.3.3　定义列表

定义列表(Defined List)以标记<dl>开始，以标记</dl>结束，列表内包含一个列表标题和一系列的列表内容，<dt>…</dt>标记内为列表标题，<dd>…</dd>标记内为列表内容。

例如，下面的代码页面效果如图 2.23 所示。

```
<body>
    <dl>
        <dt>WEB开发技术</dt>
            <dd>该课程为软件工程专业核心课程</dd>
        <dt>C#课程内容</dt>
            <dd>该课程为计算机科学与技术专业核心课程</dd>
    </dl>
</body>
```

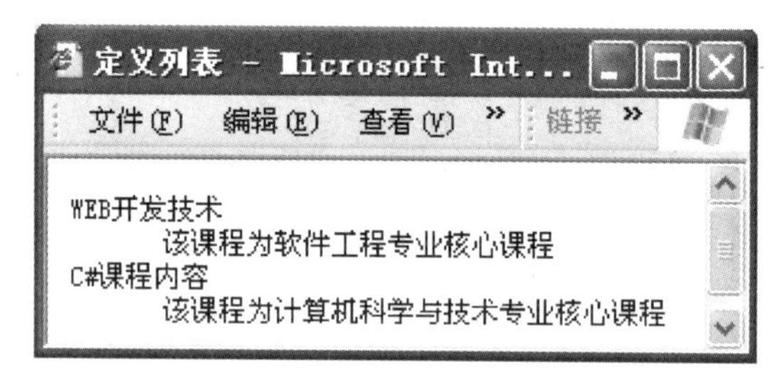

图 2.23　定义列表

2.4　图像标记

如果网页只有文字而没有图像将失去活力，图像可以使 HTML 页面美观生动且富有生机。HTML 语言提供了<img />标记来处理图像的输出。浏览器可以显示的图像格式有 JPEG、BMP、PNG 以及 GIF 等。其中 BMP 文件存储空间大、传输慢，不提倡使用；常用的是 JPEG 和 GIF 格式的图像，相比之下，JPEG 图像支持数百万种颜色，即使在传输过程中丢失数据，也不会在质量上有明显的不同，占位空间比 GIF 大；GIF 格式的图像仅有 256 种色彩，虽然质量上没有 JPEG 图像高，但占位存储空间小，下载速度最快，支持动画效果及透明背景色。

在网页中插入图像有两种方法：一是插入一个<img />标记，二是将图像作为背景嵌入到网页中。图片作为背景嵌入到网页中将在 CSS 章节中学到。

<img />标记是一个单标记，当浏览器读取到<img />标记时，就会显示该标记所设置的图像。<img />标记是行内元素，插入<img />元素不会导致换行。

<img />标记的语法如下：

```
<img src="url" alt="属性值" title="属性值" ……/>
```

<img />标记的常用属性见表 2.3 所示。

表 2.3　图像标记的常见属性

属性	属性说明
src	图片文件的 url 地址
alt	图片无法显示时的替代文字

续表

属性	属性说明
title	鼠标停留在图片上时的显示说明文字
align	图片的对齐方式
width、height	图片在网页中的宽和高
vspace、hspace	图片在网页中的上下空白区域和左右空白区域

(1) src 属性

要在页面上显示图像，需要使用 src 属性指定图像的路径。src 属性的值是图像的 URL 地址。这个地址值可以是相对路径，也可以是绝对路径。一般建议使用相对路径，此处与超链接相对路径的规则相同，可参考超链接标记一节中关于路径的解释。

(2) alt 属性

alt 属性值是在浏览器无法载入图像时，显示在图片区域的文本内容。

(3) title 属性

title 属性用于设置鼠标悬停在图片上时显示的说明文字。当未设置 title 属性时，IE 浏览器会把 alt 属性看做 title 属性，即鼠标悬停在图片上时显示 alt 属性设置的文字，但其他浏览器不是这样，因此一般需要同时设置 alt 以及 title 属性。

(4) align 属性

align 属性可以设置图片和文字之间的对齐方式，包括绝对对齐和相对对齐。绝对对齐方式有三种设置：left 左对齐、right 右对齐和 middle 居中对齐。相对对齐是指图像与一行文字的相对位置，其值可以为 top 上对齐和 bottom 下对齐。

常见的对齐方式的使用如下代码所示，页面显示效果如图 2.24 所示。

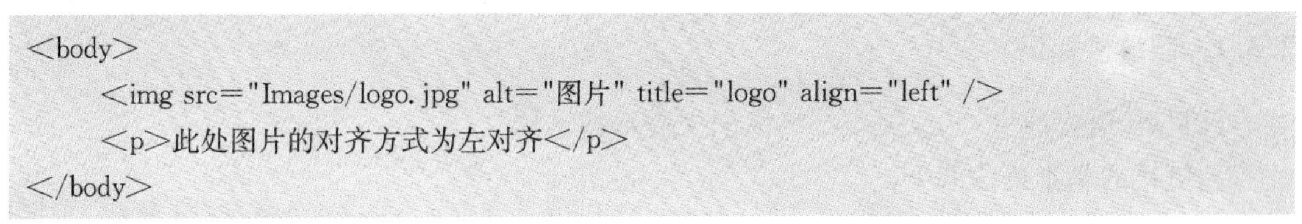

```
<body>
    <img src="Images/logo.jpg" alt="图片" title="logo" align="left" />
    <p>此处图片的对齐方式为左对齐</p>
</body>
```

图 2.24　图片和文字对齐方式

(5) width 和 height 属性

width 和 height 属性可以设置图片的宽度和高度。

例如，下面的代码在网页中插入图片并设置了图片的高度和宽度，页面显示效果如

图 2.25 所示。

```
<body>
    <img src="Images/logo.jpg" alt="图片" title="logo" width="100" height="100" />
</body>
```

图 2.25　图片显示效果

2.5　超链接标记

超链接是通过 URL(统一资源定位器)来定位目标信息的。超链接在本质上属于网页的一部分,它是一种允许当前网页同其他网页或站点之间进行链接的元素。超链接是指从一个网页指向另一个目标的链接关系,这个目标可以是另一个网页,也可以是相同网页上的不同位置,还可以是一个图片、一个电子邮件地址、一个文件,或是一个应用程序。网页中超链接的对象,可以是一段文本或者是一个图片。当单击超链接文字或图片后,链接目标将显示在浏览器中。

2.5.1　超链接标记

HTML 语言通过<a>…</a>标记来表示超链接。

超链接的基本语法如下:

```
<a href="url" target="" title=" ">显示的文字</a>
```

例如,在下面的语句中,单击“打开百度”,则在新窗口中打开网址为 http://www.baidu.com 的网站,如图 2.26 所示。

```
<body>
    <a href="http://www.baidu.com" target="_blank" title="网站">打开百度</a>
</body>
```

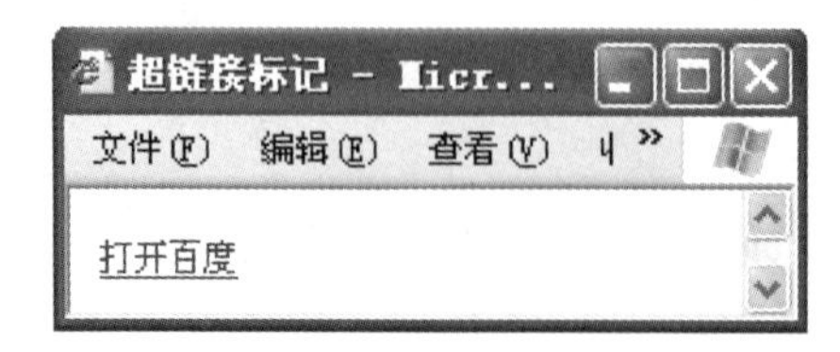

图 2.26　超链接标记

语法解释：

(1) 标记<a>表示超链接的开始，</a>表示超链接的结束。当鼠标悬停在“链接文本”处时会变成手状，单击这个元素可以访问指定的目标文件。

(2) href属性

该属性定义了这个链接所指的目标地址。目标地址是最重要的，一旦路径上出现差错，该资源就无法访问，在链接外部网站时，必须写全该网站的URL地址。

(3) target属性

该属性用于指定打开链接目标窗口，其默认方式是原窗口。链接的目标窗口的打开方式见表2.4所示。

表2.4　链接目标窗口的打开方式

属性	描述
_parent	将链接的文件载入到父框架并打开网页
_blank	在新窗口打开链接的网页
_self	在原来的窗口或框架中打开链接的网页，是target属性的默认值，一般可以不指定
_top	在浏览器的整个窗口中打开，忽略任何框架

(4) title属性

该属性用于设置当鼠标悬停在超链接上时显示的文字提示。

2.5.2　绝对路径和相对路径

(1) 绝对路径(绝对URL)

绝对URL采用完整的URL来规定文件在Internet上的精确位置，包括完整的协议类型、计算机域名或IP地址、包含路径信息的文件名。书写格式为：

协议://计算机域名或IP地址[文档路径][文档名]

例如：

```
<body>
    <a href="http://rsc.hyit.edu.cn/download/pic.gif">人事处</a>
    <a href="D:\\WebSite\\Pages\\text.aspx>人事处</a>
</body>
```

(2) 相对路径(相对URL)

相对URL是相对于包含超链接页的地址来找到其他文件或文件夹的路径。建议尽量使用相对路径创建链接，一般分为以下几种情况，见表2.5所示。

表 2.5　链接的说明

链接地址	说明
同一路径下的文档	直接输入文件名即可。
同一路径下子文件夹中的文档	要链接文件和调用图片的 URL 地址，则先输入子文件夹名和斜杠(/)，再输入文件名，如"Pages/login2. htm"。
上一级路径中	要在文件名前输入"../"，如"../login3. htm"。"../"表示上级目录，"../../"表示上上级目录，以此类推。
上一级路径中其他子目录中的文件	先退回到上级目录，再进入目标文件所在的目录，如"../Pages/login4. htm"。

可以看出相对 URL 方式比较简便，不需输入完整的 URL。各种不同情况的相对路径的使用如下所示：

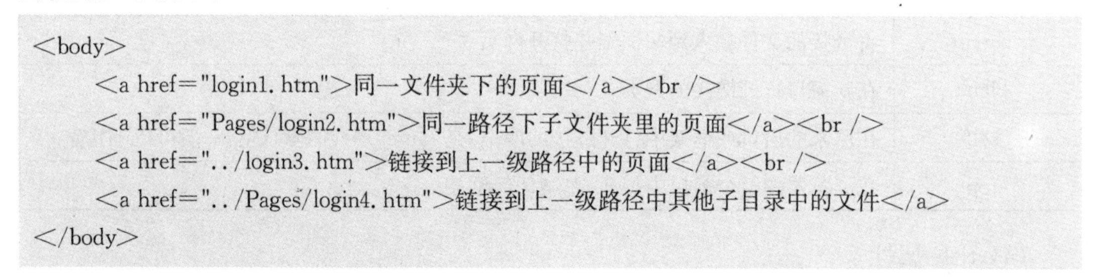

```
<body>
    <a href="login1. htm">同一文件夹下的页面</a><br />
    <a href="Pages/login2. htm">同一路径下子文件夹里的页面</a><br />
    <a href="../login3. htm">链接到上一级路径中的页面</a><br />
    <a href="../Pages/login4. htm">链接到上一级路径中其他子目录中的文件</a>
</body>
```

2.5.3　各种类型超链接的创建

网页中所使用的超链接按照创建方式可分为内部链接、外部链接和锚点链接，按照链接的对象又可分为文本链接、图像链接、E-mail 链接、空链接、脚本链接等。

(1) 内部链接

内部链接是来自网站内部的链接，内部链接的 href 属性的属性值一般为相对路径。

例如：

```
<body>
    <a href="login.html">登录</a>
</body>
```

(2) 外部链接

外部链接是来自网站以外的链接。单击外部链接的文本，则会跳转到其他网站的页面。外部链接的 URL 一般要使用绝对路径。

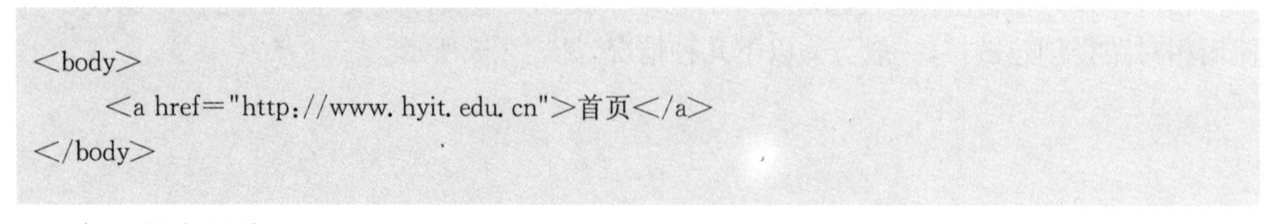

```
<body>
    <a href="http://www.hyit.edu.cn">首页</a>
</body>
```

(3) 锚点链接

当网页内容较长时(例如百度百科页面)，为了方便浏览者阅读，在需要进行页内跳转链接时，就需要定义锚点和锚点链接。

锚点链接的定义有两个部分，首先在需要链接的目的地即锚的终点部分使用<a>标记的name属性或id属性设置锚的名称，然后是在锚点的起始使用<a>标记的href属性设置所链接的锚点名称。锚的终点和起点设置完毕后，只需单击锚的起点，就可以跳转到锚的终点。

例如，将下面代码的页面显示效果调整成如图2.27所示大小，再使用锚点链接进行页面内的跳转。如果页面显示为原始大小，则锚点链接标记的作用体现不出来。

```
<body>
    <p>课程简介</p>
    <a href="#hy1">WEB开发技术</a><br/>
    <a href="#hy2">C++程序设计</a><br/>
    <a id="hy1">WEB开发技术课程教学目标:<br />
    本课程主要讲授制作Web站点和页面的基本方法、基本技术，学会使用HTML标记语言编写基本页面，掌握如何使用CSS对Web站点和页面进行总体布局和美化，掌握如何使用JavaScript、JQuery为Web站点和页面增加交互功能，并初步掌握一些基本的图片处理技巧。</a>
    <a id="hy2"> C++程序设计课程教学目标:<br />
    通过学习，使学生掌握C++的语言要素和结构化程序设计方法。了解C++语言的产生、发展、特点及作用，掌握数据类型、运算符、流程图、过程化程序结构、数组、函数、指针、结构体、链表、文件操作等基础概念与基本应用，熟悉VC++集成环境，培养动手能力，能编写简单的应用程序，同时为数据结构等后续课程的学习打下扎实的基础。</a>
</body>
```

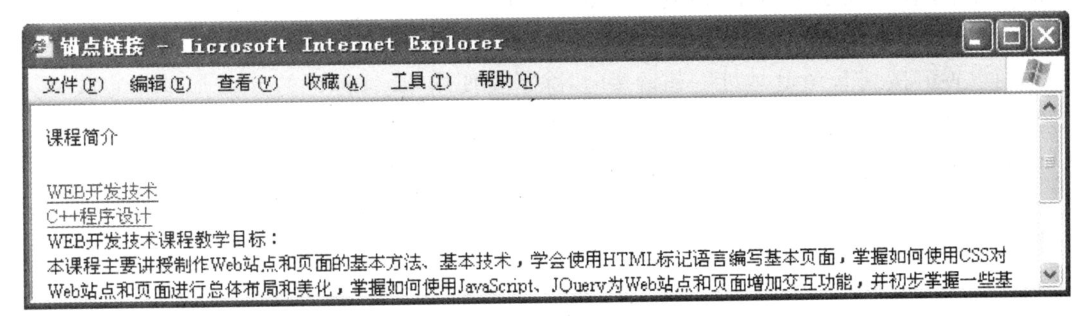

图2.27 锚点链接

(4) 文本及图像超链接

在HTML页面中，可以使用文本或图片作为超链接，也可以使用文字和图片一起作为超链接。当文字和图片一起使用时，单击文本或者图片都可以链接到href属性设置的地址。

例如，下面的代码页面显示效果如图2.28所示。

```
<body>
    <a href="http://jwch.hyit.edu.cn" title="图像链接">
        <img src="Images/pic1.jpg" alt="首页" border="0" />
    </a>
```

```
    <br />
    <a href="http://jwch.hyit.edu.cn" target="_blank" title="返回首页">
        <img src="Images/pic2.jpg" alt="首页" border="0" />
        文本和图片混合的链接
    </a>
</body>
```

图 2.28　超链接效果

注意：一般使用图像作为超链接时，在 IE 6 浏览器中图像一般都会加一个边框，为了使默认情况下图像不带边框，则需要在 img 标记中设置 border 属性值为 0。

(5) 电子邮件链接

当设置链接到 E-mail 地址的超链接时，除了要使用<a>标记的 href 属性指定收件人的邮件地址，还要在邮件地址前加上 mailto 通信协议。在 Windows 系统中，如用户设定了 OutLook 等邮件系统，在浏览器中单击 E-mail 链接会自动打开新的邮件窗口。

例如，下面的代码页面显示效果如图 2.29 所示，单击“联系我们”，则打开如图 2.30 所示窗口。

```
<body>
    <a href="mailto:zhy@126.com">联系我们</a>
</body>
```

图 2.29　电子邮件超链接

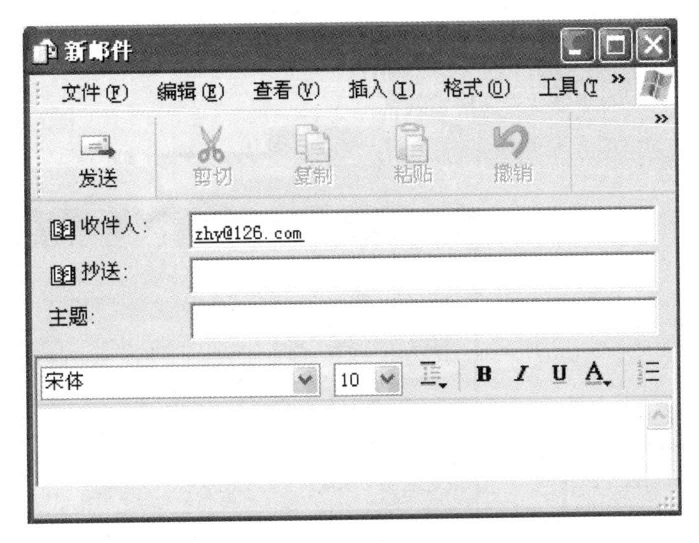

图 2.30　电子邮件链接效果

(6) 空链接及脚本链接

在网页中创建空链接，可链接到网页本身。脚本链接执行 JavaScript 代码或调用 JavaScript 函数。

例如，下面的代码页面显示效果如图 2.31 所示。

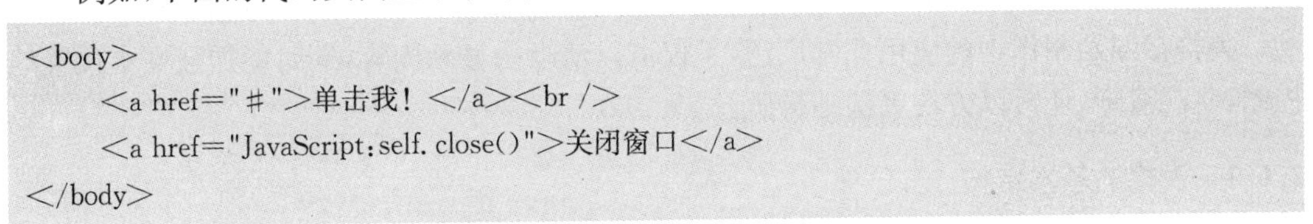

```
<body>
    <a href="#">单击我！</a><br />
    <a href="JavaScript:self.close()">关闭窗口</a>
</body>
```

图 2.31　空链接及脚本链接

(7) 其他链接

若链接的 href 属性为图片或者压缩文件等，则可下载该文件。

例如，下面的代码页面显示效果如图 2.32 所示，单击“下载压缩文件”，则打开如图 2.33 所示页面。

```
<body>
    <a href="Images/pic1.jpg">下载图片</a><br />
    <a href="ys.rar">下载压缩文件</a>
</body>
```

图 2.32 下载链接

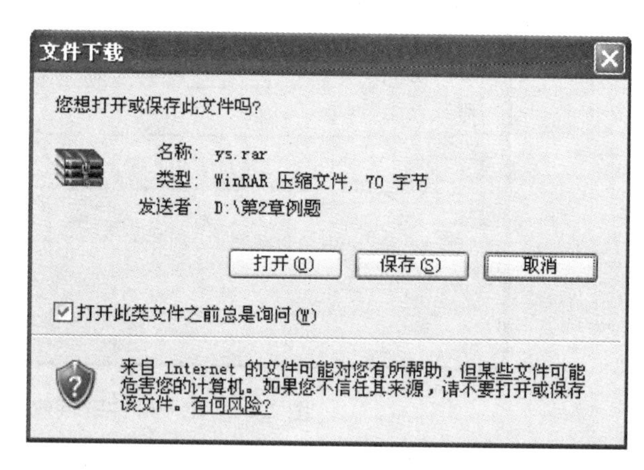

图 2.33 文件下载

2.6 表格标记

表格在网站制作中的应用非常广泛，不仅可以清晰的显示内容，同时能加强文本位置的控制，直观清晰，还可以方便灵活地排版。

2.6.1 表格的基本结构

HTML 语言通过<table>…</table>标记表示表格。每个表格均有若干行，由行标记<tr>…</tr>表示；每行有若干单元格，由单元格标记<td>…</td>表示；表头由标记<th>…</th>表示。单元格为表格中最基本的结构单元，单元格中可以包含不同的 HTML 元素，内容可以是文本、图像、列表、水平线等。

例如，下面的代码在网页中设计了一个两行两列的表格，页面显示效果如图 2.34 所示。

```
<body>
    <table border="1" >
        <tr>
            <th>第一行第一列</th>
            <th>第一行第二列</th>
        </tr>
        <tr>
            <td>第二行第一列</td>
            <td>第二行第二列</td>
        </tr>
    </table>
</body>
```

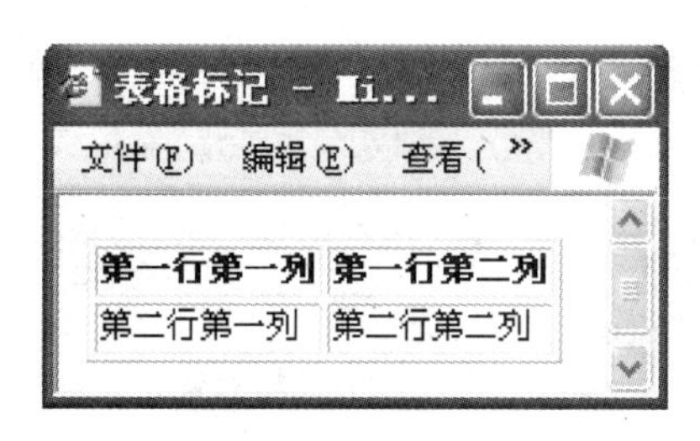

图 2.34　表格

2.6.2　表格标记的常用属性

表格的整体外观由表格标记的属性决定，其属性见表 2.6 所示。

表 2.6　表格标记的属性

标签	说明
border	表格边框的宽度，单位为像素，默认值为 0。
cellspacing	表格的单元格与单元格之间的间距，单位为像素。
cellpadding	表格的单元格边框与内容之间的间距，单位为像素。
width	表格的宽度，单位为像素，默认值为能容纳表格内容的最小宽度。
height	表格的高度，单位为像素，默认值为能容纳表格内容的最小高度。
bgcolor	整个表格的背景颜色。
align	表格相对于页面的水平对齐方式，默认值为 left，即左对齐。

在上一个例题的代码基础上设置表格的 border 属性值为 5px，cellspacing 属性值为 10px，cellpadding 属性值为 20px。表格宽度为 400px，表格高度为 100px，表格的背景色为 gray，表格在页面中的对齐方式为居中对齐。页面显示效果如图 2.35 所示。

```
<body>
    <table border="5" cellspacing="10" cellpadding="20" width="400"
        height="100" bgcolor="gray" align="center">
        <tr>
            <th>第一行第一列</th>
            <th>第一行第二列</th>
        </tr>
        <tr>
            <td>第二行第一列</td>
            <td>第二行第二列</td>
        </tr>
    </table>
</body>
```

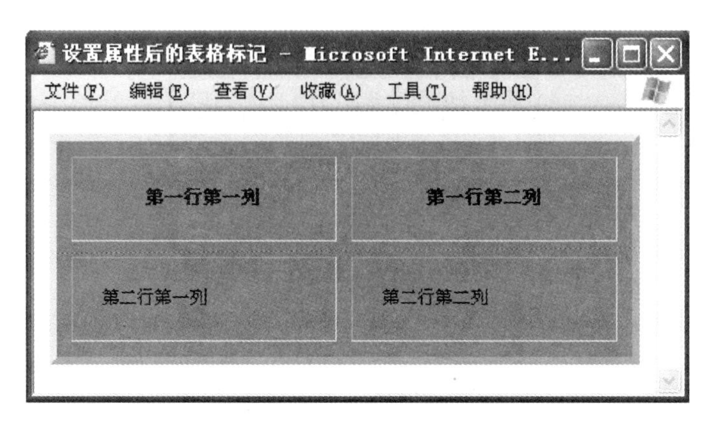

图 2.35 设置属性后的表格

在上例中设置“border=5”,只有表格边框变为了5像素,单元格的边框还是1像素,因此,设置表格边框的宽度不会影响单元格的边框宽度,即不管外边框是多少像素,只要不是0,则单元格的边框始终是1像素。

但比较特殊的是,当将表格的边框设置为0时,单元格的边框也为0,border属性的默认值为0。若不设置border的值,则显示一个没有边框的表格。因此在使用表格布局网页时会设置一个没有边框的表格。

仅使用HTML标记也可以做出漂亮的表格,但是代码很繁琐,在后面的CSS章节里,将介绍利用CSS技术做出效果更丰富的表格。

2.6.3 表头标记、单元格标记及行标记的常用属性

表头标记<th>…</th>是一个特殊的单元格标记,与<td>…</td>不同的是,<th>…</th>标记中的字体会以粗体居中的方式呈现出来。一般在制作表格时,可在表格的第一行中使用<th>…</th>标记,表示表格的表头。

单元格标记<td>、<th>具有一些共同的属性,见表2.7所示。

表 2.7 <td>、<th>共同的属性

标签	说明
align	单元格水平对齐属性,取值为left、center和right,其中left为默认值。
valign	单元格垂直对齐属性,取值为middle、top和bottom, 其中middle为默认值。
width	单元格宽度属性,若不设置单元格宽度,则默认为能容纳该单元格内最宽字符。
height	单元格高度属性,若不设置单元格高度,则默认为能容纳该单元格内最高字符。
bordercolor	单元格边框的颜色。
bgcolor	单元格背景色。

对于上述属性,<tr>标记大部分都可以使用,只是没有width属性。

例如,在页面上设计一个表格:边框为1像素,第一行的单元格的边框颜色是红色,垂直对齐方式为顶部对齐,行高为60像素,背景色为蓝色;第一行中第一个单元格宽度为160像素,水平对齐方式为居中,第二个单元格跨度为200像素,水平对齐方式为右对齐。

第二行的单元格垂直对齐方式设置为底部对齐，没有设置边框颜色，显示为默认边框颜色，两个单元格设定高度都为 50 像素；第二行中第一个单元格的背景色为绿色，第二个单元格的背景色为红色。页面显示效果如图 2.36 所示。

```
<body>
    <table border="1">
        <tr valign="top" height="60" bgcolor="blue" bordercolor="red">
            <th width="160" align="center">第一行第一列</th>
            <th width="200" align="right">第一行第二列</th>
        </tr>
        <tr valign="bottom">
            <td height="50" bgcolor="green">第二行第一列</td>
            <td height="50" bgcolor="red">第二行第二列</td>
        </tr>
    </table>
</body>
```

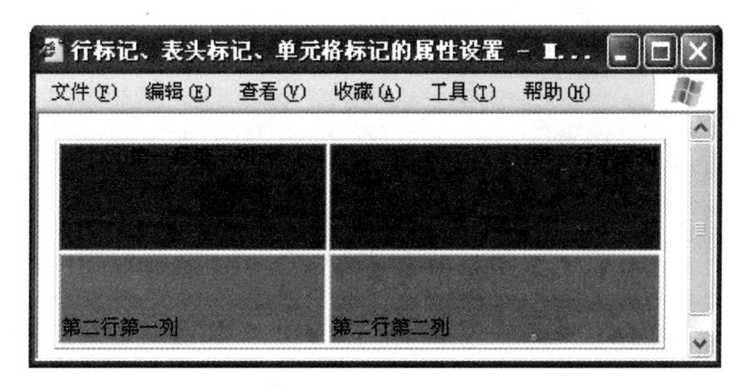

图 2.36　行标记、表头标记、单元格标记的属性设置

从上例我们可以看出，很多属性在<tr>中设置与在<td>中设定可以得到相同的效果，如果对单元格没有特殊要求，可以将属性设置放在标记<tr>中，这样可以避免代码冗余。

2.6.4　单元格合并属性

单元格的合并属性是<td>标记特有的两个属性，分别是跨多列属性 colspan 和跨多行属性 rowspan。跨多列属性可以将多个水平相邻的单元格合并成一个单元格；跨多行属性可以将多个上下排列的单元格合并成为一个单元格。

例如，下面的代码将第一行的第二列和第三列单元格合并，colspan 属性是将水平排列的单元格合并，它使该行<tr>标记中减少一个<td>标记。页面显示效果如图 2.37 所示。

图 2.37　colspan 属性设置

```
<body>
    <table border="1">
        <tr>
            <td>姓名</td>
            <td colspan="2">电话号码</td>
        </tr>
        <tr>
            <td>Bill</td>
            <td>051783591046</td>
            <td>13712346688</td>
        </tr>
    </table>
</body>
```

例如，下面的代码将第一列的第二行和第三行单元格合并，rowspan 属性是将垂直排列的单元格合并，它使第三行减少一个<td>标记。页面显示效果如图 2.38 所示。

```
<body>
    <table border="1">
        <tr>
            <td>姓名</td>
            <td>Bill</td>
        </tr>
        <tr>
            <td rowspan="2">电话号码</td>
            <td>051783591046</td>
        </tr>
        <tr>
            <td>13712346688</td>
        </tr>
    </table>
</body>
```

图 2.38　rowspan 属性设置

2.6.5　标题标记及其属性

<caption>…</caption>标记用来为表格添加标题，默认情况下标题位于表格的上方，可以通过 align 和 valign 属性设置其位置。valign 属性的可选值为 bottom 或 top，表示标题在表格的下方或上方。

例如，下面的表格中使用了<caption>标记，标题的默认位置为上部居中。页面显示效果如图 2.39 所示。

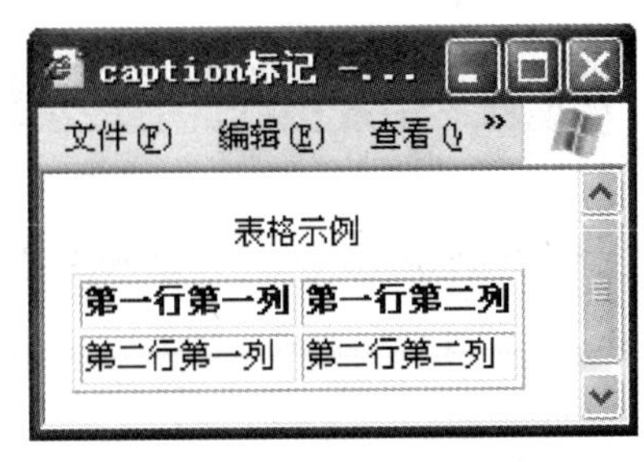

图 2.39　caption 标记

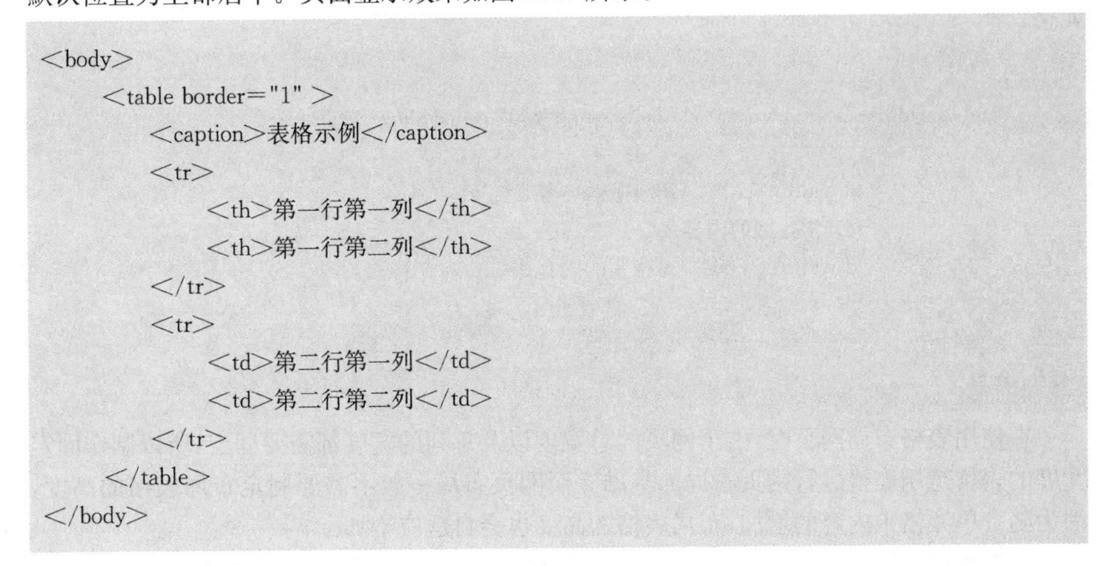

```
<body>
    <table border="1" >
        <caption>表格示例</caption>
        <tr>
            <th>第一行第一列</th>
            <th>第一行第二列</th>
        </tr>
        <tr>
            <td>第二行第一列</td>
            <td>第二行第二列</td>
        </tr>
    </table>
</body>
```

2.6.6　表格的应用

(1) 制作固定宽度的表格

如不定义表格中每个单元格的宽度，当向单元格中插入网页元素时，表格一般会变形。因此要利用固定宽度的表格和单元格精确地包含其中的内容。制作固定宽度的表格通常有以下两种方法：

① 定义所有列的宽度，但不定义整个表格的宽度。这时候，只要单元格内的内容不超过单元格的宽度，表格就不会变形，页面效果如图 2.40 所示。

```
<body>
    <table border="1" cellspacing="0" cellpadding="0">
        <tr>
            <td width="200">需排版的内容 1</td>
            <td width="360">需排版的内容 2</td>
            <td width="200">需排版的内容 3</td>
        </tr>
    </table>
</body>
```

图 2.40　固定宽度表格

② 定义整个表格的宽度，可以使用像素或百分比，如 760 或 90%，再留一列不定义宽度的单元格。

```
<body>
    <table width="760" border="0" cellspacing="0" cellpadding="0">
        <tr>
            <td width="200">需排版的内容 1</td>
            <td>需排版的内容 2</td>
            <td width="200">需排版的内容 3</td>
        </tr>
    </table>
</body>
```

在使用表格布局网页时，由于网页的总宽度以及每列的宽度都需要固定，所以制作固定宽度的表格是用表格进行网页布局的基础。而网页布局一般不需要制定布局表格的高度，因为随着单元格中内容的增加，布局表格的高度也会自适应增加。

只有在单元格中插入图像时，为了保证单元格与图像之间没有间隙，需要把单元格的宽和高设置为图像的宽和高，填充、间距和边框都设置为 0，并保证单元格标记内除图像元素之外，没有其他空格或换行符。

(2) 用普通表格进行排版

“1—3—1”版式布局是一种最常见的网页版面布局方式，是学习其他复杂版面布局的基础，它可以通过三个表格来实现，页面效果如图 2.41 所示。其中表格的高度会随着内容的增加而增高。

```
<body>
    <table align="center" width="800" border="0" cellpadding="0" cellspacing="0">
        <tr>
            <td bgcolor="#339900"> Header</td>
        </tr>
    </table>
    <table align="center" width="800" border="0" cellpadding="0" cellspacing="0">
        <tr>
            <td bgcolor="#0099ff" valign="middle" width="200">Left Bar</td>
            <td bgcolor="#ccccff" valign="middle">Page Content</td>
            <td bgcolor="#cc00cc" valign="middle" width="200">rigthe Bar</td>
```

```
        </tr>
    </table>
    <table align="center" width="800" border="0" cellpadding="0" cellspacing="0">
        <tr>
            <td bgcolor="#ff99ff"> Footer</td>
        </tr>
    </table>
</body>
```

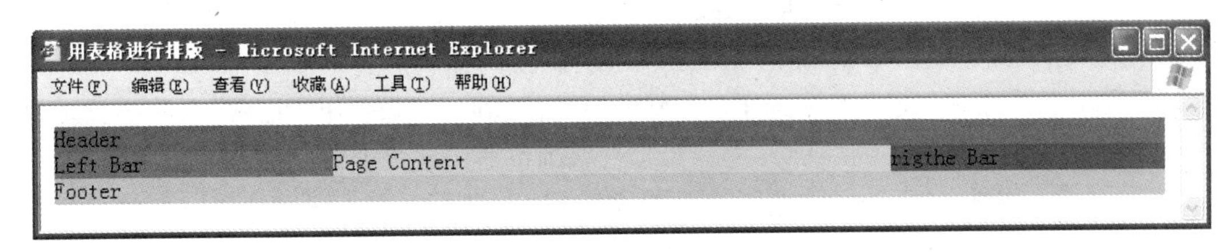

图 2.41　使用表格布局网页

2.7　表单标记

表单这个词大家应该不会陌生，因为你在一些网上一定进行过注册邮箱、注册会员等操作。在设计和制作网页时，表单网页是一个网站与浏览者展开互动的窗口。表单能够有组织的、使用统一方式的从用户处收集资料。因此表单标记是 HTML 的一个重要组成部分。用户可以在表单界面输入信息或在选项中进行选择、提交动作，从而与服务器进行交互，但这需要服务器程序的支持。

2.7.1　表单的结构

<form>是表单的标记，所有的控件在使用时必须放在<form>……</form>间，不能单独存在。当用户单击“提交”按钮时，提交的是表单范围之内的内容，表单区域还包含表单的相关信息，如处理表单的脚本程序的位置、提交表单的方法等。

定义表单的语法如下：

```
<body>
    <form name="login" method="post" action="yz.aspx"  enctype="multipart/form-data"
    target="_blank">
        ……
    </form>
</body>
```

表单标记的属性语法解释如下：

(1) name 属性：定义表单的名称，表单的唯一标识。

(2) method 属性：method 属性值可以为“get”或“post”，默认值为“get”。使用“get”方式时，传递的数据作为 URL 地址的参数传递，是在浏览器的地址栏明文传递的，很容易泄漏信息，并且传递的信息量不是很大。可以尝试在百度中输入"WEB"，单击查询，地址栏中出现了"WEB"，因此，其使用的method属性值为"get"。

使用"post"方式时，传递的数据不作为URL地址的参数传递，而是将各表单字段元素及其数据作为HTTP消息内的实体内容发送给Web服务器。使用"post"方式比使用"get"方式传送的数据量要大得多。

(3) action属性：表示用来接收和处理浏览器递交的表单内容的服务器端动态的URL路径。提交地址可以是绝对地址或相对地址。

(4) enctype属性：设定表单内容的编码方式，有以下三种取值：

① text/plain：以纯文本形式传递信息。

② application/x-www-form-urlencoded：默认的编码形式。

③ multipart/form-data：使用MIME编码，在网络编程过程中需要向服务器上传文件，是上传文件的一种方式。其实就是浏览器用表单上传文件的方式。

(5) target属性：表示当单击表单上的提交按钮时，表单的action属性所对应的动态网页显示的目标窗口，其取值有以下几种：

- _blank：将网页显示在新窗口中(默认值)。
- _self：将网页显示在当前框架或窗口中。
- _parent：将网页显示在当前框架的父框架集或父窗口中。如果此框架不是嵌套结构，相当于_self。
- _top：将网页显示在当前的浏览器窗口中。

2.7.2 <input>标记

(1) 基本语法

<input />标记是收集用户输入信息的标记，是一个单标记，其含义由type属性决定。其基本语法如下所示，常用属性及说明见表2.8所示。

```
<input name="username" type="属性值" …… />
```

表2.8 input标记的常用属性

属性	说明	属性	说明
name	控件的名称	size	指定控件的宽度
type	控件的类型，如button、image等	value	用于设定输入的默认值
align	指定对齐方式，如top、bottom、middle	maxlength	单行文本允许输入的最大字符数
src	插入图像的地址		

其中，type属性值决定了input标记的控件类型，见表2.9所示。

表2.9 type属性值及含义

type属性值	含义	type属性值	含义
text	文本域	reset	重置按钮
password	密码域	button	普通按钮

续表

type 属性值	含义	type 属性值	含义
radio	单选按钮	image	图像域
checkbox	复选框	file	文件域
submit	提交按钮	hidden	隐藏域

以上类型的输入区域有一个公共的属性 name，此属性给每一个输入区域定义一个名字。这个名字与输入区域是一一对应的，即一个输入区域对应一个名字。服务器就是通过调用某一输入区域的名字的 value 值来获取该区域的数据的。而 value 属性是另一个公共属性，它可以用来指定输入区域的默认值。

(2) 文本域

- <input />标记的 type 属性值为 text 表示控件为文本域，文本域是最基本的表单对象，用于在表单上创建单行文本输入区域。
- 文本域对应的几个典型属性如下：

  ① name 属性：指定文本域的名称，名称是唯一的，是程序处理数据的依据。

  ② size 属性：指定文本域的长度，以字符为单位。在大多数浏览器中，文本域的缺省宽度是 24 个字符。

  ③ value 属性：文本域中的默认值，若不指定，则用户输入的文本内容会作为 value 属性的值。

  ④ maxlength 属性：指定用户在文本域中能输入的最多字符数。

  ⑤ readonly 属性：该属性只有一个值，若使用该属性，则该文本域可以获得焦点，但用户不能改变文本框中的值。

  ⑥ disabled 属性：该属性只有一个值，若使用该属性，则文本域不能获得焦点，用户也不能改变文本区域的值。

例如，下面的代码在表单中添加一个长度为 20，默认显示为"网站开发"的文本框。页面显示效果如图 2.42 所示。

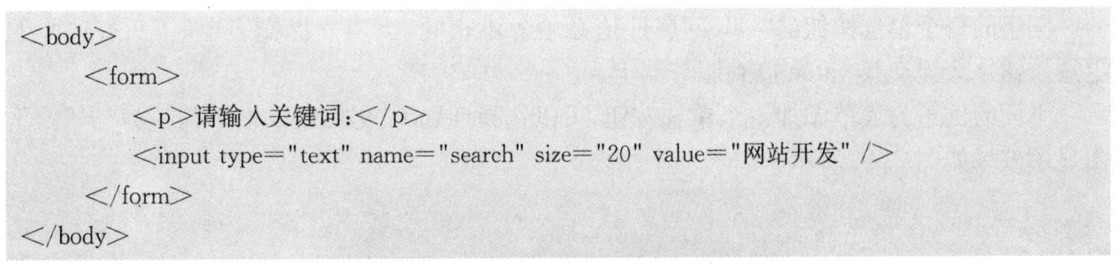

```
<body>
    <form>
        <p>请输入关键词：</p>
        <input type="text" name="search" size="20" value="网站开发" />
    </form>
</body>
```

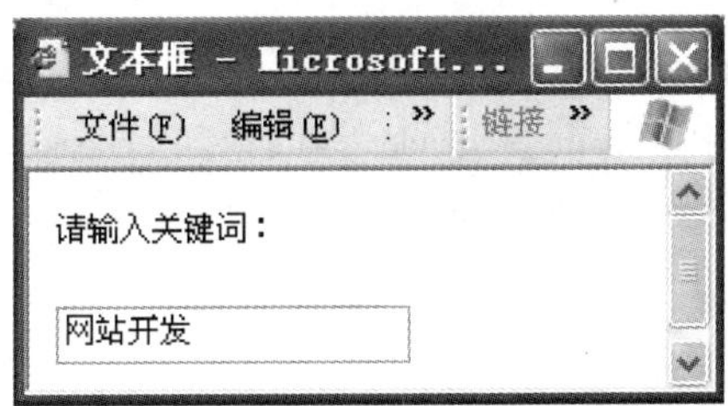

图 2.42　文本框

(3) 密码域

<input />标记的 type 值为 password 表示控件是密码域,用户输入的字符以圆点来显示,但表单发送数据时仍然是把用户输入的实际字符以不加密的方式传递给服务器。密码域的属性与文本域的属性基本相同。

例如,下面的代码为表单添加一个长度为 20,最长字符数为 30 个字符,默认密码为“888888”的密码域。页面显示效果如图 2.43 所示。

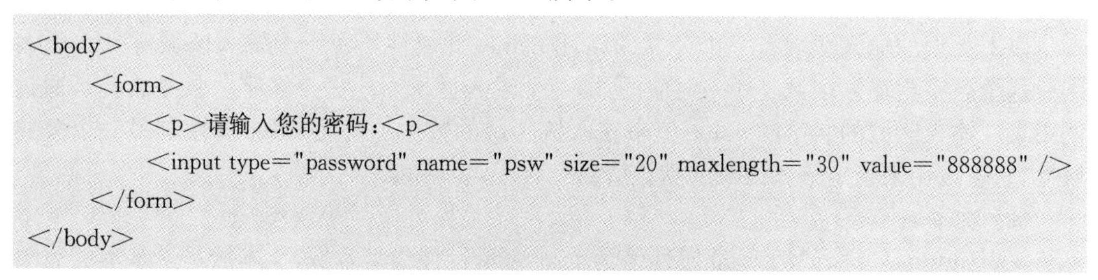

```
<body>
    <form>
        <p>请输入您的密码:<p>
        <input type="password" name="psw" size="20" maxlength="30" value="888888" />
    </form>
</body>
```

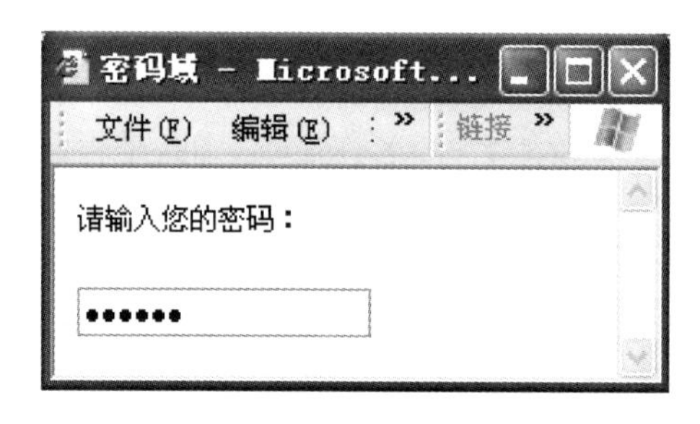

图 2.43　密码域

(4) 单选按钮

<input />标记的 type 值为 radio 表示控件为单选按钮。单选按钮一般成组使用,如果将多个单选按钮设置相同的 name 值,它们就形成一组单选按钮。同组的单选按钮的选择是互斥的。当一个单选按钮被选中时,其他单选按钮就会取消选中状态。要将一组单选钮中的一个单选按钮设置为默认选中,需将该单选按钮的“checked”属性设置为“true”,不设定属性表示都不选中。

同组的每个单选按钮的“value”属性值必须各不相同,当用户提交表单时,只有选中的单选按钮才会提交其 value 值到服务器上。

下面的例子为表单添加一个单选按钮,可以选择性别为“男”或“女”,默认值为“男”。页面显示效果如图 2.44 所示。

```
<body>
    <form>
        <p>请选择您的性别:<p>
        男<input type="radio" name="gender" value="1" checked="checked" />
        女<input type="radio" name="gender" value="2" />
    </form>
</body>
```

图 2.44　单选按钮

(5) 复选按钮

<input />标记的 type 值为 checkbox 表示该控件为复选按钮。复选框一般也是成组出现的，和单选按钮不同的是，复选按钮可以让用户选择一项或者多项内容，甚至全选，所以 name 属性是单独设置的。“checked”属性用来设置复选框初始状态是否被选中。

图 2.45　复选框按钮

下面的例子为表单增加一个复选框按钮，有三个选项供选择。页面显示效果如图 2.45 所示。

```
<body>
    <form>
        您这学期的课程:<br />
        <input name="ck1" type="checkbox" value="1" checked="checked"/>数据结构
        <input name="ck2" type="checkbox" value="2" />Web 开发设计
        <input name="ck3" type="checkbox" value="3" />C#程序设计
    </form>
</body>
```

(6) 提交按钮

<input />标记的 type 值为 submit 表示控件为提交按钮，单击该按钮，可将表单中所有具有 name 属性的元素内容发送到服务器端指定的应用程序，即提交到 form 标记中 action 属性的 url 地址。

下面的例子为表单增加一个提交按钮，value 的值代表显示在按钮上面的文字。页面显示效果如图 2.46 所示。

```
<body>
    <form action="http://www.baidu.com" target="_blank">
        <input type="text" name="word" />
        <input type="submit" value="百度一下" />
    </form>
</body>
```

图 2.46　提交按钮

（7）重置按钮

<input />标记的 type 值为 reset 表示控件为重置按钮，用户在填写表单时，若希望重新填写，单击该按钮将使全部表单元素的值还原为初始值。

下面的代码为表单添加一个重置按钮，在浏览器中填写信息后单击“重置”按钮，页面中的数据被清除。

```
<body>
    <form>
        <p>用户登录</p>
        用户名：<input type="text" name="user" /><br>
        密　码：<input type="password" name="pass" /><br>
        <input type="submit" value="登 录" />
        <input type="reset" value="重 置" />
    </form>
<body>
```

（8）普通按钮

<input />标记的 type 值为 button 表示控件为普通按钮，该按钮没有内在行为，一般是配合 JavaScript 脚本来进行表单的处理。

例如，下面的代码页面效果如图 2.47 所示。单击页面中的“普通按钮”，页面不会发生变化，因为在“普通按钮”按钮代码中没有处理程序；如果单击“打开窗口”按钮，会弹出一个新的浏览器窗口；如果单击“关闭窗口”按钮，会弹出一个关闭警告窗口。

```
<body>
    <form action="test.asp" name="example1" method="post">
        <input type="button" name="button1" value="普通按钮"/>
        <input type="button" name="button2" value="打开窗口" onClick="window.open
()"/>
        <input type="button" name="button3" value="关闭窗口" onClick="window.close
()"/>
    </form>
</body>
```

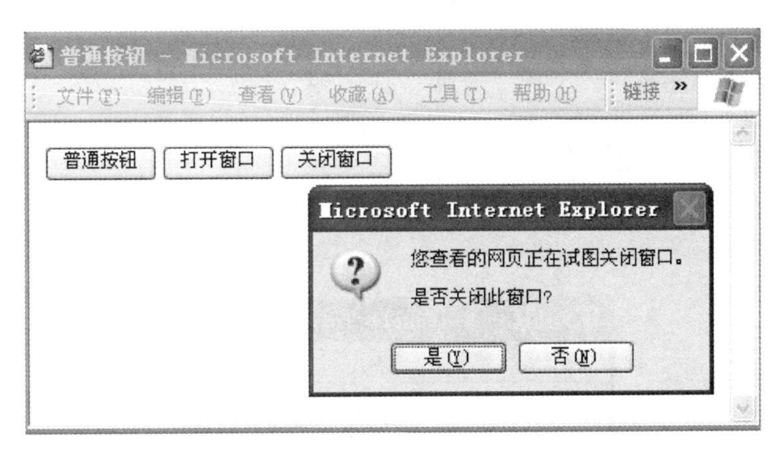

图 2.47 普通按钮

(9) 图像按钮

<input />标记的 type 值为 image 表示控件为图像按钮，使用图片做为按钮，其功能与提交按钮功能相同。例如，下面的代码页面效果如图 2.48 所示。

```
<body>
    <form action="test.aspx" name="example" method="post">
        <input type="image" name="img" src="Images/btn.gif" />
    </form>
</body>
```

图 2.48 图像按钮

(10) 文件域

<input />标记的 type 值为 file 表示控件是文件域，浏览器会自动生成一个文本输入框和一个“浏览…”按钮。如果需要将整个文件传送到服务器上，可以在表单中使用文件域完成该操作。用户可以通过输入需要上传的文件的路径或者点击浏览按钮选择需要上传的文件。其中，method 标签属性的值必须设置为 post。用户可以将文件上传到表单的 action 属性中所指定的 URL 地址。

例如，下面的代码页面效果如图 2.49 所示。

```
<body>
    <form action="test.aspx" name="example" method="post">
        <input type="file" name="user" />
        <input type="submit" value="发送" />
    </form>
</body>
```

图 2.49　文件域

(11) 隐藏域

<input />标记的 type 值为 hidden 表示控件为隐藏域。隐藏域对于用户来说是不可见的,当用户单击发送按钮发送表单时,隐藏域的信息也一起被发送到相关页面。

```
<body>
    <form action="http://www.baidu.com" target="_blank">
        <input type="hidden" name="hd" value="HTML" />
        <input type="submit" value="提交" />
    </form>
</body>
```

隐藏域的内容不显示在页面中,但是在单击按钮提交表单时,其名称"hd"和值"HTML"将会同时传递给处理程序。

2.7.3　<textarea>标记

文字域标记<textarea>使用户可以输入多行文本,例如网站中的留言、跟帖等情况。

<textarea>是一个双标记。其中,rows 属性指<textarea>中的行数;cols 属性指<textarea>中的列数;wrap 属性指<textarea>中换行方式,取值有三种:

- wrap="off",不允许文本换行。当用户输入的内容超过多行文本域的右边界时,文本将会向左侧滚动。若用户按回车键,则插入点移动到文本域的下一行;
- wrap="virtual",默认值。用户在输入内容时会自动换行,当数据提交时,自动换行
标记不应用到数据中;
- wrap="physical",用户在输入内容时也会自动换行,且当数据提交时,这些自动换行符也将作为
标记添加到数据中。

例如,下面的代码页面效果如图 2.50 所示。

```
<body>
    <form>
        请留言:<br />
        <textarea name="comments" cols="40" rows="4" wrap="physical">
        </textarea>
    </form>
</body>
```

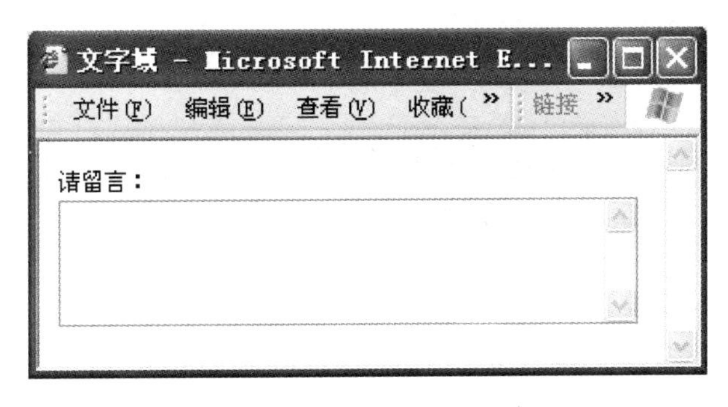

图 2.50　文字域

2.7.4　<select>标记

<select>…</select>标记可以创建一个列表框，该标记有三个常用属性：

- name 属性用于指定列表框的名字；
- size 属性用于决定该标记是下拉列表框还是选择列表框。size 属性默认值为 1，表示是下拉列表框。如果 size 属性值大于 1，则变成了选择列表框，选择列表框可以同时显示一定数量的选项，列表的行数由 size 属性决定，若该标记不够显示列表框中的全部内容，自动出现垂直滚动条；
- multiple 属性用于设定列表框在选择时可配合 Ctrl 或 Shift 键进行多选。

<select>标记只能定义列表框，其内部的选项需要通过<option>…</option>标记嵌套在<select>中定义。两个标记必须配套使用，缺一不可。<option>标记有两个常用属性：value 属性用于设置选项被选中时上传到服务器上的数据；若在<option>标记中设置 selected 属性，则表示该项为默认选项。

例如，下面的代码页面效果如图 2.51 所示。

```
<body>
    <form>
        请选择您的课程:
        <select name="select1" >
            <option value="1" selected="selected">CSS</option>
            <option value="2">JavaScript</option>
            <option value="3" >C#</option>
            <option value="4">UML</option>
        </select><br />
```

```
        请选择您的专业:<br />
        <select name="select2" size="4" multiple="multiple">
            <option value="1" >计算机科学与技术</option>
            <option value="2">软件工程</option>
            <option value="3">物联网工程</option>
            <option value="4">网络工程</option>
        </select>
    </form>
</body>
```

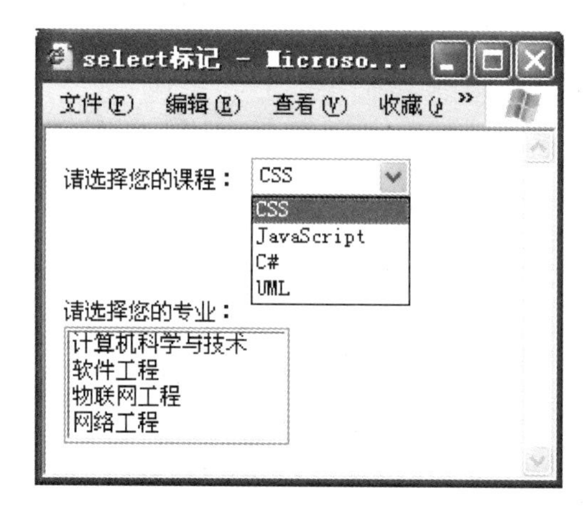

图 2.51　select 标记

2.7.5　表单的辅助标记

(1) <label>标记

<label>…</label>标记为控件定义一个标记，通过 for 属性绑定控件。若表单控件的 id 属性值与 label 标记的 for 属性值相同，这样当单击标签时就相当于单击表单控件。

(2) <fieldset>标记

<fieldset>…</fieldset>是字段集标记，它必须包含一个 <legend>…<legend>标记，表示字段集的标题。这个标记主要用于页面元素的分组。

例如，下面的代码页面效果如图 2.52 所示。

```
<body>
    <form>
    <fieldset>
        <legend>个人资料</legend>
          请选择您的性别:<br/>
            <input type="radio" name="sex" value="m" id="male"/>
            <label for="male">男</label><br/>
            <input type="radio" name="sex" value="f" id="female" />
```

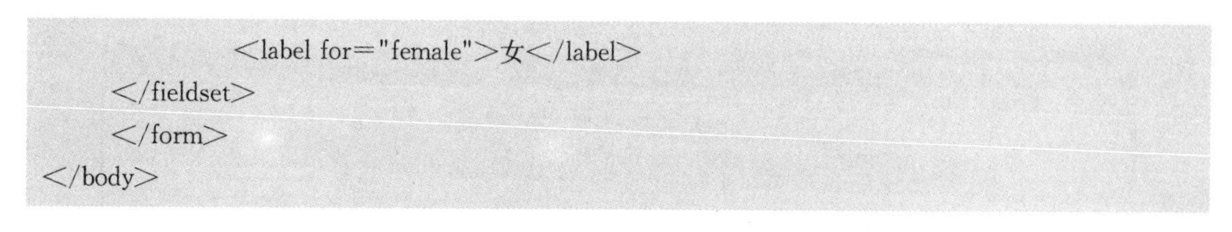

```
            <label for="female">女</label>
    </fieldset>
    </form>
</body>
```

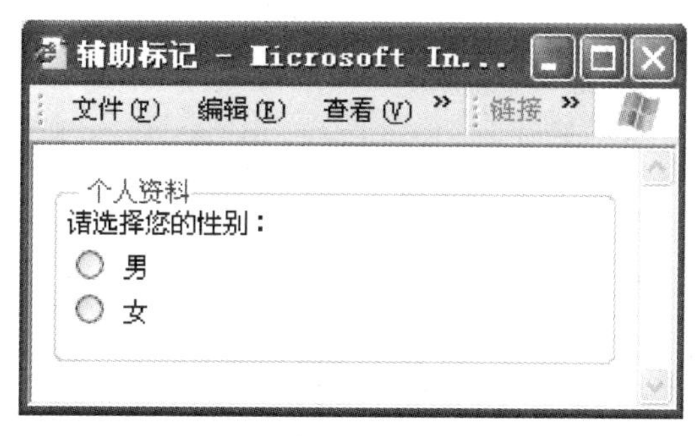

图 2.52　辅助标记

2.8　Div 与 Span 标记

<div>…</div>标记早在 HTML 3.0 就已经出现，直到 CSS 的出现，才逐渐发挥出它的优势。而<span>标记直到 HTML 4.0 时才被引入，它是专门针对样式表而设计的标记。

<div>是一个区块容器标记，即<div>与</div>之间相当于一个容器，可以容纳段落、标题、表格、图片，以及章节、摘要和备注等各种 HTML 元素。因此，我们可以把<div>与</div>中的内容视为一个独立的对象。

<span>…</span>标记没有结构上的意义，只是为了应用样式，当其他行内元素都不合适时，就可以使用<span>元素。此外，<span>标记可以包含于<div>标记之中，成为它的子元素；但是，<span>标记内部不可以包含<div>标记。

<div>与<span>的区别：<div>是一个块级元素，默认的状态是占据浏览器一行。而<span>是一个行内元素，其默认状态是行内的一部分，占据行的多少由标记中内容的多少来决定。

例如，下面的代码页面显示效果如图 2.53 所示，可以看出<div>与<span>的区别。

```
<body>
    <p>块级元素</p>
    <div>块级元素</div>
    <div><img src="Images/pic1.jpg" alt="图 1" /></div>
    <div><img src="Images/pic2.jpg" alt="图 2"/></div>
    <span>span 标记为行内元素，若一行占满自动换行</span>
    <span>行内元素</span>
    <span><img src="Images/pic3.jpg" alt="图 3" /></span>
    <span><img src="Images/pic4.jpg" alt="图 4"/></span>
</body>
```

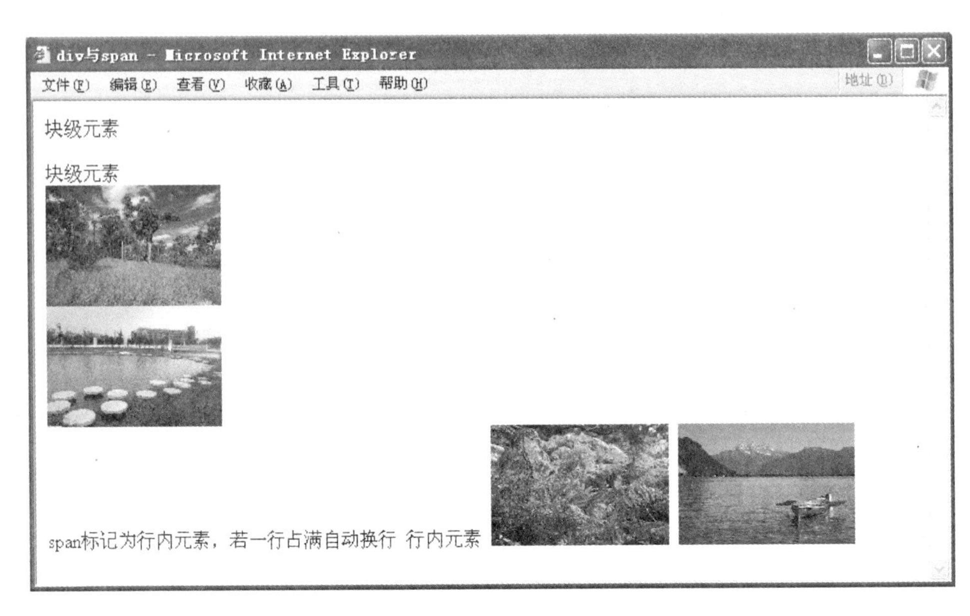

图 2.53　div 与 span 标记

2.9　媒体标记的使用

在网页中适当的插入音频、视频等各种多媒体元素，可以使网页变得绚丽多彩、功能全面，能够增加网页的访问量。

2.9.1　滚动文本标记<marquee>

滚动文本标记<marquee>…</marquee>能使其中的文本或图像在浏览器中不断滚动显示，实现一种动态的视觉效果，可以突出页面中想要强调的内容。

<marquee>标记语法如下：

```
<marquee direction="up|down|left|right" behavior="scroll|alternate" scrollamount="n"
scrolldelay="n" loop="n" >
    滚动显示的内容
</marquee>
```

<marquee>标记的常用属性如下：

• direction 属性用于控制滚动的方向，可以上下滚动或左右滚动，对应的取值为 up、down、left 和 right。

• behavior 属性用于控制滚动的方式，设置为"alternate"表示来回滚动，即当元素从一边滚动到另外一边即反向滚动；设置为 scroll 表示循环滚动，即到达表元后回到原位重新滚动；设置为 slide 表示滚动到目的地就停止。默认情况下按照 scroll 方式连续滚动。

• loop 属性设置滚动的次数，属性值用正整数表示。若设置 loop 值为－1 表示不断滚动，默认为无限次数。

• scrollamount 属性设置滚动的速度，值为正整数，数值越大表示速度越快。

• scrolldelay 属性设置两次滚动之间的间隔时间，以毫秒为单位，时间越短滚动越快，默认值为 0。

例如，下例的代码实现文本在浏览器中滚动的效果，当鼠标停留在文本上即停止滚动，鼠标移开文本继续滚动。

```
<body>
    <marquee direction="right" behavior="scroll" scrollamount="5" scrolldelay="4"
    loop="-1" align="middle" onmouseover="this.stop()" onmouseout="this.start()>
        我会动!
    </marquee>
</body>
```

2.9.2　插入多媒体元素

(1) <embed>标记

<embed>…</embed>是用来插入各种媒体内容的另一个重要标记，它不但可以插入各种音频文件，还可以插入多种视频文件以及 flash 动画。

<embed>标记语法如下：

```
<body>
    <embed src="url" autostart="true|false" loop="数值|true|false" hidden="true|false">
    <embed/>
</body>
```

<embed>标记的常用属性如下：

• src 属性用于指定音频、视频等多媒体文件及其路径，可以是相对路径或绝对路径。

• autostart 属性用于控制多媒体内容是否自动播放，取值为“true”表示文件在下载完成后自动播放，取值为“false”表示文件在下载完成后不自动播放。默认为自动播放。

• loop 属性用于控制多媒体内容是否循环播放，取值可以为正整数、true 和 false。设为 true 表示无限循环播放音频或视频文件；设为 false 表示不循环播放；若设置为正整数则文件循环播放次数为该正整数数值。

• hidden 属性用于设置控制面板的显示和隐藏，取值为“true”代表隐藏面板，取值为“false”表示显示面板，默认值为“false”。

(2) <embed>标记的使用

可以通过<embed>标记插入 MP3 音乐，并设置在网页打开时自动播放 MP3 音乐，一般浏览器都支持该格式的音频文件。例如：

```
<body>
    <embed src="music.mp3" hidden="true" autostar="true"><embed/>
</body>
```

通过<embed>标记可以直接播放视频，常用的视频格式有 MPG、WMV、RM 和 AVI，网络中播放的视频多为流媒体视频，即边下载边播放，不需要在整个文件下载完成后再播放。

下面的代码通过<embed>标记嵌入 MPEG 电影文件，并设置显示播放面板和自动播放的功能。

```
<body>
    <embed src="MPEG-1.MPG" hidden="false" autostar="true"><embed/>
</body>
```

下面的代码使用<embed>标记嵌入 flash 动画，并设置该 flash 的背景为透明。注意：需要设置插入 flash 的网页背景不是白色，否则无法显示插入的 flash 文件。其中，语句 wmode="transparent"表示设置插入的 flash 文件以透明方式显示。

```
<body>
    <embed src="logo.swf" width="350" height="400" wmode="transparent" >
    </embed>
</body>
```

2.10　框架标记

在网页设计中，有时希望在一个浏览器窗口中通过几个页面的组合来显示网页，而每个网页又需要显示不同的内容，则可以使用框架来完成。框架的作用是把浏览器的显示空间分割为几部分，把几个框架组合在一起就组成了框架集。目前，网站的前台布局基本不使用框架技术，但是后台管理系统常使用左右分割的框架版式，如图 2.54 所示。

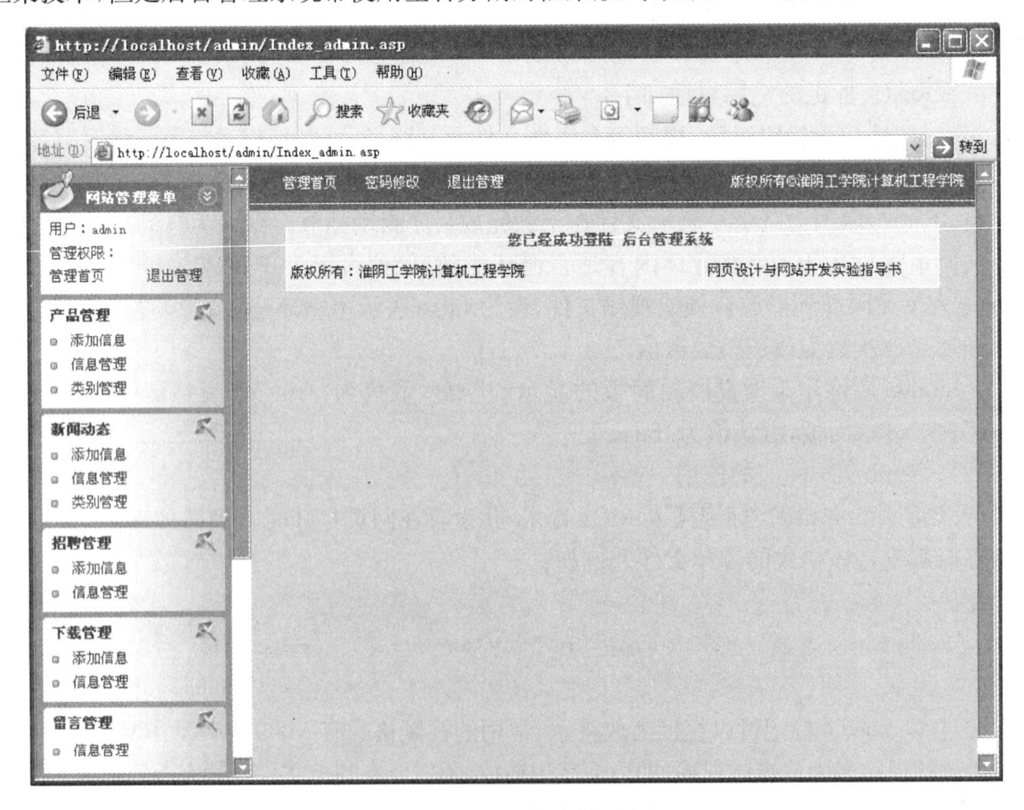

图 2.54　使用框架技术的后台页面

在 VS2010 中使用框架标记，需要采用这种 DTD：

```
<! DOCTYPE html PUBLIC "-//W3C//DTD XHTML 1.0 Frameset//EN"
"http://www.w3.org//TR/xhtml1/DTD/xhtml1-frameset.dtd">
```

2.10.1　框架集标记

(1) 框架集标记的使用

框架由两部分组成：框架集标记<frameset>…<frameset>和框架标记<frame />。框架集在文档中仅定义了框架的结构、数量、尺寸及装入框架的页面文件，框架集并不显示在浏览器中，它只是存储了一些框架如何显示的信息。

不能将<body>…</body>标签与<frameset>…</frameset>标记同时使用。例如：

```
<html>
    <head>
        <title>框架技术</title>
    </head>
    <frameset cols="30%, * ">
        <frame src="url 地址 1" name="leftFrame" />
        <frame src="url 地址 2" name="mainFrame" />
    </frameset>
</html>
```

如果要去掉框架的边框，可以设置 frameborder="no"，framespacing 指框架和框架之间的距离，IE 浏览器不支持 bordercolor 属性。

(2) 框架标记

<frame />是个单标记。<frame />标记要放在框架集 frameset 中，<frameset>设置了几个子窗口就必须对应几个<frame />标记，而且每一个<frame />标记内还必须设定一个网页文件(src=" * . html")。

基本语法如下：

```
<frame src="url" name="属性值" border="像素值" bordercolor="颜色值" frameborder="yes|no"
marginwidth="像素值" scrolling="yes|no|auto" noresize="noresize" />
```

<frame>标记的常用属性见表 2.10 所示。

表 2.10　<frame>标记的常用属性

属性	说明
src	指示加载的 url 文件地址
bordercolor	设置边框颜色
frameborder	指定是否显示边框："0"表示不显示边框，"1"表示显示边框
border	设置边框粗细

续表

属性	说明
name	指示框架名称，是链接标签的 target 所要的参数
noresize	指示不能调整窗口的大小，省略此项时可调整
scorling	指示是否要滚动条，"auto"根据需要自动出现，"yes"有，"no"无
marginwidth	设置内容与窗口左右边缘的距离，默认值为 1
marginheight	设置内容与窗口上下边缘的边距，默认值为 1
width、height	框窗的宽及高，默认值为：width=100 height=100

(2) 窗口框架的分割

窗口框架的分割有两种方式，一种是水平分割，另一种是垂直分割，在<frameset>标记中通过 cols 属性和 rows 属性来制定窗口的分割方式。cols 属性或者 rows 属性的值有几个，框架集内就分割几个窗口。值的定义为宽度，可以是数值(单位为像素)，也可以是百分比和剩余值，各值之间用逗号分开。其中剩余值用"*"号表示，剩余值表示所有窗口设定之后的剩余部分。例如：

```
<frameset cols="30%,*,*">   <!--将窗口垂直分割,分为30%,35%,35% -->
<frameset cols="400,*,*">   <!--将窗口垂直分割,左边窗口400像素,剩下两个窗口平均分配-->
<frameset rows="*,*,*">   <!--将窗口水平分割,分为三等份-->
```

(3) 框架的嵌套

通过框架的嵌套可实现对子窗口的分割，先将窗口水平分割，再将某个子窗口进行垂直分割。例如，下面的代码页面显示效果如图 2.55 所示。

```
<frameset rows="80,*" frameborder="no" border="0" framespacing="0">
    <frame src="top.html" name="topFrame" scrolling="no" noresize="noresize"
    title="topFrame" />
    <frameset cols="200,*" framespacing="0" frameborder="no" border="0">
    <frame src="left.html" name="leftFrame" scrolling="No" noresize="noresize"
    title="leftFrame" />
    <frame src="main-01.html" name="mainFrame" title="mainFrame" /> <! 此处将该框架命
名为"mainFrame"-->
    </frameset>
</frameset>
```

top.html 页面中的代码如下：

```
<head>
    <style type="text/css">
    *{
        margin:0;padding:0;}
```

```
    #top{
        background:url(images/top.jpg) repeat-x;
        height:90px;width:100%;}
    </style>
</head>
<body>
    <div id="top">
        <h2 >Web 开发技术课程简介</h2>
    </div>
</body>
```

left.html 页面中的代码如下：

```
<head>
    <style type="text/css">
        *{
            margin:0;padding:0; }
        #side{
            background:url(images/side.jpg) repeat-y;
            height:1000px; width:150px; }
        </style>
   </head>
   <body>
        <div id="side">
            <ul>
                <li><a href="main-02.html" target="mainFrame">XTHML</a></li>
                <! 新的页面在名为“mainFrame”的框架中打开-->
                <li><a href="#">CSS</a></li>
                <li><a href="#">JavaScript</a></li>
                <li><a href="#">jQuery 事件</a></li>
                <li><a href="#">CSS5</a></li>
                <li><a href="#">HTML5</a></li>
            </ul>
       </div>
</body>
```

main-01.html 页面代码如下，main-02.html 页面代码基本类似于页面 main-01.html。

```
<body>
    <h1>Web 开发技术</h1>
    <p>本课程侧重 Web 前台开发技术，…。
    </p>
</body>
```

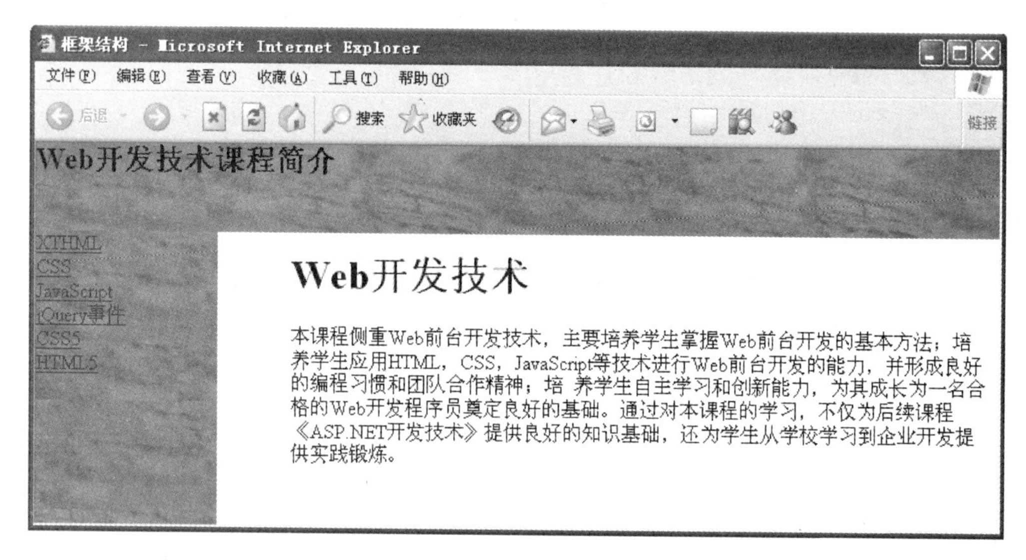

图 2.55　框架结构

2.10.2　嵌入式框架标记

框架集标记只能对网页进行左右或上下分割，如果要使网页的中间某个矩形区域显示其他网页，则需要用到嵌入式框架标记<iframe>…</iframe>。此处需要注意的是使用嵌入式框架需要框架集<frameset>标记。

基本语法如下：

<iframe　src=" url " name="属性值" align="left| right|top|middle| bottom " width="像素值" height="像素值" marginwidth="像素值"　frameborder="像素值" scrolling="yes|no">

iframe 标记中的各属性的含义见表 2.11 所示。

表 2.11　iframe 标记的常用属性

属性	含义
src	指示浮动窗口中要加载的 url 文件地址既可是 HTML 文件，也可以是文本、ASP 等
name	指示框架名称，是链接标记的 target 所要的参数
align	可选值为 left、right、top、middle、bottom
width	框窗的宽及高，默认为 width="100" height="100"
marginwidth	设置内容与窗口左右边缘的距离，默认值为 1
marginheight	设置内容与窗口上下边缘的边距，默认值为 1
frameborder	指定是否显示边框："0"表示不显示边框，"1"表示显示边框，为了使内部框架与邻近的内容相融合，常设置为 0。
scorlling	指定是否要滚动条，“auto”根据需要自动出现，“yes”有，“no”无

下面的代码可以将百度首页引入到网页中。

```
<body>
    <iframe src="http://www.baidu.com" width="740" height="300" scrolling="no"
frameborder="0" name="main">
    </iframe>
</body>
```

页面效果如图 2.56 所示。

图 2.56　嵌入式框架标记

2.11　头部标记中的 Meta 标记

meta 是元信息标记，是描述网页文档信息的标记。可以描述 meta 文档的编码方式、文档的摘要、文档的关键字、文档的刷新时间，这些内容不会显示在网页上。其中网页的摘要、关键字是为了使搜索引擎能对网页内容的主题进行识别和分类。文档刷新属性可以设置网页经过一段时间后自动刷新或转到其他的 url 地址。

meta 的属性有两种：name 和 http-equiv。

2.11.1　meta 的 name 属性

name 属性主要用于描述网页，对应于 content(网页内容)，以便于搜索引擎机器人查找、分类(目前几乎所有的搜索引擎都使用网上机器人自动查找 meta 值来给网页分类)。其中，常用的是 description(站点在搜索引擎上的描述)、keywords(分类关键词)属性以及 author 属性(站点的作者)。

语句<meta name="keywords" content="">向搜索引擎说明网页的关键词。

例如：

```
<head>
    <meta name="keywords" content="HTML,CSS,Javascript,Photoshop" />
</head>
```

以及：

```
<head>
    <meta name="keywords" content="工学院,淮阴工学院,淮安,淮安高校" />
</head>
```

<meta name="description" content="">告诉搜索引擎站点的主要内容。

例如：

```
<head>
    <meta name="description" content="淮阴工学院是一所以工科为主，工学、经济学、管理学、文学、农学、理学类相结合的多科性省属普通本科院校，坐落在敬爱的周恩来总理故乡——江苏省淮安市区，校园占地面积 2217 亩。" />
</head>
```

<meta name="author" content="你的姓名">告诉搜索引擎站点的作者。

例如：

```
<head>
    <meta name="author" content="zhy@126. com" />
</head>
```

2.11.2 meta 的 http-equiv 属性

http-equiv 属性回应给浏览器一些有用的信息，以帮助正确的显示和理解网页内容。常用属性有 Refresh 等。

Refresh 用来自动刷新，让这个网页在指定时间内跳转到制定的网页，若没有指定的网页，则经过设置的时间自动刷新。

例如，跳转到其他 URL：网页经过 10 秒后转到 http://www. hyit. edu. cn。

```
<head>
    <meta http-equiv="Refresh" content="10";URL=http://www. hyit. edu. cn />
</head>
```

例如，页面 30 秒后自动刷新。

```
<head>
    <meta http-equiv="Refresh" content="30" />
</head>
```

Content-Type 和 Content-Language 属性用于标明网页制作所使用的类型、编码以及语言。

例如：

```
<head>
    <meta http-equiv="Content-Type" content="text/html";charset=gb_2312-80">
    <meta http-equiv="Content-Language" content="zh-CN">
</head>
```

第3章 CSS基础

3.1 传统布局与CSS布局

传统的表格布局方式只是利用了HTML的table元素的零边框特性。因此,表格布局的核心是:设计一个能满足版式要求的表格结构,将内容装入每个单元格中。表格的间距及空格使用透明gif图片实现,最终的结构是一个复杂的表格(有时会出现多次嵌套),如图3.1所示。显然,这样不利于设计和修改。

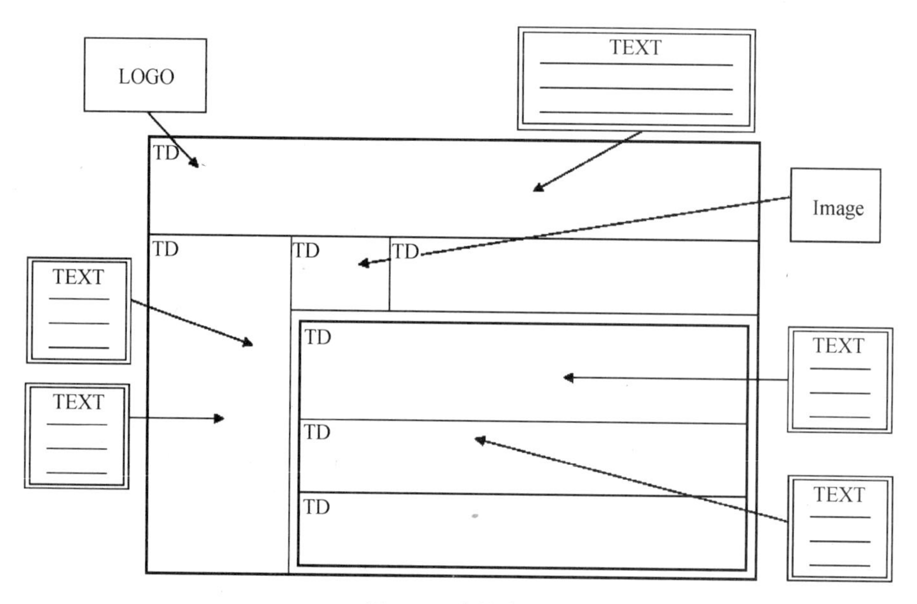

图3.1 表格布局

表格布局的缺点是设计复杂、改版时工作量大、样式代码与内容混合、可读性差,网页文件量大,浏览器读取速度慢。

基于Web标准的网站设计的核心目的是如何使网页的表现与内容分离,这样做的优势有:高效率的开发与简单维护、信息跨平台的可用性、降低服务器成本、加快网页解析速度以及更好的用户体验。CSS 2.0实现了设计代码与内容分离,如图3.2所示。页面内容与样式文件是两个文件,代码可读性强,样式可重复应用。

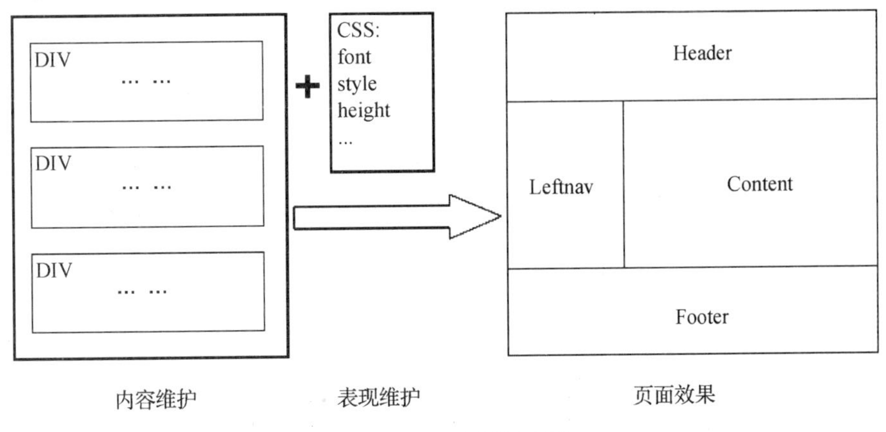

图 3.2　CSS 布局示意图

3.2　CSS 基础

CSS 是指层叠样式表 (Cascading Style Sheets)，是用于控制网页样式并允许将样式信息与网页内容分离的一种标记性语言，即告诉浏览器，这段样式将应用到哪个对象。使用 HTML 组织页面的结构和内容，通过 CSS 控制页面的表现形式。

HTML 虽然可以描述网页结构，但是控制网页外观的能力很差，也不能对多个网页设置统一的样式。例如，在第 2 章中，我们一般使用 HTML 标记控制文字的颜色、大小、行间距等，代码非常繁琐，而 CSS 就可以简化这样的工作。在页面设计时采用 CSS 技术，生成的网页文件大小更精简、更小，页面更加美观。

CSS 的功能主要有：

- 灵活控制页面中文字的字体、颜色、大小、间距、风格及位置；
- 设置文本块的行高、缩进，并添加边框；
- 更方便定位网页中的任何元素，设置不同的背景颜色和背景图片；
- 精确控制网页中各元素的位置；
- 与脚本语言相结合，使网页中的元素具有动态效果。

CSS 样式表由一系列样式选择器和 CSS 属性组成，它支持字体属性、颜色和背景属性、文本属性、边框属性、列表属性以及精确定位网页元素属性等，增强了网页的格式化功能。使用 CSS 样式表的优点是可以利用同一个样式表对整个站点的具有相同性质的网页元素进行格式修饰，当需要更改样式设置时，只要在这个样式表中修改，而不用对每个页面逐个进行修改，从而简化了格式化网页的工作。

多个 HTML 文件可使用一个 CSS 样式文件。在一个 HTML 网页文件上也可以同时使用多个 CSS 样式文件。

读者可以通过以下三步来学习 CSS 技术：学习 CSS 的基本引用与设置；学习 CSS 的页面设置，完成网站内容的样式设置；学习基于 CSS 的页面布局相关技术。

3.2.1 CSS 语法

CSS 的主要功能就是将某些规则应用于文档中同一类型的元素，这样可以减少页面设计的工作。

CSS 样式表由一系列样式规则组成，浏览器将这些规则应用到相应的元素上。一条 CSS 样式规则由选择器和一条或多条声明组成，其实声明就是属性和值的组合。

语法：

选择器{声明 1；声明 2；…；声明 N}

• 选择器是需要设置样式的 HTML 元素。选择器可以是标记名(例如：body、table、td 或 p)、自定义的类名，也可以是自定义的 id 名。

• 每条声明由一个属性和属性值组成。属性是希望设置的样式属性，每个属性有一个值，属性和值之间使用冒号分隔。

选择器{属性：值；}

• CSS 为每个 HTML 元素提供了很多样式属性，如文字颜色、大小等。

• 每个属性有一个值，属性值的形式有两种：一种是指定范围的值(如 text-align 属性，可以应用 center、left 和 right 值)；另一种是数值，需要写单位。

下面是一条样式规则，用于将网页中所有 h1 标记内的文字颜色定义为蓝色，同时将字体大小设置为 20 像素。其中，h1 是选择器，color 和 font-size 是属性，blue 和 20px 是属性值。

```
h1{
  color:blue;
  font-size:20px;
}
```

如图 3.3 所示为上述代码的结构示意图。介于花括号之间的内容都是声明。若需要定义多个声明，则每个声明之间使用分号分隔。

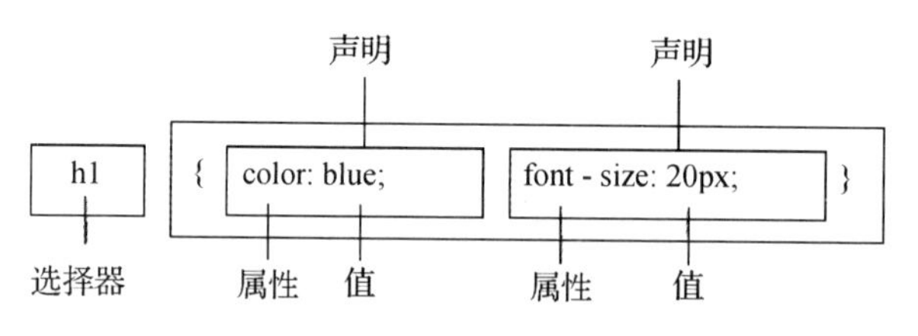

图 3.3　CSS 标记选择器

提示：

1. 最后一条规则可以不加分号，但是建议在每条声明的末尾都加上分号，这样做的好处是，从现有的规则中增减声明时，会尽可能地减少出错的可能性。

2. 建议每行只描述一个属性，这样可以增强样式定义的可读性。

3. 属性值与单位之间没有空格，例如不要写成“font-size：20 px；”，而要写成“font-size：20px；”

3.2.2 在HTML中引入CSS的方法

CSS样式代码可以通过多种方式灵活地应用到我们设计的XHTML页面中，选择方式可根据我们对设计的不同表现来制定。按CSS代码在HTML中位置的不同划分，引入CSS的方法有行内式、嵌入式、链接式和导入式。

(1) 行内式

行内式是引入CSS的较简单的一种方法。每个HTML标记都有一个style属性。行内式就是在标记的style属性中为元素添加CSS规则。

语法：

```
<标签名称 style="样式属性1:属性值1; 样式属性2:属性值2;…">
```

语法解释：

直接在HTML代码行中加入样式规则，适用于指定网页内某一元素的显示规则，效果仅可控制该标签。

【例3-1】使用行内式改变网页中段落标记中文字的颜色和大小，页面效果如图3.4所示。

```
<html>
    <head>
        <title>行内式引入CSS</title>
    </head>
    <body>
        <p style="color:blue; font-size:20px;
            font-style:italic; text-decoration:underline;">
            欢迎学习CSS!
        </p>
    </body>
</html>
```

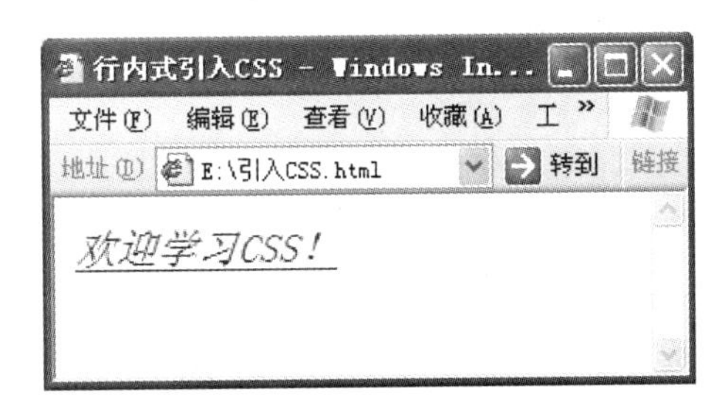

图3.4 引入CSS

当仅需要在个别元素上设置CSS属性时，可以使用行内式。这种方式的CSS规则就在标记内，作用的对象就是标记内的元素，所以不需要指定CSS的选择器，只需写出CSS属性和值。

行内式的优点是比较灵活，可以任意指定个别标签的属性，但当网页数量多时，设置与维护工作将非常繁复，行内式无法体现CSS的优势，应尽量避免使用这种方式。行内式仅适用于个别标签内样式的定义，且这些样式一般都比较固定，不需要反复调试、修改。

(2) 嵌入式

当定义的样式仅应用于某一个页面时，一般使用嵌入式引入 CSS。

嵌入式是将页面中各元素的 CSS 样式代码写在<head></head>之间，并且使用<style></style>进行声明。

```
<html>
    <head>
        <style type="text/css">
        <! --
            选择符{样式属性:属性值;…}
        -->
        </style>
    </head>
    <body>
      …
    </body>
</html>
```

语法解释：

在 HTML 文件头标签(head)内嵌入样式表，在<style>与</style>标签之间说明所要定义的样式。为了防止不支持 CSS 的浏览器将<style>和</style>之间的 CSS 规则当成普通字符显示在网页上，可用<! ——和——>将 CSS 的样式代码括起来。

【例 3-2】使用嵌入式方法引用 CSS，页面效果与图 3.4 相同。

```
<html>
    <head>
        <title>嵌入式引入 CSS</title>
        <style type="text/css">
        <! --
        p{color:blue; font-size:20px;
            font-style:italic; text-decoration:underline;}
        -->
    </style>
    </head>
    <body>
        <p>欢迎学习 CSS! </p>
    </body>
</html>
```

提示：行内式和嵌入式引用 CSS 样式的方法都属于引用内部样式表，即样式表规则的有效范围只限于该 HTML 文件，在该文件以外将无法使用。

当单个网页需要特殊的样式时，可以考虑使用嵌入式；但是对于包含较多页面的网站，如果每个页面都以内嵌的方式设置各自的样式，那么这样冗余代码较多，且网站内每个页面的风格不易统一。因此一个网站通常都是编写单独的 CSS 文件，用以下两种方法将 CSS 引入到 HTML 文件中。

(3) 链接式

导入式与链接式都可以将一个独立的CSS文件引入到HTML文件中。在学习CSS或制作单个网页时，为了方便可以使用行内式或嵌入式。但若要制作一个包含很多页面的网站，为了保持页面风格统一，会把所有样式都定义到一个CSS样式表文件中，后缀名为.css，再使用<link>标签导入CSS文件。

语法：

```
<link rel="stylesheet" href= "mysheet.css" type= "text/css" >
```

语法解释：

• 样式定义在独立的CSS文件中，并将该文件链接到要运用该样式的HTML文件中。

• 每个页面使用<link>标签链接到样式表，<link>标签写在文档的头部，即<head></head>标签之间。

• href 用于设置链接的CSS文件，可以是绝对地址或相对地址。rel="stylesheet"表示是链接样式表，是链接样式表的必有属性。

• mysheet.css 为已编辑好的CSS文件，CSS文件只能由样式表规则或声明组成，并且不用使用注释标签。外部样式表可以在文本编辑器中进行编辑，样式文件中不能包含HTML标签，样式表以.css扩展名保存。

• 可以将多个HTML文件链接到同一个样式表上。如果改变样式表文件中的设置，那么所有的网页都会随之改变。

例如：已有一个CSS文件 one.css，代码编写如下：

```
p{color:blue; font-size:20px; font-style:italic; text-decoration:underline; }
```

【例3-3】使用链接式引入CSS文件，浏览器从样式表文件 one.css 中读取样式声明，并格式文档，代码如下，页面效果与图3.4相同。

```
<html>
    <head>
        <link href="one.css" rel="stylesheet" type="text/css">
    </head>
    <body>
        <p>欢迎学习 CSS! </p>
    </body>
</html>
```

链接式将HTML文件和CSS文件分成两个或多个文件，实现了页面框架HTML代码与美工CSS代码的完全分离，使得前期制作和后期维护都十分方便。如果要保持页面风格统一，只需要把这些公共的CSS文件单独保存成一个文件，其他的页面分别调用各自的CSS文件。如果需要改变网站风格，只需要修改公共CSS文件就可以了。

(4) 导入式

导入式与链接式在显示效果上略有区别：

使用链接式，装载页面主体之前装载CSS文件，这样显示出来的网页一开始就带有样式效果；使用导入式，会在整个页面加载完成后再装载 CSS 文件，若页面较大，则开始浏览时会显示无样式的页面，等待数秒后才会显示样式。

一般来说，做网站时先用链接式引入一个总的 CSS 文件，然后在这个 CSS 文件中使用导入式来引入其他的 CSS 文件。

语法：

```
<style type="text/css">
<! --
    @import url(外部样式表文件名);
    选择符{样式属性:取值;样式属性:取值;……}
-- >
</style>
```

【例 3－4】使用导入式引入 CSS 文件，页面效果与图 3.4 相同。

```
<html>
    <head>
        <style type="text/css">
        <! --
            @import url("one.css");
        -->
        </style>
    </head>
    <body>
        <p>欢迎学习 CSS! </p>
    </body>
</html>
```

如果上面的四种方式中的两种同时作用于同一个页面，不确定怎么描述。

3.3　CSS 属性

3.3.1　CSS 字体属性

CSS 字体属性定义文本的字体系列、字体大小、加粗字体、风格（如斜体）以及英文字体的大小转换等。字体属性如下：

- font-family 属性：设置文本字体。
- font-size 属性：设置文本大小。
- font-weight 属性：设置文本的粗细。
- font-style 属性：设置文本的显示样式。
- font 属性：简写属性，把所有针对字体的属性设置在一个声明中。

(1) font-family 属性

font-family 设置文本的字体，相当于 HTML 标记中 font-face 属性的功能。

语法：

font-family："字体1","字体2","字体3"；

说明：若浏览器不支持第一个字体，则使用第二个字体。前两个字体都不支持，则采用第三个字体，以此类推。若浏览器不支持定义的字体，则会采用系统的默认字体。

例如：

```
p{
  font-family:"Times New Roman",Times,serif;
}
```

提示：若属性的某个值不是一个单词，则值要加引号，例如上面代码中的：

"Times New Roman"；若要为每个属性设置多个候选值，则每个值之间用逗号分隔。

(2) font-size 属性

font-size 属性设置文本大小，font-size 值可以是绝对或者相对值，见表3.1所示。

语法：

font-size：取值；

表3.1　font-size 取值

值	描述
xx-small、x-small、small、medium、large、x-large、xx-large	把字体的尺寸设置为不同的尺寸，从 xx-small 到 xx-large。默认值：medium。
smaller	把 font-size 设置为比父元素更小的尺寸。
larger	把 font-size 设置为比父元素更大的尺寸。
length	把 font-size 设置为一个固定的值。
%	把 font-size 设置为基于父元素的一个百分比值。
inherit	规定应该从父元素继承字体尺寸。

例如，下面的代码分别设置标记 p、标记 a 中文本的大小。

```
p{
   font-size:24px;}
a{
   font-size:larger;}
```

CSS 长度单位：

在 CSS 样式表中，许多 CSS 属性都使用长度单位。长度单位分绝对单位和相对单位。

• 绝对长度单位：如点(pt)、英寸(in)、厘米(cm)、毫米(mm)等。由于同一长度在不同浏览器或者相同浏览器的不同分辨率中显示不同，不会在显示器中按比例显示，因此不建议使用绝对单位。

• 相对长度单位：取决于某个参照物，如屏幕的分辨率、字体高度。常用的相对单位有像素(px)、元素的字体高度(em)和百分比。

- px 像素指显示器按分辨率分割得到的小点。不同分辨率的显示器像素点个数不同,所以像素是相对单位。
- em 是当前字体 font-size 的值,若当前使用的字体是 12px,那么此时 1em 就是 12px,1.5em 就是 18px。
- 百分比是一个相对量。例如:下面的代码设置段落的行高为字体高度的 150%。

```
p{
  font-size:12px; line-height:150%;}
```

提示:目前大多数设计人员都倾向于使用 px 像素作为单位,其次是 em 单位。

(3) font-weight 属性

font-weight 属性用于设置字体的粗细,实现对一些字体的加粗显示。

语法:

font-weight:字体粗度值;

font-weight 属性取值见表 3.2 所示。

表 3.2　font-weight 取值

值	描述
normal	缺省值,定义标准的字符。
bold	定义粗体字符。
bolder	定义更粗的字符。
lighter	定义更细的字符。
100、200、300、400、500、600、700、800、900	定义由粗到细的字符。400 等同于 normal,而 700 等同于 bold。

(4) font-style 属性

font-style 属性设置文本的显示样式。

语法:

font-style:样式的取值;

font-style 取值如下:

- normal:缺省值,文本以正常的方式显示。
- italic:文本斜体显示。
- oblique:文本倾斜显示。

通常情况下,italic 和 oblique 文本在 web 浏览器中看上去是一样的效果。

(5) font 属性

font 属性是复合属性,用于对不同字体属性的略写。font 属性可以把针对字体的属性设置在一个声明中。

语法:

font:字体取值;

字体取值可以按顺序设置如下属性，属性之间使用空格。

font-style、font-weight、font-size/line-height、font-family

例如：下面的代码将标记 p 中的文本设置为隶书、字号 12 像素、斜体、加粗、行高 30 像素。

```
p{
    font:italic bold 12px/30px 隶书;}
```

3.3.2 CSS 文本属性

CSS 文本属性用于定义文本的外观，可以改变文本的颜色、字符间距，对齐文本，装饰文本，对文本进行缩进等。

- color 属性：设置文本的颜色
- text-align 属性：设置文本的水平对齐方式
- text-decoration 属性：设置添加到文本的装饰效果
- text-indent 属性：设置文本块首行的缩进
- line-height 属性：设置行高
- text-transform 属性：控制文本的大小写
- letter-spacing 属性：设置字符间距
- word-spacing 属性：设置单词间距

(1) color 属性

color 属性用于设置文本的颜色，所有浏览器都支持 color 属性。

语法：

color:颜色代码;

说明：在这里颜色取值可以是颜色关键字(如 yellow)，也可以是 RGB 颜色或十六进制颜色。

① 颜色关键字

例如：

```
p{
    color:red; }
```

其中，"red"是颜色关键字，可以被 CSS 识别的颜色约 140 种。

② RGB 颜色

可以通过设置 RGB 三色的值描述颜色。

rgb(x1,x2,x3)

其中，x1、x2 和 x3 是基于 0～255 之间的整数；其中，x1 表示红色分量值，x2 表示蓝色分量值，x3 表示绿色分量值，数值越小，亮度越低，数值越大，亮度越高。

例如，RGB(0,0,0)为黑色(亮度最低)，RGB(255,255,255)为白色(亮度最高)，RGB(255,0,0)为红色。

rgb(y%,y%,y%)

其中，y 是介于 0 到 100 之间的整数。

例如：

```
p{
    color:rgb(0,0,255);}    /*将p标记中的文本颜色设置为蓝色*/
h1{
    color:rgb(45%,13%,60%);}
```

③ 十六进制颜色

在实际应用中，最常使用十六进制设置颜色值，是将RGB颜色数值转换成十六进制的数字，表示方式为：

#rrggbb　或　#rgb

其取值范围是00～FF或0～F，对应十进制的范围是0～255。

例如：

```
h1{
    color:#00ff00;}    /*将h1标记中的文本颜色设置为绿色*/
p{
    color:#f00;}       /*将p标记中的文本颜色设置为红色*/
```

(2) text-align属性

text-align属性设置元素中的文本的水平对齐方式，取值如下：

- left:默认值，文本左对齐
- right:文本右对齐
- center:文本中间对齐
- justify:文本两端对齐

(3) text-decoration 属性

text-decoration属性主要用于对文本进行修饰，如设置文本是否有上划线、下划线或删除线，取值如下：

- none:默认值，为标准文本
- underline:文本有下划线
- overline:文本有上划线
- line-through:文本中间有一条删除线
- blink:表示文字闪烁效果，这一属性值只有在Netscape浏览器中才能正常显示。

(4) text-indent属性

text-indent属性用于设置HTML中块级元素(如p、div)的第一行的缩进数量，常用于设置段落的首行缩进。text-indent可以使用所有长度单位，包括百分比值。

例如，下面的规则使所有p标记的段落首行缩进2em。

```
p{
    text-indent:2em;}
```

若text-indent属性值为百分数，表示要相对于缩进元素父元素的宽度。例如，在下面的代码中将p标记的text-indent值设置为20%，则p标记中的第一行会缩进其父元素div标记宽度的20%，即100像素。

```
div{
    width:500px;}
p{
    text-indent:20%;}

<div>
    <p>这是一个段落！</p>
</div>
```

(5) line-height 属性

line-height 属性设置行间的距离(行高)，取值如下：

- normal:默认行间距
- 百分比:表示相对于元素字体大小的比例，不允许使用负值
- length:使用像素值设置行间距
- number:使用一个数值来设置行间距

(6) text-transform 属性

text-transform 属性可以控制文本的大小写，取值如下：

- none:默认值
- uppercase:设置文本中所有字母为大写
- lowercase:设置文本中所有字母为小写
- capitalize:设置文本中的每个单词首字母为大写

(7) letter-spacing 属性

letter-spacing 属性可以设置文本中字符间的距离，该属性的设置多用于英文文本。

例如：

```
p{
    letter-spacing:1em;}
```

(8) word-spacing 属性

word-spacing 属性可以设置文本中单词间的距离，该属性的设置多用于英文文本。

例如：

```
p{
    word-spacing:20px;}
```

3.3.3　CSS 背景属性

CSS 可以设置元素的背景为某种颜色或图片。

(1) background-color 属性

background-color 属性用于设置元素的背景颜色，颜色的取值见 3.3.2 节，可以使用命名颜色、RGB 颜色或十六进制颜色，其中最常使用十六进制设置颜色值。

语法：

background-color:颜色取值;

(2) background-image 属性

background-image 属性设置元素的背景图像，默认情况下背景图像位于元素的左上角，并在水平和垂直方向上重复。

语法：

background-image：url(图像地址)；

说明：图像地址可以设置成绝对地址，也可以设置成相对地址。建议不要给背景图片路径加引号。

(3) background-repeat 属性

background-repeat 属性设置是否重复背景图像以及如何重复背景图像，这个属性与 background-image 属性一起使用。

只设置 background-image 属性，未设置 background-repeat 属性，在缺省状态下，图片既横向重复，又竖向重复。

语法：

background-repeat：取值；

取值如下：

- repeat：缺省值，背景图像在垂直方向和水平方向重复；
- repeat-x：背景图像在水平方向重复；
- repeat-y：背景图像在垂直方向重复；
- no-repeat：背景图像将仅显示一次。

(4) background-position 属性

background-position 属性设置背景图像的起始位置，这个属性与 background-image 属性一起使用。

语法：

background-position：位置取值；

background-position 取值见表 3.3 所示。

表 3.3　background-position 取值

值	描述
top left top center top right center left center center center right bottom left bottom center bottom right	如果仅设置了一个关键词，那么第二个值将是"center" 默认值：0% 0%
x% y%	第一个值是水平位置，第二个值是垂直位置； 左上角是 0% 0%，右下角是 100% 100%； 如果仅规定了一个值，另一个值是 50%。

续表

值	描述
xpos ypos	第一个值是水平位置,第二个值是垂直位置; 左上角是 0 0,单位是像素 (0px 0px) 或任何其他的 CSS 单位; 如果仅规定了一个值,另一个值将是 50%; 可以混合使用 % 和 position 值。

(5) background-attachment 属性

background-attachment 属性设置背景图像是否固定或者随着页面的其余部分滚动,这个属性与 background-image 属性一起使用。

语法:

background-attachment:取值;

取值如下:

- scroll:默认值,背景图像会随着页面其余部分的滚动而移动
- fixed:当页面的其余部分滚动时,背景图像不会移动

(6) background 属性

background 属性是简写属性,把所有针对背景的属性设置在一个声明中,可以按顺序设置如下属性,属性之间用空格相连。

background-color、background-image、background-repeat、background-attachment、background-position

3.3.4 CSS 列表属性

CSS 列表属性设置文本以列表形式显示,并设置列表项的样式,包括符号、缩进等。

- list-style-type 属性:设置列表项标记的类型
- list-style-position 属性:设置列表项标记的位置
- list-style-image 属性:将图像设置为列表项标记
- list-style 属性:是简写属性,把所有针对背景的属性设置在一个声明中

(1) list-style-type 属性

list-style-type 属性设置列表项标记的类型。

语法:

list-style-type:值;

说明:可以设置多种符号作为列表项的符号,具体取值如下:

- none:列表项无标记
- disc:默认值。标记是实心圆
- circle:标记是空心圆
- square:标记是实心方块
- decimal:标记是数字
- decimal-leading-zero:0 开头的数字标记(01, 02, 03 等)
- lower-roman:小写罗马数字(i, ii, iii, iv, v 等)

- upper-roman：大写罗马数字(I，II，III，IV，V等)
- lower-alpha：小写英文字母(a，b，c，d，e等)
- upper-alpha：大写英文字母(A，B，C，D，E等)
- lower-greek：小写希腊字母(alpha，beta，gamma等)
- lower-latin：小写拉丁字母(a，b，c，d，e等)
- upper-latin：大写拉丁字母(A，B，C，D，E等)

(2) list-style-position 属性

list-style-position 属性用于设定列表缩进的设置。

语法：

list-style-position：outside | inside；

说明：outside 表示列表项目标记放置在文本以外，且环绕文本不根据标记对齐；inside 是列表的默认属性，表示列表项目标记放置在文本以内，且环绕文本根据标记对齐。

在实际应用中，一般使用默认值。

(3) list-style-image 属性

list-style-image 属性使用图像作为列表项目符号，以美化页面。

语法：

list-style-image：none | url(图像地址)；

说明：none 表示不指定图像；url 则使用绝对或相对地址指定作为符号的图像。

(4) list-style 属性

list-style 属性是简写属性，把所有针对背景的属性设置在一个声明中，可以按顺序设置如下属性：list-style-type、list-style-position、list-style-image

【例 3－5】使用 CSS 字体属性、文本属性、背景属性以及列表属性对文章排版，代码如下，页面显示效果如图 3.5 所示。

```
<style type="text/css">
    body{     /*设置在浏览器右上角不重复显示图片 bg.jpg*/
        background:url(images/bg.jpg) no-repeat scroll top right;}
    h2{
        color:#33C;
        text-align:center;              /*标题居中显示*/  }
    h4{
        text-align:right;               /*标记 h4 中的内容右对齐*/
        font-style:italic;              /*标记 h4 中的内容斜体显示*/
        text-decoration:underline;      /*标记 h4 中的内容加下划线*/
        text-transform:capitalize;      /*标记 h4 中每个单词的首字母大写*/
        word-spacing:12px;              /*标记 h4 中每个单词的间距为 12px*/ }
    p{
        font-family:黑体,隶书;
        text-indent:2em;                /*标记 p 中的首行文本缩进 2em*/
        line-height:150%;
        color:#333;
```

```
        font-size:14px;}
    li{
        font-size:12px;
        list-style-image:url(images/arrow.gif);
        /* 设置列表标记为动态图片 arrow.gif   */ }
</style>
```

HTML代码如下：

```
<body>
    <h2>CSS的特点</h2>
    <h4>cascading style sheets</h4>
    <p>样式表通常保存在…所有页面的布局和外观。</p>
    <p>在页面中插入样式表的方法有:</p>
    <ul>
        <li>行内样式表</li>
        <li>内部样式表</li>
        …
    </ul>
</body>
```

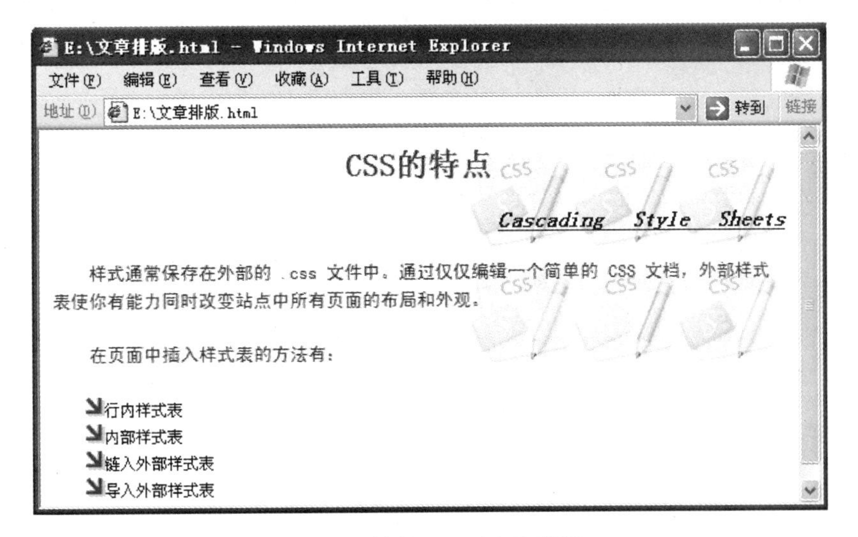

图3.5　使用CSS对文章排版

提示：<head></head>标签内对CSS样式的注释有行注释和块注释两种。

行注释用于语句行的结尾，格式为：

```
//注释内容;
```

块注释比较灵活，可用于行内、行尾和多行，"/*"和"*/"必须成对出现。

格式1为：

```
/*注释内容*/
```

格式 2 为：

```
/*
注释行 1
注释行 2
*/
```

3.3.5 CSS 滤镜属性

CSS 滤镜并不是浏览器的插件，也不符合 CSS 标准，而是微软公司为增强浏览器功能而开发并整合在 IE 浏览器中的一类功能集合。由于浏览器 IE 有广泛的使用范围，因此 CSS 滤镜也被经常使用。CSS 滤镜可以为样式控制的对象指定特殊效果。

语法：

filter：滤镜名称(参数 1，参数 2，……)

下面介绍两种常见的滤镜效果的具体设置方法。

(1) 不透明度— alpha

alpha 滤镜用于设置图片或文字的不透明度。通过指定坐标，可以指定点、线、面的透明度。

语法：

filter：alpha(参数 1=参数值，参数 2=参数值，……)

说明：alpha 滤镜用于设置图片或文字的不透明度。alpha 属性包括很多参数，见表 3.4 所示。

表 3.4 alpha 属性的参数设置

参数	具体含义及取值
opacity	代表透明度水准，默认的范围是从 0—100，表示透明度的百分比，也就是说 0 为完全透明，100 为完全不透明
finishopacity	是一个可选参数，如果要设置渐变的透明效果，可以使用该参数来指定结束时的透明度。范围是 0—100
style	参数指定了透明区域的形状特征。其中 0 表示统一形状、1 表示线形、2 表示放射状、3 代表长方形
startx	代表渐变透明度效果的开始 X 坐标
starty	代表渐变透明度效果的开始 Y 坐标
finishx	代表渐变透明度效果的结束 X 坐标
finishy	代表渐变透明度效果的结束 Y 坐标

(2) 灰度处理—gray

滤镜是把一张图片变成灰度图。灰度也不需要设定参数，它去除目标的所有色彩，将其以灰度级别显示。

语法：

filter：gray

【例3-6】滤镜效果与灰度处理效果，样式定义CSS代码如下：

```
.one{                                        /*设置不透明度为50%*/
    filter:alpha(opacity=50);                /*IE浏览器支持*/
    opacity:0.5;                             /*火狐、谷歌浏览器支持*/}
.two{                                        /*设置放射状渐变透明效果*/
    filter:alpha(opacity=0,finishopacity=100,
    style=2,startx=0,starty=0,finishx=60,finishy=60);}
.three{
    filter:gray;}                            /*设置图像的灰度效果*/
```

CSS样式调用，HTML代码如下：

```
<table>
  <tr>
    <td>原图</td>                <td>50%透明度</td>
    <td>放射性渐变透明效果</td> <td>灰度处理</td>
  </tr>
  <tr>
    <td><img src="images/pic.jpg"></td>
    <td><img class="one" src="images/pic.jpg"></td>
    <td><img class="two" src="images/pic.jpg"></td>
    <td><img class="three" src="images/pic.jpg"></td>
  </tr>
</table>
```

页面效果如图3.6所示，其中原图为彩色图片。

图3.6 滤镜效果

注意：CSS滤镜只能作用于有区域限制的对象，如表格、单元格、图片等，不能直接作用于文字，可以先把需要增加特效的文本放在单元格或div中，再对单元格或div应用CSS样式。

3.3.6　CSS 光标属性

光标属性设置在对象上移动的鼠标指针所采用的光标形状。

语法：

cursor：auto|形状取值|url(图像地址)

说明：auto 表示根据页面的内容自动选择光标形状；url(图像)则表示采用自定义的图像作为光标形状；形状取值则是系统预定义的几种光标形状。

形状取值则是系统预定义的几种光标形状，其常用的取值见表 3.5 所示。

表 3.5　光标形状取值

光标形状取值	具体含义	光标形状取值	具体含义
default	默认的箭头形状	pointer	手型
crosshair	交叉十字形	move	此光标指示某对象可被移动
text	文本选择形状	help	带有问号的箭头
wait	指示程序正忙		

3.4　CSS 选择器的分类

通过行内式、嵌入式、链接式和导入式四种方式可以实现 CSS 对 HTML 页面样式的控制，如果要使这些样式对 HTML 页面中的元素实现一对一、一对多或者多对一的控制，这就需要用到 CSS 选择器。

所有 HTML 元素的样式都可以通过不同的 CSS 选择器进行控制，CSS 基本的选择器有标记选择器、类选择器、id 选择器、伪类选择器以及伪对象选择器。

3.4.1　标记选择器

一个完整的 HTML 页面由很多不同的标记组成，标记是元素固有的属性，CSS 标记选择器用来声明何种标记采用哪种 CSS 样式，因此，每一种 HTML 标记的名称都可以作为相应的标记选择器的名称。

例如对 body 定义网页中的文字大小、颜色和行高的代码如下：

```
body{
   font-size:16px; color:#0000FF; line-height:20px;}
```

又如，在 mysheet.css 文件中对 p 标记样式的声明如下：

```
p{
    font-size:12px; background:#F00; color:0F0;}
```

则页面中所有 p 标记的背景都是＃F00(红色)，文字大小均是 12px，颜色为＃0F0(绿色)，在后期维护中，如果要改变网页中所有 p 标记背景的颜色，只需修改 background 属性的值就可以了。

【例3－7】如图3.5所示，使用标记选择器设置使得所有同一标记的所有元素全部选中，代码如下：

```
<style type="text/css">
p{                              /*标记选择器*/
        text-indent:2em;
        color:#333;
        font-size:14px;}
</style>
```

HTML代码如下：

```
<body>
        <h2>CSS的特点</h2>
        <h4>cascading style sheets</h4>
        <p>样式表通常保存在…所有页面的布局和外观。</p>
        <p>在页面中插入样式表的方法有:</p>
</body>
```

其中，两个p标记中的内容将应用p标记选择器中定义的样式，而标记h2和h4中的内容不受影响。

3.4.2　类选择器

标记选择器的样式一旦声明，则页面中的所有相应声明标记的元素都会产生变化。

例如，若声明p{color:red;}，则页面中所有的<p>元素都显示红色。

如果希望其中某些<p>元素不是红色，而是另外一种颜色，这就需要将某些<p>元素定义为一类，使用类选择器选中这一类元素。

类选择器能够把相同的元素分类定义成不同的样式。类选择器以半角“.”开头，且类名称的第一位不能为数字，如图3.7所示。

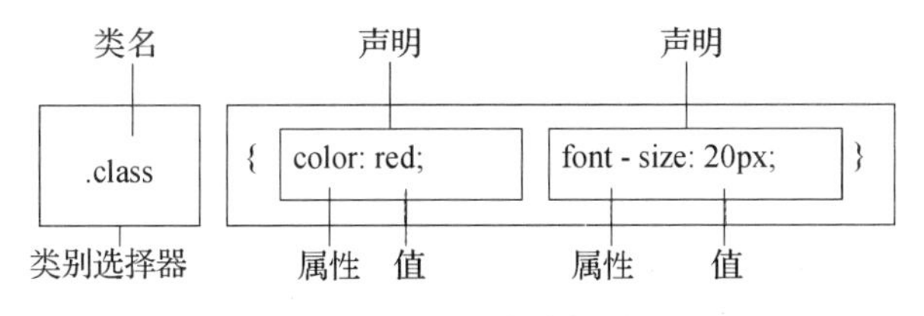

图3.7　CSS类选择器

另外，也可以将不同标记的元素定义为同一类，应用同一样式。

【例3－8】下面的代码中，将标记h3、标记h4和其中一个标记p都定义为同一类，类名为“one”，因此h3标记、h4标记和第一个p标记中的文本颜色都为红色、斜体，页面显示效果如图3.8所示。

其中，最后一个p标记使用class="one two"同时应用两种样式，文本为红色、斜体且段首缩进2em。

```
<style type="text/css">
    .one{                                    /*类选择器*/
        color:red;
        font-style:italic;}
    .two{                                    /*类选择器*/
        text-indent:2em;}
</style>
```

HTML 代码如下：

```
<body>
    <h3 class="one">h3 标记,应用第一种类选择器样式</h3>
    <h4 class="one">h4 标记,应用第一种类选择器样式</h4>
    <p class="one">p 标记,应用第一种类选择器样式</p>
    <p class="two">p 标记,应用第二种类选择器样式</p>
    <p class="one two">p 标记,同时应用两种类选择器样式</p>
</body>
```

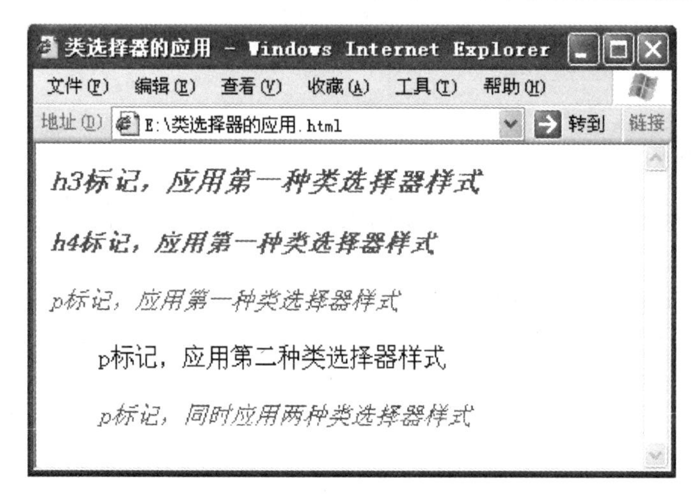

图 3.8 类选择器的应用

3.4.3 id 选择器

id 选择器的使用方法与 class 选择器基本相同，不同之处在于一个 id 选择器只能应用于 HTML 文档中的一个元素，因此其针对性更强，而 class 选择器可以应用于多个元素。

id 选择器以半角“#”开头，且 id 名称的第一位不能为数字，如图 3.9 所示。

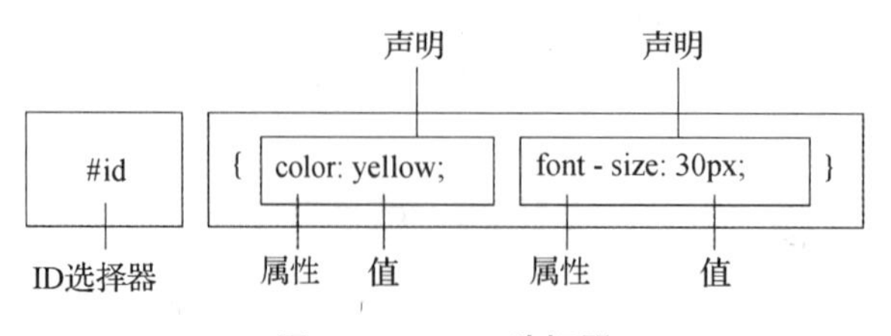

图 3.9 CSS id 选择器

【例3-9】下面的代码中，第一个p标记应用了#one样式；

第二行和第三行将一个id选择器应用到了两个元素上，不符合一个id选择器只能应用在一个元素上的规定，但浏览器也显示了#two的样式且没有报错。但是在编写CSS代码时还是要符合“一个id只能应用于HTML文档中的一个元素”的规定，因为每个元素定义的id可以被CSS、JavaScript等脚本语言调用，若一个HTML中有两个相同id的元素，那么JavaScript在查找id时会出错；

第四行使用id="one two"将同一元素指定了多个id，这种写法是错误的，在浏览器中没有显示CSS样式。页面显示效果如图3.10所示。

```
<style type="text/css">
    #one{                              /*id选择器*/
        font-weight:bold;}
    #two{                              /*id选择器*/
        font-style:italic;}
</style>
```

HTML代码如下：

```
<body>
    <p id="one">id选择器1</p>
    <p id="two">id选择器2</p>
    <p id="two">id选择器3</p>
    <p id="one two">id选择器4</p>
</body>
```

图3.10　id选择器的应用

提示：元素和id一一对应，不能为一个元素指定多个id，也不能将多个元素定义为一个id。

标记选择器、类选择器和id选择器的对比如表3.6所示。

表 3.6　标记选择器、类选择器和 id 选择器对比

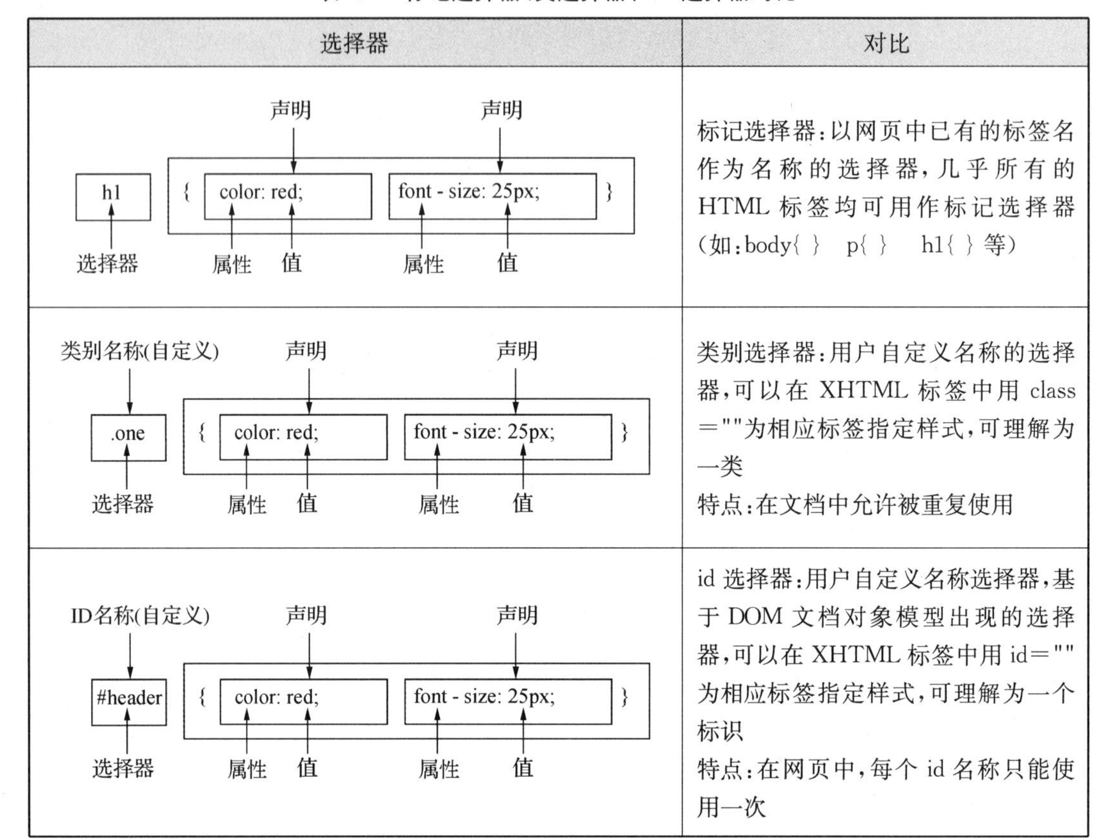

选择器	对比
声明 声明 h1 { color: red; font - size: 25px; } 选择器 属性 值 属性 值	标记选择器：以网页中已有的标签名作为名称的选择器，几乎所有的 HTML 标签均可用作标记选择器（如：body{ }　p{ }　h1{ } 等）
类别名称(自定义) 声明 声明 .one { color: red; font - size: 25px; } 选择器 属性 值 属性 值	类别选择器：用户自定义名称的选择器，可以在 XHTML 标签中用 class=""为相应标签指定样式，可理解为一类 特点：在文档中允许被重复使用
ID名称(自定义) 声明 声明 #header { color: red; font - size: 25px; } 选择器 属性 值 属性 值	id 选择器：用户自定义名称选择器，基于 DOM 文档对象模型出现的选择器，可以在 XHTML 标签中用 id=""为相应标签指定样式，可理解为一个标识 特点：在网页中，每个 id 名称只能使用一次

3.4.4　伪类选择器

伪类可以看作是一种特殊的类选择器，是能被支持 CSS 的浏览器自动识别的特殊选择器。之所以能成“伪”是因为它们所指定的对象在文档中并不存在，它们指定的是元素的某种状态。

CSS 伪类用于向某些选择器中添加特殊的效果，例如鼠标悬停或单击某元素。常用的伪类有 link（链接）、visited（已访问的链接）、hover（鼠标悬停状态）和 active（激活状态）。

伪类选择器必须指定标记名，标记，并且伪类之间用冒号“:”分隔，例如：

```
a:link{color:#FF0000}           /* 未访问的链接 */
a:visited{color:#00FF00}        /* 已访问的链接 */
a:hover{color:#FF00FF}          /* 鼠标移动到链接上 */
a:active{color:#0000FF}         /* 选定的链接 */
```

其中，前面两种称为链接伪类，只能应用于链接（a）元素，后两种称为动态伪类，一般任何元素都支持动态伪类，例如 li:hover、img:hover、div:hover 和 p:hover。

为了确保每次鼠标经过文本时的效果都相同，建议在定义样式时一定要按照 a:link、a:

visited、a:hover 与 a:active 的顺序依次书写。

3.4.5　伪元素选择器

CSS 伪元素用于向某些选择器设置特殊效果。在 CSS 中，常用的伪元素选择器主要有:first-letter 以及:first-line。

（1）:first-letter

:first-letter 伪元素用于为选中元素的首字符设置样式。

（2）:first-line

:first-line 伪元素用于向文本的首行设置样式。

【例 3－10】下面的代码为标记 p 中段落的首字符和首行设置样式，页面显示效果如图 3.11 所示。

```
<style type="text/css">
    p:first-letter{
        font-size:2em;}
    p:first-line{
        font-weight:bold;}
    p{
        text-indent:1em;}
</style>
```

HTML 代码如下：

```
<body>
    <p>由于允许同时控制多重页面的样式和布局，CSS 可以称得上 WEB 设计领域的一个突破。作为网站开发者，你能够为每个 HTML 元素定义样式，并将之应用于你希望的任意多的页面中。如需进行全局的更新，只需简单地改变样式，然后网站中的所有元素均会自动地更新。</p>
</body>
```

图 3.11　:first-letter 和:first-line 的应用

另外，伪元素还可以与 CSS 类配合使用，例如：

```
p.one:first-letter{
  color: #FF0000; }
```

上面的例子会使所有类名为“one”的 p 标记中的首字母变为红色。

提示：

:first-letter 以及:first-line 伪元素只能用于块级元素；

可供:first-line 使用的 CSS 属性有一些限制，只能使用字体、文本和背景属性，不能使用盒子模型属性(如边框属性)和布局属性。

3.5　CSS 选择器的特点

CSS 具有两个特性：层叠性和继承性。

3.5.1　CSS 的层叠性

层叠性是指当有多个选择器都作用于同一元素时，即多个选择器的作用范围发生了重叠，CSS 的处理原则是：

(1) 如果多个选择器定义的规则不发生冲突，则元素将应用所有选择器定义的样式。

【例 3-11】下面的代码中，所有的 p 标记都被选择器 p 选中，第二个和第三个 p 元素被类选择器选中，第三个 p 元素被 id 选择器选中。选择器的定义规则没有发生冲突，所以被多个选择器选中的 p 元素可以应用多个选择器定义的样式，页面显示效果如图 3.12 所示。

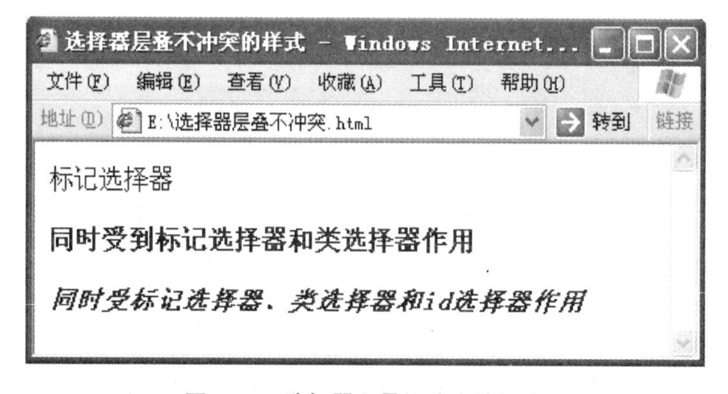

图 3.12　选择器层叠不冲突的样式

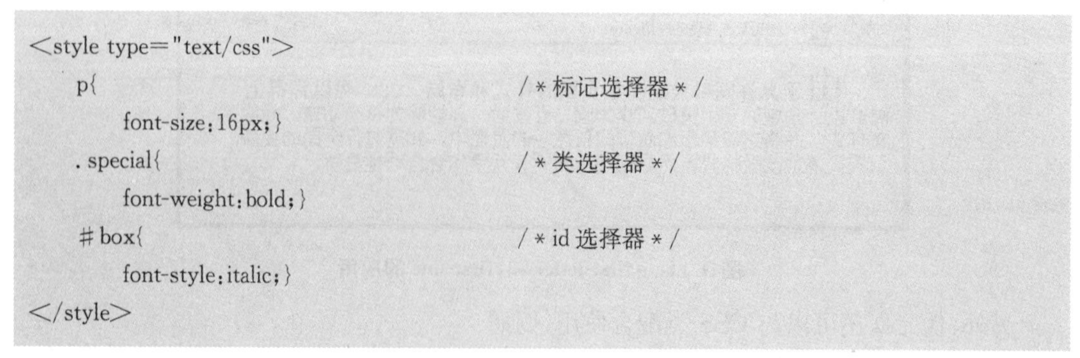

```
<style type="text/css">
    p{                                  /*标记选择器*/
        font-size:16px;}
    .special{                           /*类选择器*/
        font-weight:bold;}
    #box{                               /*id 选择器*/
        font-style:italic;}
</style>
```

HTML 代码如下：

```
<body>
    <p>标记选择器</p>
    <p class="special">同时受到标记选择器和类选择器作用</p>
    <p id="box" class="special">同时受标记选择器、类选择器和 id 选择器作用</p>
</body>
```

(2) 如果多个选择器定义的规则发生冲突，则元素按照 CSS 选择器的优先级应用优先级高的样式。CSS 选择器的优先级从高到低为：

行内元素>id 样式>类样式>标记样式

【例 3-12】下面的代码中，所有行都以斜体显示；其中第二行文本被标记选择器和类选择器选中，而两个选择器对于文本字号的定义发生了冲突，由于类选择器的优先级比标记选择器的优先级高，因此第二行文本应用. small 类定义的样式，文本大小为 20px，忽略 p 选择器定义的规则，但 p 选择器定义的未发生冲突的规则还是有效的；

第三行 p 元素按优先级应用 id 选择器的样式，文本大小为 32px；

第四行 p 元素应用行内样式，文本大小为 38px，页面显示效果如图 3.13 所示。

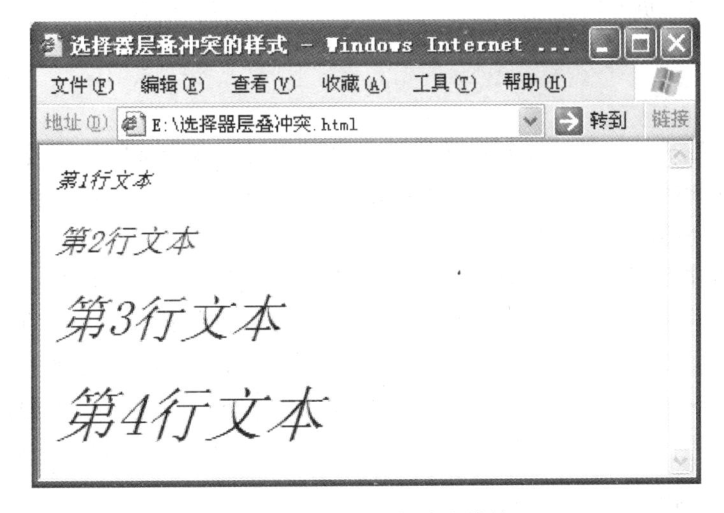

图 3.13　选择器层叠冲突的情况

```
<style type="text/css">
    p{
        font-style:italic;
        font-size:14px;}
    .small{
        font-size:20px;}
    #big{
        font-size:32px;}
</style>
```

HTML 代码如下：

```
<body>
    <p>第 1 行文本</p>        <!--文本大小 14px-->
    <p class="small">第 2 行文本</p>        <!--文本大小 20px-->
    <p id="big" class="small">第 3 行文本</p>      <!--文本大小 32px-->
    <p id="big" style="font-size:38px;">第 4 行文本</p> <!--文本大小 38px-->
</body>
```

（3）！ important 关键字

当选择器规则发生冲突时，可以使用！ important 关键字强制改变选择器的优先级，选择器的优先级从高到低为：

！ important>行内元素>id 样式>类样式>标记样式

对于上面的例子，如果给. samll 选择器的规则后添加！ important，则第 2 行和第 3 行文本大小都为 20px。

```
.samll{
    font-size:20px! important;}
```

3.5.2　CSS 的继承性

CSS 的继承性是指如果子元素定义的样式没有和父元素定义的样式发生冲突，那么子元素将继承父元素的样式风格，并可以在父元素样式的基础上再加以修改，定义新的样式，而子元素的样式风格不会影响父元素。

【例 3－13】在下面的代码中，body 选择器定义文本居中被子元素 h2、p 继承，因此前两行文本居中；但是第三行的 p 元素通过. right 类选择器重新定义了右对齐的样式，所以将覆盖父元素 body 的居中对齐，显示为居右对齐。页面显示效果如图 3. 14 所示。

但是有些特殊的情况下，选择器不继承包含它的选择器的属性值。例如，上边界属性值是不会被继承的，因为一般情况认为段落不会同文档的 body 有同样的上边界值。

```
<style type="text/css">
    body{
        text-align:center;}
    p{
        text-decoration:underline;}
    .right{
        text-align:right;}
</style>
```

HTML 代码如下：

```
<body>
    <h2>web 开发技术</h2>
    <p>ASP.NET 程序设计</p>
    <p class="right">数据库原理与应用</p>
</body>
```

图 3.14　CSS 的继承性

如图 3.15 所示为文档对象模型图，描述了 HTML 文档中元素的继承关系。

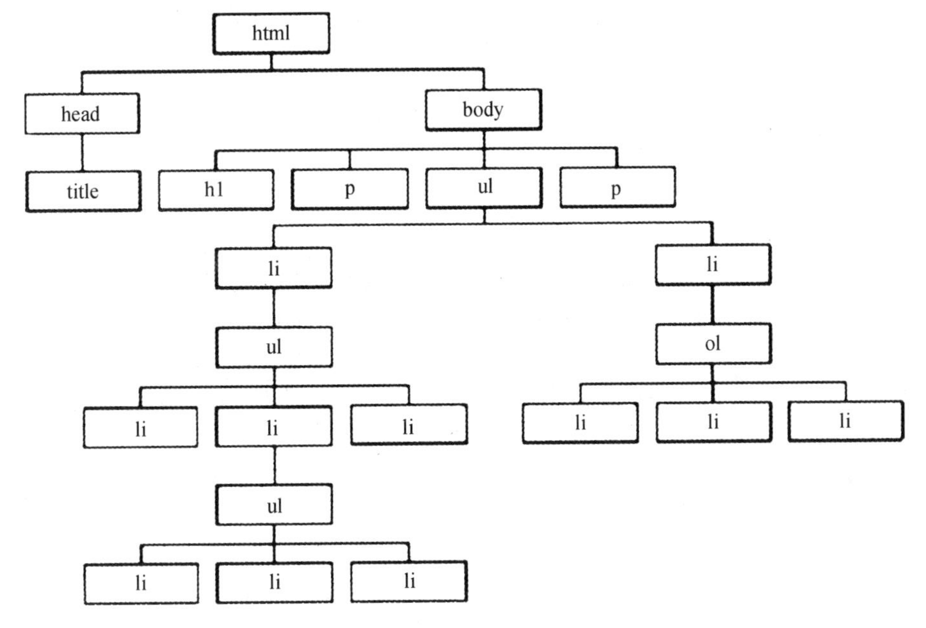

图 3.15　CSS 继承关系

提示：

1. 在页面 CSS 设计中，每个标记都遵循 CSS 的继承性，可以利用这种继承性缩减代码、提高可读性。例如，若网页中大部分文字大小都是 14px，则可以对 body 标记定义 font-size 为 14px，由于其他标记都是 body 的子标记，所以都会继承 body 的样式；若某些地方的字号需要特殊设置，可以使用类选择器或 id 选择器单独定义。

2. CSS 的文本属性具有继承性，而其他属性（如背景属性、盒子属性等）则不具有继承性。

具有继承性的属性：color、font、text-indent、text-align、text-decoration 除 none 以外的其他值、line-height、letter-spacing 以及 border-collapse 等；

无继承性的属性：text-decoration：none、所有背景属性、所有盒子属性以及布局属性等。

3.6　CSS选择器的组合

每个选择器都有它的作用范围，前面介绍的标记选择器、类选择器以及id选择器，它们的作用范围都是一个单独的集合。例如，标记选择器的作用范围是具有该标记的所有元素的集合，类选择器的作用范围是自定义某一类元素的集合，有时我们希望对几种选择器的作用范围取交集、并集、子集后，对选中的元素再定义样式，这就需要复合选择器。复合选择器通过对几种基本选择器的组合，实现更多的选择功能。

复合选择器就是两个或多个基本选择器，通过不同方式组合而成的选择器，主要有交集选择器、并集选择器以及后代选择器。

3.6.1　交集选择器

交集选择器是由两个选择器直接连接构成，其结果是选中两者各自作用范围的交集。其中第一个必须是标记选择器，第二个必须是类选择器或id选择器。

例如：h1. one　其作用范围是定义类名为one的h1标记；

p#two　其作用范围是定义id名为two的p标记。

注意：两个选择器之间不能有空格。

【例3－14】例如下面的代码中，交集选择器“p. right”作用到第四行文本居中显示，交集选择器“p#special”作用到第五行文本不带下划线斜体显示，页面显示效果如图3.16所示。

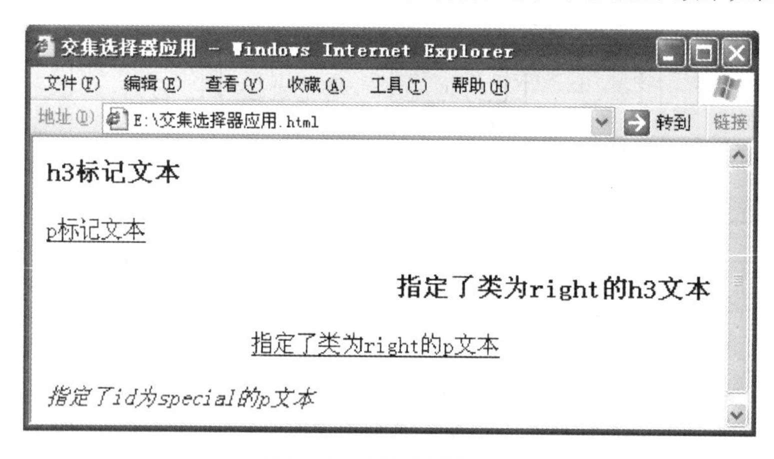

图3.16　交集选择器应用

```
<style type="text/css">
    p{
        text-decoration:underline;}
    . right{
        text-align:right;}
    p. right{
        text-align:center;}
    p#special{
```

```
        text-decoration:none;
        font-style:italic;}
</style>
```

HTML 代码如下：

```
<body>
    <h3>h3 标记文本</h3>
    <p>p 标记文本</p>
    <h3 class="right">指定了类为 right 的 h3 文本</h3>
    <p class="right">指定了类为 right 的 p 文本</p>
    <p id="special">指定了 id 为 special 的 p 文本</p>
</body>
```

3.6.2　并集选择器

并集选择器是对多个选择器集体声明，多个选择器之间使用逗号“,”隔开，其中每个选择器可以是任何类型的选择器，例如：h2、p、.one 或 #two。

并集选择器适用于某些选择器定义的样式相同或部分相同。

【例 3-15】下面的代码中，使用并集选择器“h2,h3,h4,p”使 h2、h3、h4 以及 p 标记中的文本斜体显示，并集选择器“.one,h4,#special”使第二、三、四行文本加下划线显示，页面显示效果如图 3.17 所示。

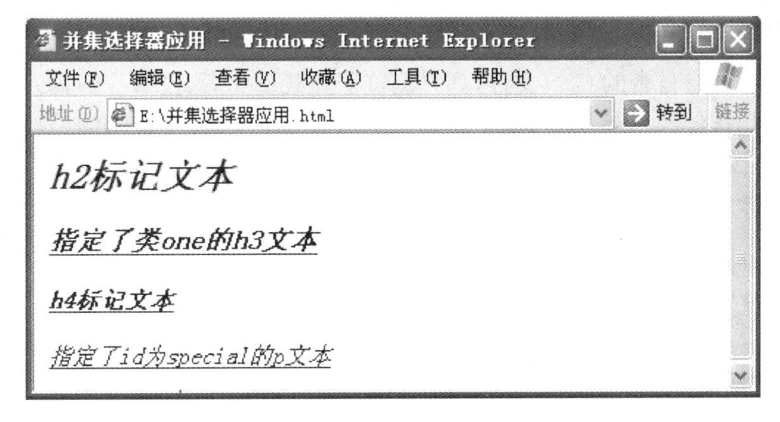

图 3.17　并集选择器应用

```
<style type="text/css">
    h2,h3,h4,p{
        font-style:italic;}
    .one,h4,#special{
        text-decoration:underline;}
</style>
```

HTML 代码如下：

```
<body>
    <h2>h2 标记文本</h2>
    <h3 class="one">指定了类 one 的 h3 文本</h3>
    <h4>h4 标记文本</h4>
    <p id="special">指定了 id 为 special 的 p 文本</p>
</body>
```

3.6.3 通用选择器

如果要对网页中所有的元素进行集体声明可使用通用选择器，语法如下：

```
*{
  CSS代码}
```

例如下面的代码可以声明页面中＃div1 中元素的背景色和文字颜色。

```
#div1 *{
  background:#eee;/*设置 div1 中所有元素的背景均为灰色*/
  color:#F00;      /*设置置 div1 中所有元素的字体颜色均为红色*/}
```

为了保证设计的页面能够兼容多种浏览器，需要对 HTML 内的所有的标签进行重置，一般将下面的代码加到 CSS 文件的最顶端。

```
*{
  margin:0; padding:0;}
```

每种浏览器都有自带的 CSS 文件，如果浏览器加载页面后，没有找到 CSS 文件，那么浏览器会自动调用自带的 CSS 文件，但是不同浏览器自带的 CSS 文件不同，对不同标签定义的样式不一样。

要使页面在不同浏览器的显示效果相同，一般需要对 HTML 标签重置，例如：

```
body,div,p,a,ul,li{
  margin:0; padding:0;}
```

3.6.4 后代选择器

后代选择器又称为包含选择器，可以选择某元素的后代元素。后代选择器的写法是把外层的标记写在前面，内层的标记写在后面，之间用空格隔开。例如，ul li 选择器表示“作为 ul 元素后代的任何 li 元素”。

【例 3－16】下面的代码中，有序列表嵌套在无序列表中，其中“ul li ol li”后代选择器可以将无序列表中的有序列表的 li 列表项文本定义为斜体显示；

若将 ul li ol li{font-style:italic;}改为 ul li{font-style:italic;}，则表示将 ul 中的所有 li 标记都定义为斜体显示；

“ul li. special”后代选择器可以定义 ul 标记中类为 special 的的 li 标记中的文本加粗显示；页面显示效果如图 3.18 所示。

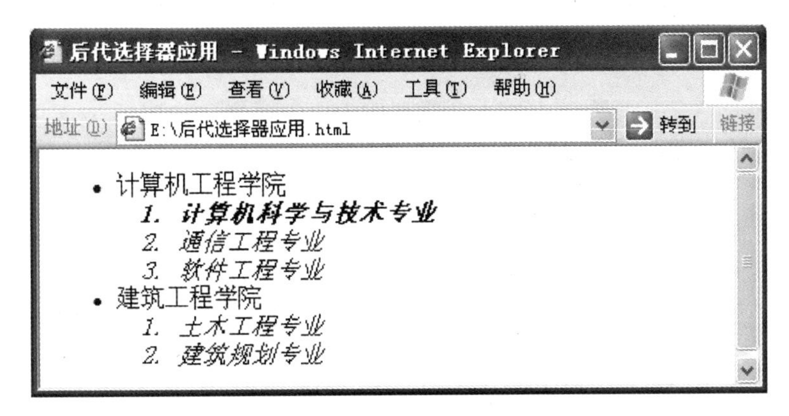

图 3.18　后代选择器应用

```
<style type="text/css">
    ul li ol li{
      font-style:italic;}
    ul li.special{
      font-weight:bold;}
</style>
```

HTML 代码如下：

```
<body>
    <ul>
        <li>计算机工程学院
            <ol>
                <li class="special">计算机科学与技术专业</li>
                <li>通信工程专业</li>
                <li>软件工程专业</li>
            </ol>
        </li>
        <li>建筑工程学院
            <ol>
                <li>土木工程专业</li>
                <li>建筑规划专业</li>
            </ol>
        </li>
    </ul>
</body>
```

后代选择器的使用非常广泛，标记选择器、类选择器以及 id 选择器之间都可以进行嵌套。例如：#menu ul li a:hover

提示：使用后代选择器可以减少对 class 或 id 的声明。因此通常只给外层标记定义 class 或 id，内层标记可以通过后代选择器选中。

3.6.5 复合选择器的优先级

复合选择器的优先级比组成它的单个选择器的优先级高。

【例3-17】下面的代码中,第二个li标记中的内容同时被“#menu ul li”和“.special”两个选择器选中,由于复合选择器的优先级更高,因此第二行文本斜体显示。若希望第二行文本正常显示,可提高.special的优先级,如#menu ul li.special。页面显示效果如图3.19所示。

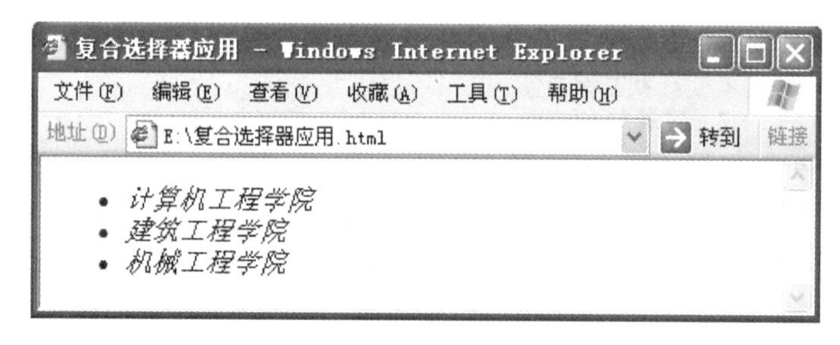

图3.19 复合选择器的优先级

```
<style type="text/css">
    #menu ul li{
        font-style:italic;}
    .special{
        font-style:normal;}
</style>
```

HTML代码如下:

```
<body>
    <div id="menu">
        <ul>
            <li>计算机工程学院</li>
            <li class="special">建筑工程学院</li>
            <li>机械工程学院</li>
        </ul>
    </div>
</body>
```

元素应用CSS样式的优先级如图3.20所示。

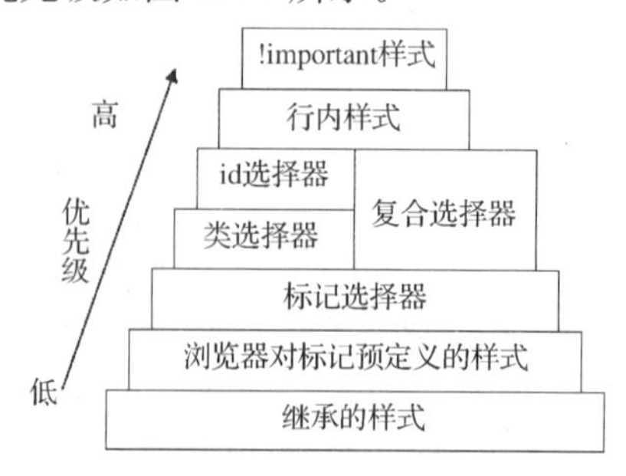

图3.20 CSS样式的优先级

提示:CSS选择器分解的原则是:先逗号,后空格。例如:

```
#menu a. class:hover b, . special b. class
```

可分解为"#menu a. class:hover b"和". special b. class"两个选择器。

3.6.6　CSS样式设计注意事项

(1) 如果属性的值是多个单词组成时,则必须使用双引号" "将属性值括起来。例如对于文字字体的定义:

font-family:"黑体","宋体","隶书";

(2) 如果需要对一个选择符指定多个属性,则在属性之间要用分号加以分隔。为了提高代码的可读性,最好分行书写,最后一个属性后的分号";"可以省略。

(3) CSS样式表中的注释语句以"/*"开头,以"*/"结尾,如下所示。

p{color:#000000; font-family:arial /* 颜色为黑色,字体为arial */ }

(4) 定义标记选择器最方便,它不需在元素的HTML标记里添加class或id属性,因此初学者常使用标记选择器。但有些标记(如a标记)在网页中出现很多,而且a标记在不同位置的样式风格往往不一样。

例如,导航条内的a标记要和文档其它地方的a标记样式不同,我们可以将导航条内的各个a标记定义为一个类,但这就要将导航条内的各个a标记都添加一个类,代码冗余。

```
<div>
    <a class="menu" href="#">首页</a>
    <a class="menu" href="#">机构设置</a>
    <a class="menu" href="#">教学管理</a>
    <a class="menu" href="#">师生服务</a>
</div>
```

可以将导航条内a标记的父标记添加一个id(例如#menu),然后用后代选择器(#menu a)就可以选中导航条内的各个a标记了。

```
<div id="menu">
    <a href="#">首页</a>
    <a href="#">机构设置</a>
    <a href="#">教学管理</a>
    <a href="#">师生服务</a>
</div>
```

(5) 对于几个不同的选择器,如果它们有一些共同的样式声明,就可以先用并集选择器对它们先集体声明,然后再单独定义某些选择器的特殊样式。

可以将具有相同属性和属性值的选择符组合起来,用逗号(,)将其分开,这样可以减少样式的重复定义。例如,要定义段落和表格内的文字尺寸都是9像素,则可以使用下面这段代码:

```
p,table{
    font-size:9px;}
```

而这段代码的效果完全等效于对这两个选择符分别定义;

```
table{
        font-size:9px;}
p{
        font-size:9px;}
```

(6) CSS 选择器规范化命名:规范的命名也是 Web 标准中的重要一项,标准的命名可以提高代码的可读性、方便协同工作。下面是页面模块的常用命名:

头:header
内容:content/container
尾:footer
导航:nav
侧栏:sidebar
栏目:column
页面外围控制整体布局宽度:wrapper
左中右:left center right
登录条:loginbar
标志:logo
广告:banner
页面主体:main
热点:hot
新闻:news
下载:download
子导航:subnav
菜单:menu
子菜单:submenu
搜索:search
友情链接:friendlink
页脚:footer
版权:copyright
滚动:scroll

3.7 CSS 边框属性

元素的边框属性(border)可以设置元素边框的宽度(border-width)、颜色(border-color)和样式(border-style)。使用 CSS 边框属性可以设计更多效果的边框,边框属性中包含的具体属性见表 3.7。

表 3.7 border 属性

序号	属性	描述
1	border	简写属性,在一个声明中设置所有的边框属性
2	border-width	简写属性,用于为元素的所有边框设置宽度,或单独地为各边框设置宽度
3	border-style	简写属性,用于设置元素所有边框的样式,或单独地为各边框设置边框样式
4	border-color	简写属性,设置元素所有边框中可见部分的颜色,或为四个边框分别设置颜色
5	border-top	简写属性,在一个声明中设置所有的上边框属性
	border-top-width	设置上边框的宽度
	border-top-style	设置上边框的样式
	border-top-color	设置上边框的颜色

续表

序号	属性	描述
6	border-right	简写属性，在一个声明中设置所有的右边框属性
	border-right-width	设置右边框的宽度
	border-right-style	设置右边框的样式
	border-right-color	设置右边框的颜色
7	border-bottom	简写属性，在一个声明中设置所有的下边框属性
	border-bottom-width	设置下边框的宽度
	border-bottom-style	设置下边框的样式
	border-bottom-color	设置下边框的颜色
8	border-left	简写属性，在一个声明中设置所有的左边框属性
	border-left-width	设置左边框的宽度
	border-left-style	设置左边框的样式
	border-left-color	设置左边框的颜色

(1) 在一个声明中依次设置边框的宽度、样式和颜色属性

边框属性(border)用来设置一个元素的边框宽度、样式和颜色。

语法：

border:＜边框宽度＞||＜边框样式＞||＜颜色＞

border-top:＜上边框宽度＞||＜上边框样式＞||＜颜色＞

border-right:＜右边框宽度＞||＜右边框样式＞||＜颜色＞

border-bottom:＜下边框宽度＞||＜下边框样式＞||＜颜色＞

border-left:＜左边框宽度＞||＜左边框样式＞||＜颜色＞

说明：在这些复合属性中，边框属性 border 能同时设置 4 个边框的宽度、样式和颜色。而其他边框属性(如左边框 border-left)只能设置某一个边框的宽度、样式和颜色。

【例 3 - 18】在下面的代码中，使用 border 属性设置标记 a 以及标记 p 边框的宽度、样式和颜色，页面显示效果如图 3.21 所示。

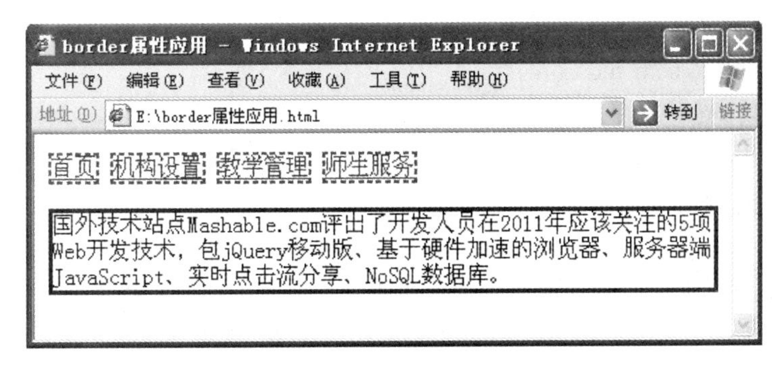

图 3.21　border 属性

```
<style type="text/css">
    a{
        border:2px dashed red;}
    p{
        border:3px solid blue;}
</style>
```

HTML代码如下：

```
<body>
    <a href="#">首页</a>
    <a href="#">机构设置</a>
    <a href="#">教学管理</a>
    <a href="#">师生服务</a>
    <p>国外技术站点Mashable.com评出了开发人员在2011年应该关注的5项Web开发技术，包jQuery移动版、基于硬件加速的浏览器、服务器端JavaScript、实时点击流分享、NoSQL数据库。
    </p>
</body>
```

(2) 设置四条边框的宽度

使用border-width属性为元素的边框设置宽度，或者单独地为各边边框设置宽度。border-width属性的取值如下：

- thin：定义细的边框
- medium：默认值，定义中等的边框
- thick：定义粗的边框
- length：允许自定义边框的宽度

使用border-width属性值的简写形式的方法是按照规定的顺序，给出1个、2个、3个或者4个属性值，它们的含义有所区别，具体含义如下：

① 如果给出1个属性值，表示四条边框的属性；例如：

border-width：thin；

则四个边框都是细边框。

② 如果给出2个属性值，前者表示上下边框的属性，后者表示左右边框的属性；例如：

border-width：thin medium；

则上下边框的宽度是细边框、右边框和左边框是中等边框。

③ 如果给出3个属性值，前者表示上边框的属性，中间的数值表示左右边框的属性，后者表示下边框的属性；例如：

border-width：thin medium thick；

则上边框是细边框、右边框和左边框是中等边框、下边框是粗边框。

④ 如果给出4个属性值，依次表示上、右、下、左边框的属性，即顺时针排序。例如：

border-width：thin medium thick 10px；

则上边框是细边框、右边框是中等边框、下边框是粗边框、左边框是10px宽的边框。

(3) 设置四条边框的样式

边框样式属性用以定义边框的风格呈现样式,这个属性必须用于指定的边框。它可以对元素分别设置上边框样式(border-top-style)、下边框样式(border-bottom-style)左边框样式(border-left-style)和右边框样式(border-right-style)4 个属性,也可以使用复合属性边框样式(border-style)对边框样式的设置进行略写。

border-style 属性常用的取值如下:

- none:定义无边框
- dotted:定义点状边框,在某些浏览器中呈现为实线
- dashed:定义虚线,在某些浏览器中呈现为实线
- solid:定义实线
- double:定义双线,双线的宽度等于 border-width 的值
- groove:定义 3D 凹槽边框,其效果取决于 border-color 的值
- ridge:定义 3D 垄状边框,其效果取决于 border-color 的值
- inset:定义 3D inset 边框,其效果取决于 border-color 的值
- outset:定义 3D outset 边框,其效果取决于 border-color 的值

border-style 属性值的简写形式与上述 border-width 的简写形式的规则类似。

(4) 设置四条边框的颜色

边框颜色属性可以对 4 个边框分别设置颜色,也可以使用复合属性 border-color 进行统一设置。如果指定 1 种颜色,则表示 4 个边框是一种颜色;指定 2 种颜色,定义顺序为上下、左右;指定 3 种颜色,顺序为上、左右、下;指定 4 种颜色,顺序则为上、右、下、左。

(5) 设置上边框的属性

border-top 简写属性,在一个声明中依次设置上边框的宽度、样式和颜色属性。其他属性的设置类似。

例如下面两种写法,页面显示效果相同:

```
p{
    border-top:2px dashed blue;}

p{
    border-top-width:2px;
    border-top-style:dashed;
    border-top-color:blue;}
```

【例 3-19】使用 CSS 边框属性制作如图 3.22 所示的虚线边框表格。

首先使用 border 属性设置表格外边框为 1px 宽实线,再为第一个单元格 td 使用 border-bottom 属性设置虚线的下边框。

```
<style type="text/css">
    table{
        width:462px;
        border:1px solid #00f;
        padding:10px; }
    td.title{
```

```
        border-bottom:1px dashed #f00; }
</style>
```

HTML 代码如下：

```
<body>
    <table>
        <tr>
            <td class="title">CSS</td>
        </tr>
        <tr>
            <td> CSS 是指层叠样式表 (Cascading Style Sheets),…</td>
        </tr>
    </table>
</body>
```

图 3.22　CSS 虚线边框表格

【例 3 - 20】使用 CSS 边框属性制作如图 3.23 所示只有下边框的输入框。

首先将文本框的边框 border 属性设置为 0px，再使用 border-bottom 属性为文本框设置具有下边框。当有多条规则作用于同一个边框，若产生冲突，后面的设置会覆盖前面的设置。

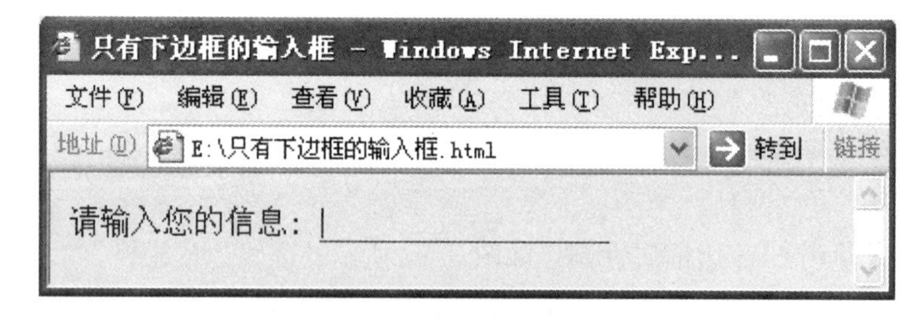

图 3.23　只有下边框的输入框

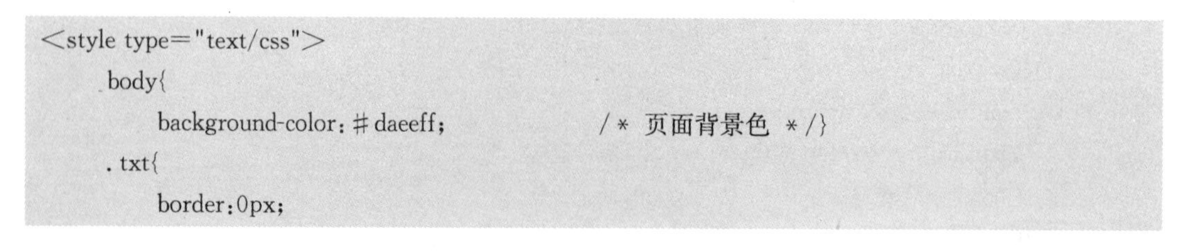

```
<style type="text/css">
    body{
        background-color: #daeeff;            /* 页面背景色 */}
    .txt{
        border:0px;
```

```
        border-bottom:1px solid #005aa7;/* 下划线效果 */
        background:transparent;          /* 背景色透明 */  }
</style>
<body>
    请输入您的信息：<input type="text" class="txt">
</body>
```

【例 3－21】纵向列表(或称为纵向导航)在网站的产品列表中应用比较广泛，如淘宝网左侧的服务项目，设计如图 3.26 所示的纵向导航栏。

使用块级元素 div 作为容器，div 中为网页导航内容。由于导航菜单需要链接到其它页面，需要将导航加上链接，再定义链接 a 的状态和鼠标悬停的状态，这里仅设置一个空链接。

HTML 代码：

```
<div id="nav">
    <ul>
        <li><a href="#">首页</a></li>
        <li><a href="#">Web 概述</a></li>
        <li><a href="#">XHTML</a></li>
        <li><a href="#">CSS</a></li>
        <li><a href="#">jQuery</a></li>
        <li><a href="#">综合应用</a></li>
    </ul>
</div>
```

CSS 代码：

```
body,div,ul,li{
    padding:0; margin:0;}  /*考虑页面在浏览器的兼容性，添加标记重置代码*/
body{                        /*设置字体、字号及行距*/
    font-family:Verdana; font-size:12px; line-height:1.5; }
#nav ul{
    list-style:none;       /*设置列表项前面没有黑点*/}
a{                           /*默认情况下，a 中的文字为黑色且无下划线*/
    color:#000; text-decoration:none; }
a:hover{
    color:#F00;              /*当鼠标悬停在链接文字上时，文本颜色变为红色*/}
```

添加上述代码后效果如图 3.24 所示。

下面为容器#nav 定义一个灰色的 1px 边框及 100px 宽度，如图 3.25 所示。

```
#nav{
    width:100px; border:1px solid #CCC; }
```

再定义列表项 li 的背景色为浅灰色及下边框和内边距，效果如图 3.26 所示。

```
#nav ul li {
    background:#eee; padding:0px 8px;
    height:26px; line-height:26px;
    border-bottom:1px solid #CCC; }
```

图 3.24 导航栏设计

图 3.25 加外边框

图 3.26 纵向导航栏

3.8 CSS 表格属性

在设计网页时经常需要在网页中展示表格，使用 CSS 表格属性可以很好地改善表格的外观。常用的属性有 border、border-collapse、height、width、text-align、vertical-align 以及 padding 属性。

1. 表格边框

可以使用 border 属性设置表格的边框，border 属性的用法在 3.7 节已经介绍过。

【例 3-22】在下面的代码中使用并集选择器“table,th,td”设置表格以及单元格的边框，页面显示效果如图 3.27 所示。

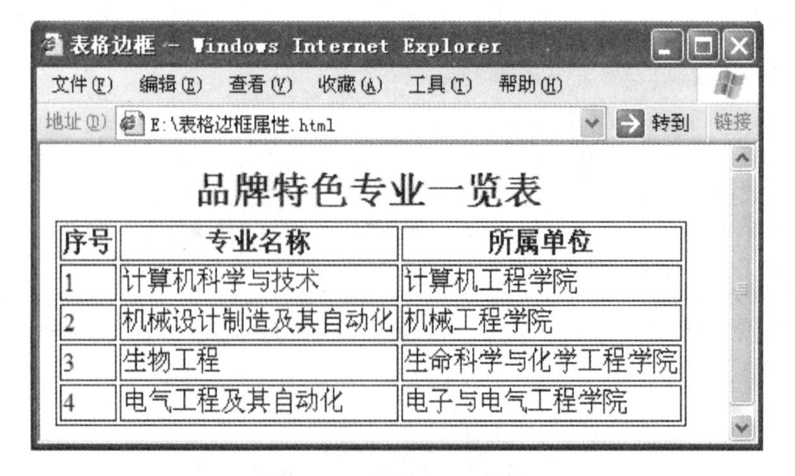

序号	专业名称	所属单位
1	计算机科学与技术	计算机工程学院
2	机械设计制造及其自动化	机械工程学院
3	生物工程	生命科学与化学工程学院
4	电气工程及其自动化	电子与电气工程学院

图 3.27 应用 border 属性

```
<style type="text/css">
    table,th,td{
        border:1px solid blue;}
    caption{
        font-weight:bold;
        font-size:24px;}
</style>
```

HTML 代码如下：

```
<body>
    <table>
        <caption>品牌特色专业一览表</caption>
        <tr>
            <th>序号</th>
            <th>专业名称</th>
            <th>所属单位</th>
        </tr>
        <tr>
            <td>1</td>
            <td>计算机科学与技术</td>
            <td>计算机工程学院</td>
        </tr>
        <tr>
            <td>2</td>
            <td>机械设计制造及其自动化</td>
            <td>机械工程学院</td>
        </tr>
        <tr>
            <td>3</td>
            <td>生物工程</td>
            <td>生命科学与化学工程学院</td>
        </tr>
        <tr>
            <td>4</td>
            <td>电气工程及其自动化</td>
            <td>电子与电气工程学院</td>
        </tr>
    </table>
</body>
```

2. 折叠边框

在上面的例子中，表格具有双线条边框，这是由于 table、th 以及 td 元素都有独立的边框。如果需要把表格显示为单线条边框，可以使用 border-collapse 属性。在上面的例子中添加以下代码，页面显示效果如图 3.28 所示。

```
table{
    border-collapse:collapse; }
```

表格单线条 - Windows Internet Explorer

品牌特色专业一览表

序号	专业名称	所属单位
1	计算机科学与技术	计算机工程学院
2	机械设计制造及其自动化	机械工程学院
3	生物工程	生命科学与化学工程学院
4	电气工程及其自动化	电子与电气工程学院

图 3.28　单线条表格

另外，可以使用 text-align 和 vertical-align 属性设置表格中文本的对齐方式。

text-align 属性设置水平对齐方式，比如左对齐、右对齐或者居中；vertical-align 属性设置垂直对齐方式，比如顶部对齐、底部对齐或居中对齐。

使用 padding 属性控制表格中内容与边框的距离，例如为 td 和 th 元素设置 padding 属性控制表格中内容与边框的距离。

【例 3－23】制作如图 3.29 所示的可以直接输入文本内容的表格。

图 3.29　表格中的输入框

在每个单元格 td 中使用 input 标记，并设置 input 标记无边框，代码如下。

```
<style type="text/css">
    table{
        border:1px solid #5F6F7E;
        border-collapse:collapse;}
```

```
    table th{
        border:1px solid #5F6F7E;
        background-color:#E2E2E2;}
    table td{
        border:1px solid #ABABAB;/* 单元格边框 */}
    table input{
        border:none;/* 输入框没有边框 */}
</style>
```

HTML 代码如下：

```
<body>
    <table>
        <caption>公司销售统计表 2011~2013</caption>
        <tr>
            <th></th>
            <th>2011</th>
            <th>2012</th>
            <th>2013</th>
        </tr>
        <tr>
            <th>硬盘(Hard Disk)</th>
            <td><input type="text"></td>
            <td><input type="text"</td>
            <td><input type="text"></td>
        </tr>
        <tr>
            <th>主板(Mainboard)</th>
            <td><input type="text"></td>
            <td><input type="text"></td>
            <td><input type="text"></td>
        </tr>
        <tr>
            <th>内存条(Memory Disk)</th>
            <td><input type="text"></td>
            <td><input type="text"></td>
            <td><input type="text"></td>
        </tr>
        <tr>
            <th>总计(Total)</th>
            <td><input type="text"></td>
            <td><input type="text"></td>
            <td><input type="text"></td>
```

```
        </tr>
    </table>
</body>
```

【例3-24】制作如图3.30所示的隔行变色、动态变色的表格。

网页中经常使用表格展示数据，例如学生的成绩单、图书目录、公司的年度收入报表等，这类数据表格的行或列一般都比较多，用户查看某个数据时极易看错行，这时可以使用隔行变色，鼠标滑过某一行则该行改变颜色。

公司销售统计表 2011～2013

	2011	2012	2013
硬盘(Hard Disk)			
主板(Mainboard)			
内存条(Memory Disk)			
总计(Total)			

图3.30　隔行变色表格

为奇数行或偶数行添加一个类，并定义该类的背景色即可实现隔行变色；使用tr:hover在鼠标移到某一行时改变该行的背景色（注意：IE6不支持tr:hover），代码如下。

```
<style type="text/css">
    table,th,td{
        border:1px solid #09C;
        border-collapse:collapse;}
    tr.row{
        background-color:#c7e5ff;                /* 隔行变色 */}
    table input{
        border:none;                             /* 输入框不要边框 */
        background:transparent;                  /* 背景色透明 */}
    tr:hover{
        background-color:#f9fcc4;                /* 动态变色 */}
</style>
```

HTML代码如下：

```
<body>
    <table>
        <caption>公司销售统计表 2011～2013</caption>
        <tr>
            <th></th>
            <th>2011</th>
            <th>2012</th>
            <th>2013</th>
```

```
        </tr>
        <tr class="row">
            <th>硬盘(Hard Disk)</th>
            ...
        </tr>
        <tr>
            <th>主板(Mainboard)</th>
            ...
        </tr>
        <tr class="row">
            <th>内存条(Memory Disk)</th>
            ...
        </tr>
        <tr>
            <th>总计(Total)</th>
            ...
        </tr>
    </table>
</body>
```

第 4 章　CSS 高级应用

4.1　盒子模型

盒子模型是 CSS 中最重要的概念之一，它指定元素在浏览器中的排列(定位)、如何显示以及如何相互交互，形成 CSS 的基本布局。盒子模型是关系到网页设计中排版定位的关键问题，任何一个块级元素都遵循盒子模型。

生活中的盒子内部用来存放东西的区域我们称之为“content(内容)”，盒子的纸壁称之为“border(边框)”，如果盒子内部的东西易碎(如玻璃杯)，我们需要在的盒子的内部均匀填充一些防震材料，这时杯子和盒子的边框就有了一定的距离了，我们称这部分距离叫“padding(内边距)”，如果我们需要购买许多杯子，那么需要在盒子和盒子之间也使用防震材料来填充，那么盒子和盒子之间的距离我们称之为“margin(外边距)”。

盒子模型的四要素分别是：content(内容)、border(边框)、padding(内边距)、margin(外边距)，如图 4.1 所示。

页面上的每个元素(HTML 标记)都被浏览器看成是一个矩形的盒子，每个盒子都有内边距、边框和外边距属性。网页就是由许多个盒子通过不同的排列方式(上下排列，并列排列，嵌套排列)堆积而成。

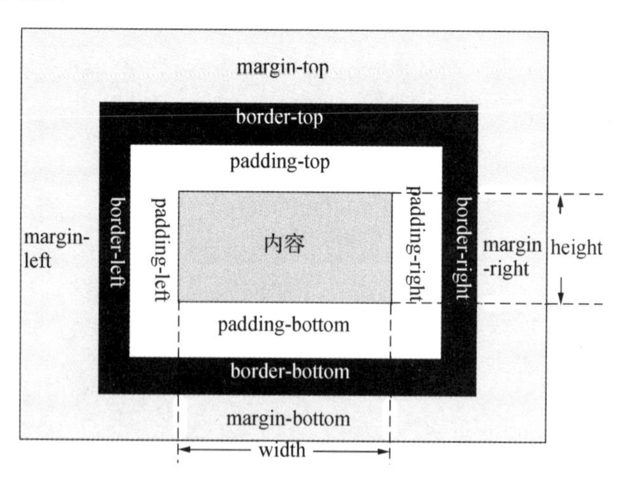

图 4.1　盒子模型

在网页设计中使用盒子模型排版，有时 1px 都不能差，因此要理解一个元素盒子宽度的计算方法。盒子模型的填充、边框、边界宽度都可以通过相应的属性分别设置上、右、下、左四个距离的值，内容区域的宽度可通过 width 和 height 属性设置，改变填充、边框和边界不会影响内容区域的尺寸，但会增加盒子的总尺寸。

一个元素盒子的宽度＝左边界＋左边框＋左填充＋内容宽度＋右填充＋右边框＋右边界

例如，div 以及 img 元素的样式定义如下，页面显示效果如图 4.2 所示。

```
<style type="text/css">
    div{
        border:1px solid red; }
    img{
        margin:20px;   /* 图片边框与其父盒子 div 的距离为 20px */
        border:3px solid red; /* 图片边框为 3px */
        padding:10px; /* 图片边框与图片的距离为 10px */}
</style>
```

HTML 代码如下：

```
<body>
    <div>
        <img src="images/box.jpg" width="200" height="150">
    </div>
</body>
```

img 元素的总宽度为：20＋3＋10＋200＋10＋3＋20＝266(px)

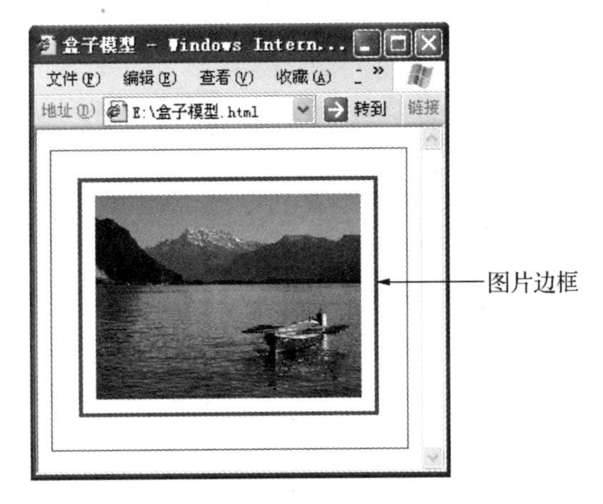

图 4.2　盒子模型应用

默认情况下多数元素的边界、边框和填充宽度都是 0，盒子背景是透明的，因此在默认情况下看不到盒子。

通过 CSS 重新定义元素样式，可以分别设置盒子的 margin、padding、border 值以及盒子边框和背景的颜色，从而美化网页元素。

(1) margin 属性

盒子边框外和其它盒子之间的距离为外边距 margin，这个属性接受任何长度单位、百分数值甚至负值，而且在很多情况下都要使用负值的外边距，例如使用相对定位法实现网页居中。

① 顶端边距 margin-top

顶端边距属性也称上边距，指定长度或百分比值来设置元素的上边界。

语法：

margin-top：边距值；

取值范围：长度值 | 百分比 | auto

说明：长度值相当于设置顶端的绝对边距值，包括数字和单位；百分比值则是设置相对于上级元素的宽度的百分比，允许使用负值；auto 是自动取边距值，即取元素的默认值。

② 其他边距 margin-bottom、margin-left，margin-right

底端边距用于设置元素下方的边距值；左侧边距和右侧边距则分别用于设置元素左右两侧的边距值。其语法和使用方法同顶端边距类似。

③ 复合属性：边距 margin

与其他属性类似，边距属性是用于对 4 个边距设置的略写。

语法：

margin：边距值；

取值范围：长度值 | 百分比 | auto

说明：margin 的值可以取 1 到 4 个，如果只设置了 1 个值，则应用于所有的 4 个边界；如果设置了两个或 3 个值，则省略的值与对边相等；如果设置了 4 个值，则按照上、右、下、左的顺序分别对应其边距，例如：

```
div{
    margin:40px 70px 10px 20px;}
```

也可以通过下面四个单独的属性 margin-top、margin-right、margin-bottom 以及 margin-left 分别设置上、右、下、左外边距。

使用相对定位法可以实现固定宽度的网页居中，首先将包含整个网页的包含框＃box 进行相对定位使它向右偏移浏览器宽度的 50%，这时左边框位于浏览器中线的位置上，然后使用负边界将它向左拉回整个页面宽度的一半，从而达到水平居中的目的，代码如下：

```
#box{
        position:relative;
        width:1024px;
        left:50%;
        margin-left:-512px; }
```

（2） padding 属性

盒子的内边距就是盒子边框到内容之间的距离，与表格的填充属性（cellpadding）比较相似。如果填充属性为 0，则盒子的边框会紧挨着内容，这样通常不美观。

对盒子设置了背景颜色或背景图像后，背景会覆盖 padding 和内容组成的范围，并且默认情况下背景图像是以 padding 的左上角为基准点在盒子中平铺的。

① 顶端填充 padding-top

顶端填充属性也称为上补白，即上边距和选择器内容之间的间隔。

语法：

padding-top：间隔值；

说明：间隔值可以设置为长度值或百分比。

② 其他填充 padding-bottom、padding-right、padding-left

其他填充属性是指底端、左右两侧的补白值，其语法和使用方法同顶端填充类似。

③ 复合属性：填充 padding

语法：

padding：间隔值；

说明：间隔值可以设置为长度值或百分比。

可以在一个声明中按照上、右、下、左的顺序分别设置各边的内边距属性，例如：

```
div{
    padding:10px 80px 5px 20px;}
```

也可以通过四个单独的属性 padding-top、padding-right、padding-bottom 以及 padding-left 分别设置上、右、下、左内边距。

提示：padding 值不可以为负值。

(3) 上下 margin 合并问题

外边距合并是指当两个垂直外边距相遇时，它们将形成一个外边距。合并后的外边距的高度等于两个发生合并的外边距的高度中的较大者。外边距合并前后如图 4.3 所示。

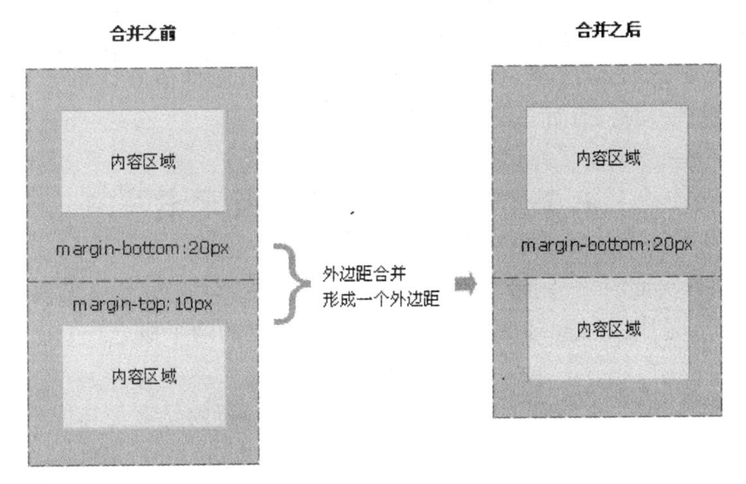

图 4.3　上下 margin 合并

提示：行内元素的左右 margin 等于相邻两边的 margin 之和，不会发生合并。

(4) 父子元素的 margin 合并问题

当一个元素包含在另一个元素中时(假设没有内边距或边框把外边距分隔开)，它们的上和/或下外边距也会发生合并，如图 4.4 所示。

(5) 盒子模型需要注意的问题

① 边界值 margin 可为负，填充 padding 不可为负；

② 边框 border 默认值为 0，即不显示；

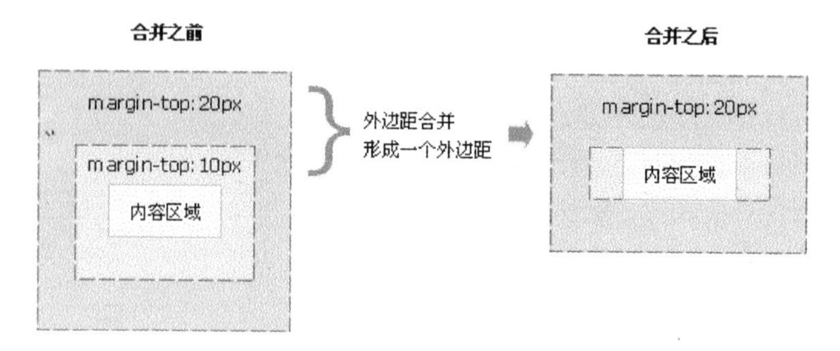

图 4.4 父子元素 margin 合并

③ 行内元素的盒子只能在浏览器中得到一行高度的空间，可以使用 line-height 属性设置行高。若不设置行高，则是元素在浏览器中默认的行高。对行内元素设置 width 或 height 不起作用，因此一般将行内元素设置为块级元素显示再应用盒子属性。例如标记 a，定义上下边界不影响行高。

④ 若盒子中没有内容(如<div></div>)，对它设置高度和宽度为百分比单位(如 40%)，但没有设置 border、padding 以及 margin 值，则盒子不显示，也不会占据浏览器的空间；但是如果对空元素的盒子设置的高度或宽度是像素值，则盒子会占据浏览器的空间。

(6) 各种元素盒子属性的默认值

① 大部分 HTML 元素的盒子属性(margin，padding)默认值都为 0；

② 有少数 HTML 元素的(margin，padding)浏览器默认值不为 0，例如：body，p，ul，li，form 标记等，因此我们有时有必要先设置它们的这些属性值为 0。

③ 表单中大部分 input 元素(如文本框、按钮)的边框属性值默认不为 0，可以设置为 0 美化表单中的输入框和按钮(如 3.7 节的例 3-20)。

4.2 行内元素和块级元素

使用 CSS 布局页面时，我们将 HTML 标签分成两种：行内元素和块级元素(例如，a 是行内元素，div 和 p 是块级元素)，是在 CSS 布局中很重要的两个概念。

1. 行内元素

行内元素只能容纳文本或其他行内元素，它允许其他行内元素与其位于同一行，只有当浏览器窗口容纳不下才会转到下一行，其宽度(width)高度(height)属性不起作用。

例如标记 a、img、span、input 属于行内元素。

2. 块级元素

块级元素一般是其他元素的容器，可容纳行内元素和其他块级元素，一个块级元素占满浏览器一行，多个块级元素在浏览器中竖向排列，其宽度(width)高度(height)起作用。

例如标记 p、div、hn、hr、ul、ol、li 属于块级元素。

下面我们以实例说明行内元素与块级元素在页面布局中的应用：

【例 4-1】id 为 div1 的区域有 1px 实线边框，宽度和高度分别为 200px 和 150px，div1 包含一个 id 为 div2 的区域，宽度和高度分别为 80px 和 50px，页面效果如图 4.5 所示。

CSS 代码如下：

```
#div1{
    width:250px; height:160px; border:1px solid #F00;}
#div2,#div3{
    width:80px; height:50px; border:1px dashed #00F;}
```

HTML 代码如下：

```
<div id="div1">
    <div id="div2"></div>
    <div id="div3"></div>
    <a href="#">div 可容纳行内元素和</a>
    <span>其他块级元素</span>
</div>
```

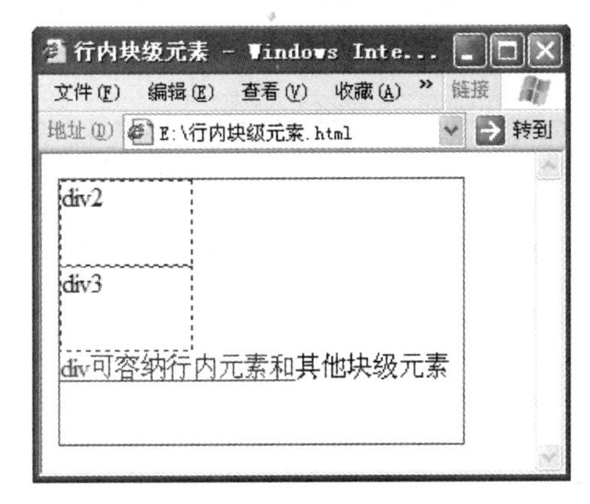

图 4.5　行内元素与块级元素

• div1 块级元素中有四个元素：块级元素 div2、块级元素 div3、行内元素 a 和行内元素 span，这就是块级元素的特点：块级元素一般作为其他元素的容器，可容纳行内元素和其他块级元素。

• 在 div1 中，div2 和 div3 垂直排列，这就是块状元素概念中所说的"一个块级元素占满浏览器一行，多个块级元素在浏览器中竖向排列"。

• 两个行内元素 a 和 span 位于浏览器中同一行，即行内元素概念中所说的"行内元素允许其他行内元素与其位于同一行"，注意，行内元素与块级元素不能位于同一行。

另外，块级元素也可以将上下两个元素隔开一定的距离，也可以使用块级元素实现父级元素的高度自适应，具体应用在后面详细讲解。

接下来，给行内元素 a 与 span 在 css 中添加宽度和高度的设置，CSS 代码如下：

```
a,span{
    width:200px; height:30px;}
```

页面效果依然如图 4.30 所示，没有任何变化，即概念中所说的"行内元素的宽度(width)高度(height)属性不起作用，它的大小只随内部文本或其他行内元素变化"。

若将行内元素转换为块级元素，则宽度和高度就起作用了，只需要给相应的行内元素设置一个属性 display:block 即可，页面效果如图 4.6 所示，a 元素与 span 元素在浏览器中垂直排列，代码如下：

```
a,span{
    width:200px; height:30px; display:block;}
```

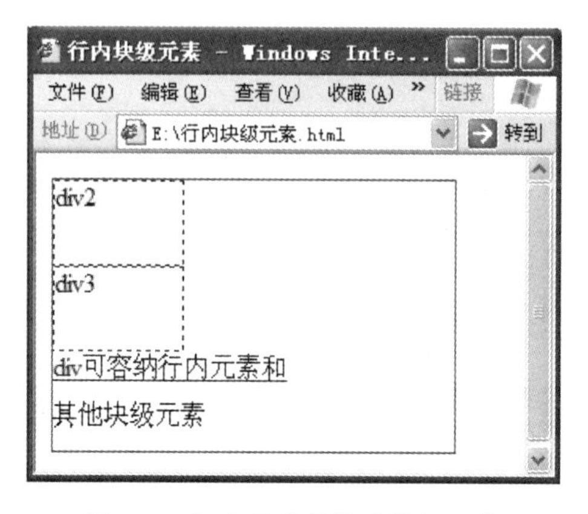

图 4.6 行内元素转换为块级元素

其中，display 属性用于设置元素是以行内元素显示还是以块级元素显示，或不显示。display 属性的取值有：

display:block | inline | none | list-item;

display 设置为 block 表示以块级元素显示；设置为 line 表示以行内元素显示；设置为 none，元素在浏览器中不显示，也不占据文档中的位置。例如制作下拉菜单、tab 面板等可以使用 display: none 把子菜单或面板隐藏起来。

下面是常用的行内元素和块级元素：

行内元素：a(锚点)、em(强调)、i(斜体)、img(图片)、input(输入框)、span(定义文本内区块)、sub(下标)、sup(上标)、textarea(多行文本输入框)。

块级元素：div(CSS 布局的主要标签)、p(段落标记)、ul(无序列表)、ol(有序列表)、dl(自定义列表)、li(列表项)、table(表格)、form(交互表单)、h1－h6(标题 1－标题 6)、hr(水平分隔线)。

4.3 浏览器的兼容性

在布局页面时常常遇到网页中某些元素在各大浏览器(如 IE6、IE7、IE8、火狐浏览器或谷歌浏览器)有一些不同，如宽度、高度等有不同。下面主要介绍常用的解决页面浏览器不兼容的方法：

IE6 是老版本的浏览器，用户比较多；IE7 接近于标准浏览器；IE8 与火狐(Firefox)及谷歌浏览器(chrome)解释 CSS 比较接近。因此，一般只需考虑 IE6、IE7 及火狐(以下简称 FF)这三个浏览器即可兼容全部浏览器。

（1）！ important

附加！ important 的语句有最高优先级，但是由于 IE6 不能识别！ important，而 IE7 和 FF 均能识别，所以可以解决一些页面在 IE6 中显示效果与 IE7、FF 中效果不同的情况。

```
p{
    font-size:14px! important;
    font-size:12px;}
```

在上面的例子中 IE7 和 FF 遇到附加有！ important 的 CSS 属性，只解析第一句“font-size:14px！ important;”，而不解析后面的“font-size:12px;”；

IE6 不识别附加有！ important 的语句，所以会忽略第一句，直接解析第二句“font-size:12px;”。

注意：附加有“！ important”的语句一定要在没有附加“！ important”的语句的上面。

（2） *

由于 IE6、IE7 可以识别附加有 * 的 CSS 属性语句，而 FF 不能识别，我们就可以解决一些在 IE 中显示效果与 FF 中效果不同的情况。

```
p{
    font-size:14px;
    *font-size:12px;}
```

在上面的例子中，由于 FF 不识别 *，所以只解析第一句“font-size:14px;”；又因 IE6、IE7 识别 *，所以它们先解析第一句，将字号设为 14px，再读第二句“ * font-size:12px;”，将字号改为 12px。

注意：附加有“ * ”的语句一定要在没有附加“ * ”的语句的下面。

（3）IE6 支持下划线“_”，IE7 和 FF 均不支持下划线，例如：

```
background-color:orange! important;
*background-color:green;
_background-color:blue;
```

注意：书写的顺序是 FF 支持的写在前面，IE7 支持的写在中间，IE6 支持的写在最后。

具体区别如下：

	IE6	IE7	FF
！ important	×	√	√
*	√	√	×
_	√	×	×

每个浏览器都有一个内置的 CSS 文件，若没有对某个标签的属性设置，浏览器就会应用内置的 CSS 文件。布局页面时最容易影响页面布局的是 HTML 标签中的内外边距，只要将最常用的标签的内外边距设为零就可以了。例如，一个页面中用到 div、p、ul、li、form、h1、h2 标签，那么重置代码可以写为：

```
body,div,p,ul,li,form,h1,h2{
        margin:0; padding:0;}
```

由于 body 标签在不同的浏览器中,定义的内边距是不一样的,所以在上面代码中加入 body。

如果页面布局出现问题,可以检验是否是由于有些标签没有重置而导致的布局错位。

【例 4－2】添加如下代码设计页面,在 IE6 和 Chrome 浏览器中的显示效果如图 4.7 所示。

```
<head>
    <style type="text/css">
        div{
            width:120px; height:120px; background-color:#F00;}
    </style>
</head>
```

HTML 代码如下:

```
<body>
    <div></div>
</body>
```

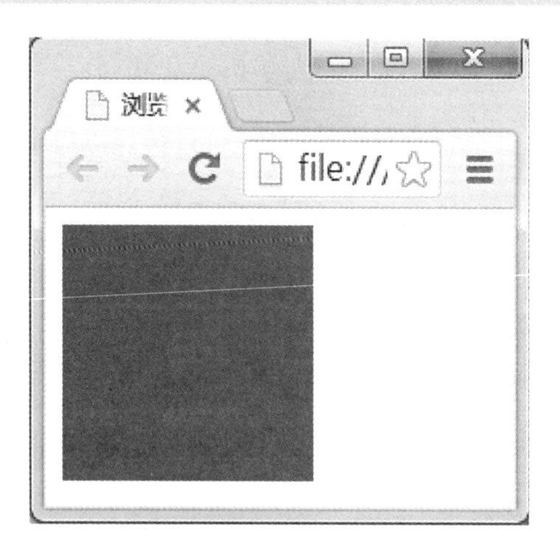

图 4.7　IE6 与 Chrome 浏览器中显示效果比较

红色区域距离浏览器的顶部和左边的边距在 IE6 和 Chrome 中不一样,那么页面在浏览器中的显示效果就不一样了。解决的方法是在 CSS 文件中,添加如下代码:

```
body,div{
        padding:0; margin:0;}
```

上面的代码添加后,页面在两种浏览器中的显示效果一样,如图 4.8 所示。

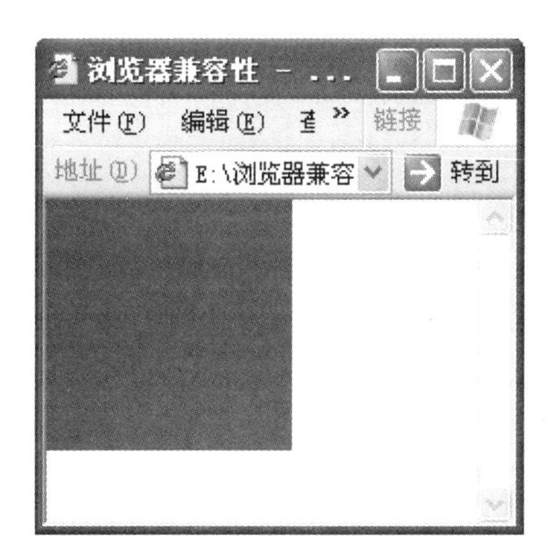

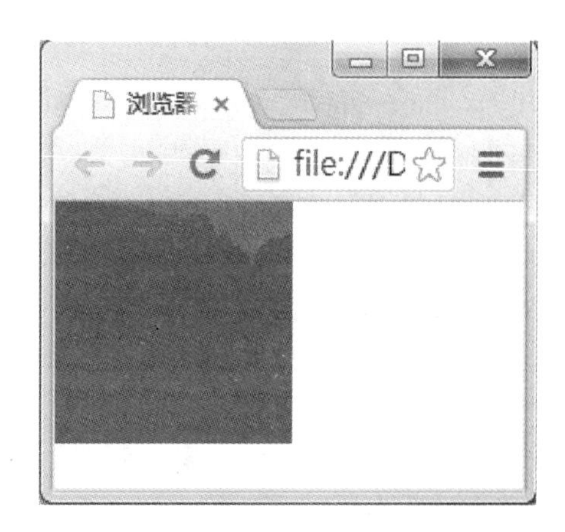

图 4.8　IE6 与 Chrome 浏览器中显示效果比较

【例 4 - 3】设置为 float 的 div 在 IE6 中设置的 margin 会加倍，这是 IE6 的一个 BUG (IE6 双倍边距 BUG)，如图 4.9 所示，在 IE6 中块级元素 div 距离浏览器的左边距不是 CSS 代码中定义的 20 像素，而是 40 像素，代码如下：

```
body,div{
        padding:0; margin:0;}
div{
        width:120px; height:120px; background-color:#aaa;
        margin-top:20px; margin-left:20px; float:left;}
```

HTML 代码如下：

```
<div>
    div
</div>
```

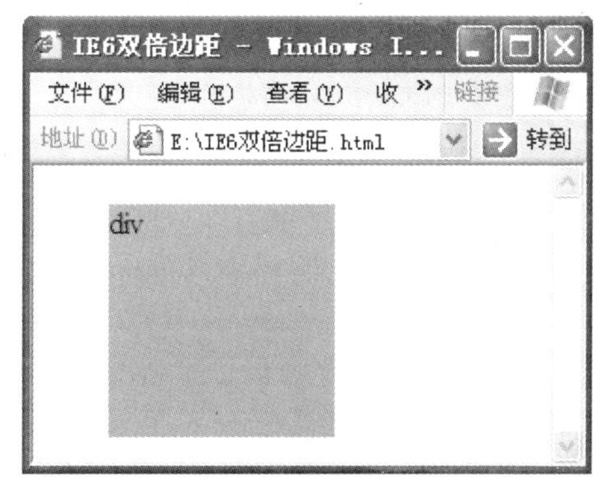

图 4.9　IE6 双倍边距

只有满足下面三个条件才会出现这个 BUG：为块级元素；向左浮动；有左外边距 (margin-left)。

解决方案是在这个 div 的样式设置中添加“display:inline;”。代码如下：

```
div{
    width:120px; height:120px; background-color:#aaa;
    margin-top:20px; margin-left:20px; float:left;
    display:inline;}
```

这时,页面在 IE6 和其他浏览器中显示效果相同。

提示:当布局发生错误,需要逐行分析 CSS 代码时,可以在出现问题的层上定义一个背景颜色,这样就可以很明显看到该层占据多大空间。

4.4 CSS 三种定位形式

CSS 有三种基本的定位机制:普通流、浮动和绝对定位。

除非专门指定,否则所有元素都在普通流中定位,即行内元素在浏览器中同一行内横向排列,一个块级元素占浏览器一行,多个块级元素在浏览器中竖向排列,盒子与盒子之间的距离由 margin 与 padding 决定。

4.4.1 盒子的浮动

在普通流中,块级元素的盒子都是上下排列,行内元素的盒子都是左右排列,如果仅仅按照普通流的方式进行排列,网页布局就不够灵活。CSS 给出了以浮动和定位方式对盒子排列,这样提高了排版的灵活性。

浮动属性(float 属性)用于某元素的浮动情况。它的功能相当于 img 元素的 align 属性,但是 float 能应用于所有的块级元素,而不仅是图像和表格。

语法:

float:left | right | none | inherit;

说明:如果将 float 属性的值设为 left 或 right,元素就会向其父元素的左侧或右侧靠紧,同时盒子的宽度不再伸展,而是收缩。在没设置宽度时,会根据盒子里面的内容来确定宽度。

none 为默认值,表示对象不浮动(即在普通流中的情况);inherit 表示规定应该从父元素继承 float 属性的值。

例如,有时希望相邻块级元素的盒子左右水平排列(所有盒子浮动),或者希望一个盒子被另一个盒子中的内容所环绕(一个盒子浮动)以做出图文混排的效果,这时就可以使用浮动(float)属性使盒子在浮动方式下定位。

如图 4.10 所示为在线 CSS 教程页面,分为水平排列的三部分,左侧 div(left)、中间 div(center)和右边 div(right)。块级元素 div 默认情况下在浏览器中垂直排列,要使块级元素水平排列则需要设置其浮动属性。

图 4.10　页面布局

【例 4 - 4】在普通流中，一个块级元素在水平方向会自动伸展，在它的父元素中占满整个一行；而在竖直方向和其他元素依次排列，不能并排，如图 4.11 所示，代码如下。

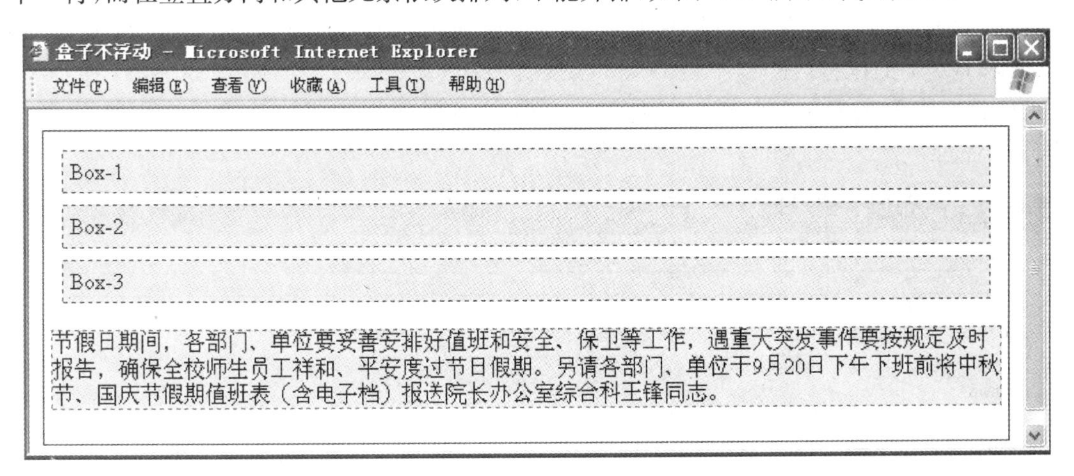

图 4.11　普通流中块级元素的定位

```
<style type="text/css">
    .father{
        border:1px solid #333;
        padding:5px; }
    .father div{
        padding:5px;
        margin:8px;
        border:1px dashed #333;
        background:#e0ecff; }
    .father p{
        border:1px dashed #666;
```

```
            background:#ddf9e0;}
</style>
<body>
    <div class="father">
        <div class="son1">Box-1</div>
        <div class="son2">Box-2</div>
        <div class="son3">Box-3</div>
        <p>节假日期间,各部门、单位要妥善安排好值班和安全、…</p>
    </div>
</body>
```

(1) 设置一个盒子浮动

在上述代码中添加一条CSS代码:

```
.son1{
        float:left;}
```

此时效果如图4.12所示,给".son1"添加浮动属性后,Box-1的宽度变为能容纳内容的最小宽度,不再延伸到行最右端,即不再占据原来浏览器分配给它的位置。Box-2占据了原来Box-1的位置(注意,不是Box-2紧接着Box-1)。Box-1已经脱离标准流,对Box-2而言,就好像没有Box-1一样。但是Box-2的文字部分因为Box-1的浮动而被顶到了Box-1后面。

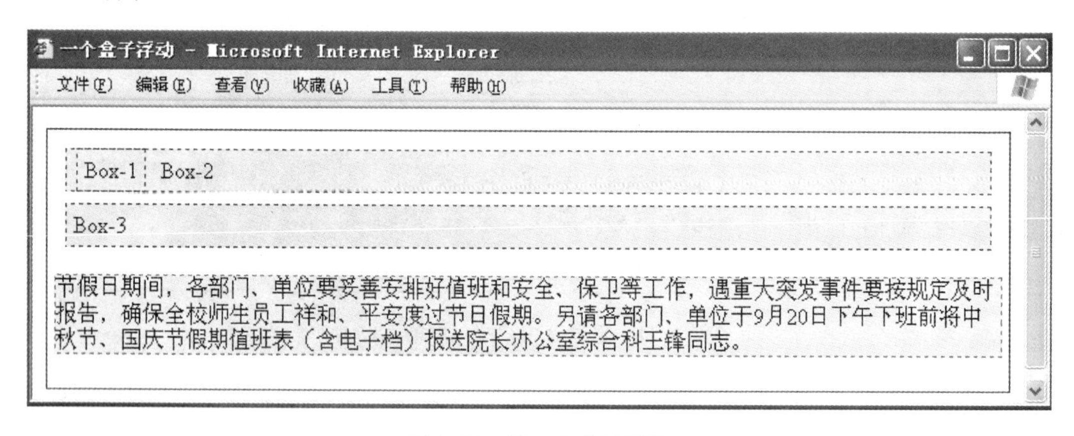

图4.12 第一个盒子浮动

若在未浮动的盒子Box-2中添加一行文本,则Box-2中的内容将会环绕浮动的盒子Box-1,如图4.13所示。

总结:浮动后的盒子以块级元素显示,但宽度不会自动伸展;浮动后的盒子脱离普通流,不再占据浏览器分配给它的位置(IE6有时例外);未浮动的盒子占据浮动盒子的位置,同时未浮动盒子中的内容会环绕浮动后的盒子。

(2) 设置两个盒子浮动

在".son1"浮动的基础上再设置".son2"也向左浮动:

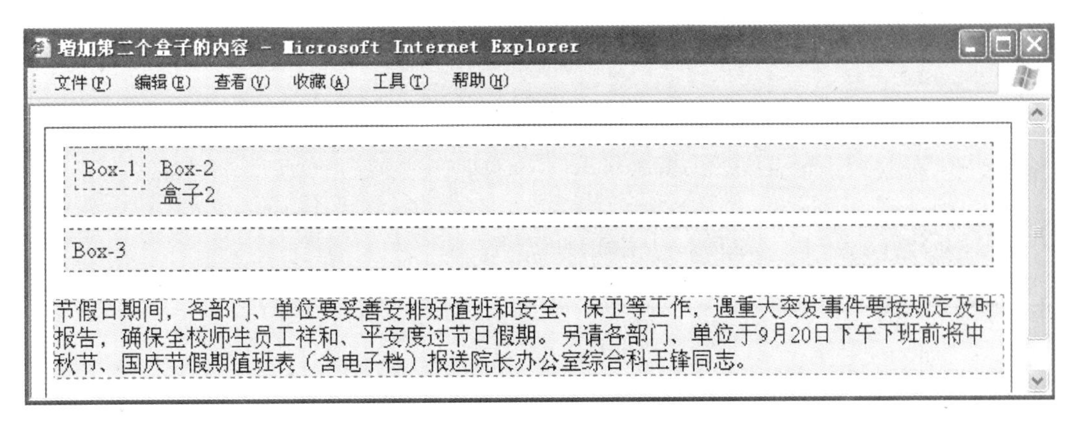

图 4.13　增加第二个盒子的内容

```
.son2{
        float:left;}
```

此时效果如图 4.14 所示(在 Box-3 中增加了一行文本)，Box-2 遵循上面所述的浮动规律，其宽度不再自动伸展，不再占据浏览器分配的位置。Box-3 占据了原来 Box-1 的位置。

Box-1 与 Box-2 之间有 16px 的距离，由于设置了.father div{margin:8px;}

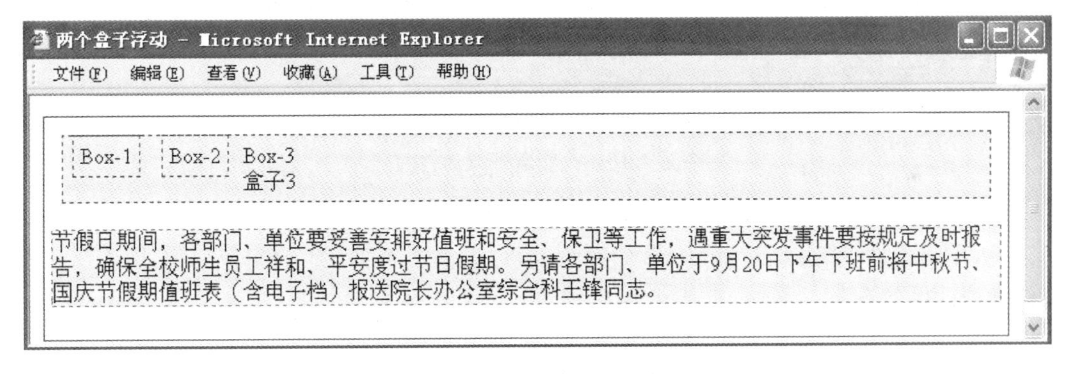

图 4.14　两个盒子浮动

(3) 设置三个盒子浮动

再设置“.son3”也向左浮动：

```
.son3{
        float:left;}
```

此时效果如图 4.15 所示。三个盒子浮动后就产生了块级元素水平排列的效果，文字围绕着浮动的盒子环绕排列。

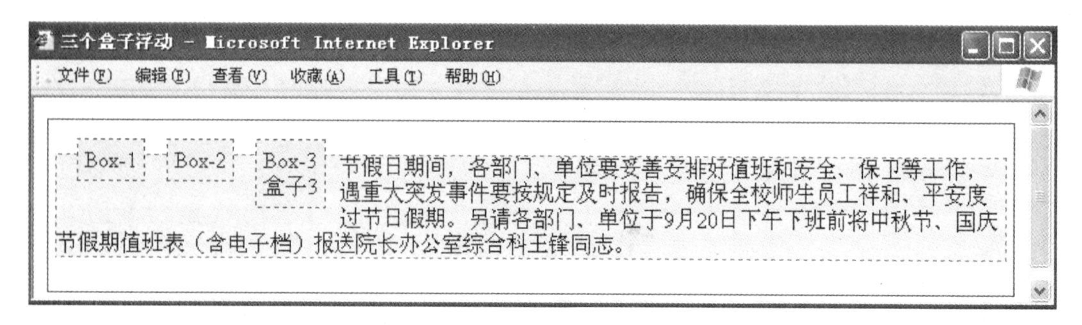

图 4.15　三个盒子浮动

（4）改动盒子浮动方向

设置. son3 向右浮动，效果如图 4.16 所示，文字围绕着浮动的盒子环绕排列。

```
.son3{
        float:right;}
```

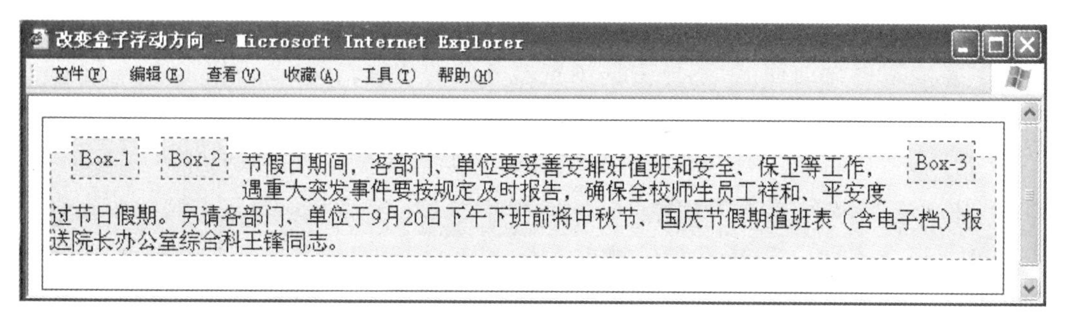

图 4.16　改变盒子浮动方向

（5）再次改动浮动方向。

设置. son2 向右浮动，设置. son3 向左浮动，效果如图 4.17 所示，可以看出在 HTML 没有任何修改的情况下，仅修改 CSS 就可以修改元素的位置。

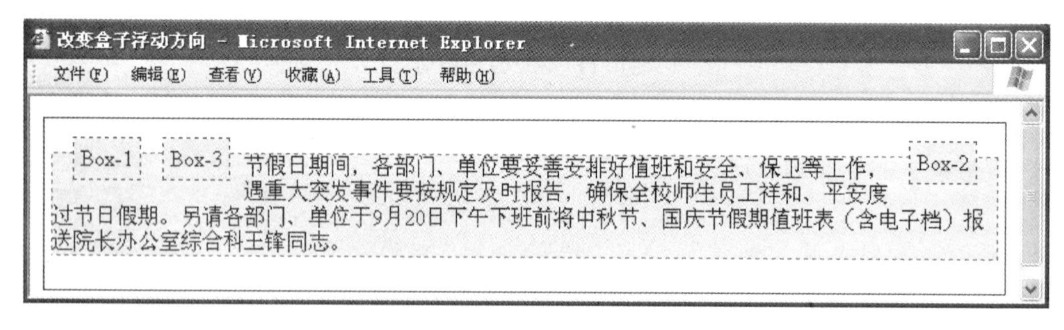

图 4.17　改变盒子浮动方向

（6）使用 clear 属性清除浮动的影响

要清除左边浮动对段落 p 的影响，可以添加如下代码，如图 4.18 所示，三个盒子都向左浮动。

```
.father p{
        clear:left;}
```

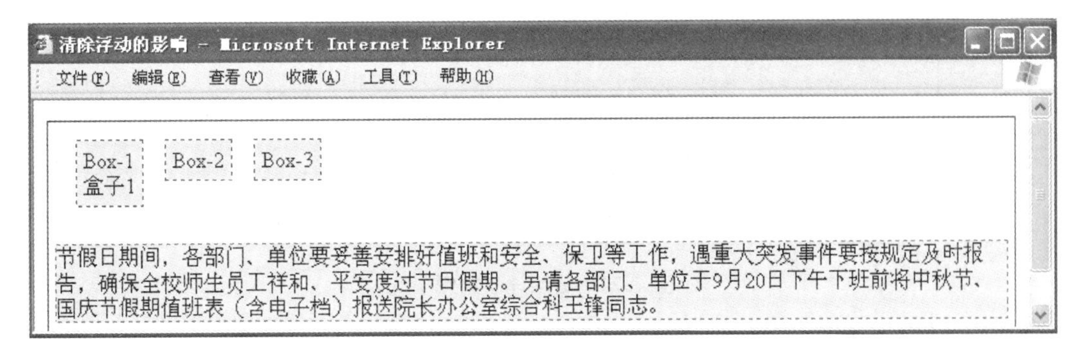

图 4.18　清除浮动的影响

再设置 Box-3 向右浮动，增加 Box-3 的内容，如图 4.19 所示。

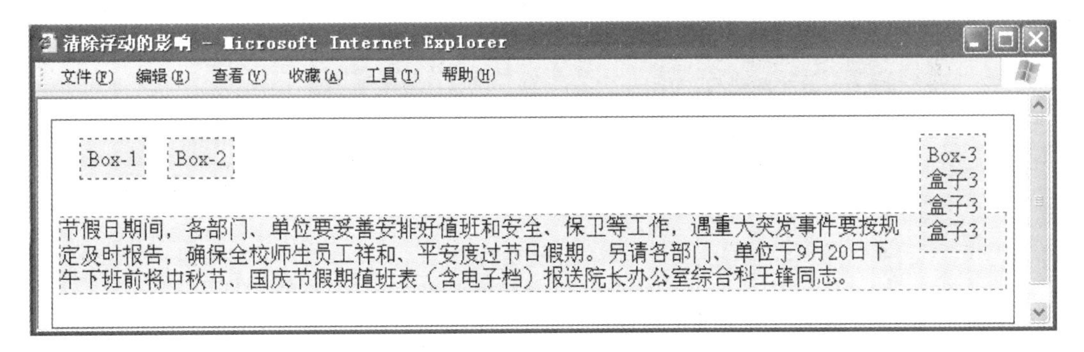

图 4.19　清除向左浮动

如果改为 father p{clear:right;}，Box-3 向右浮动。此时，如果 Box-1 高度增加，标记 p 将围绕 Box-1，如图 4.20 所示。

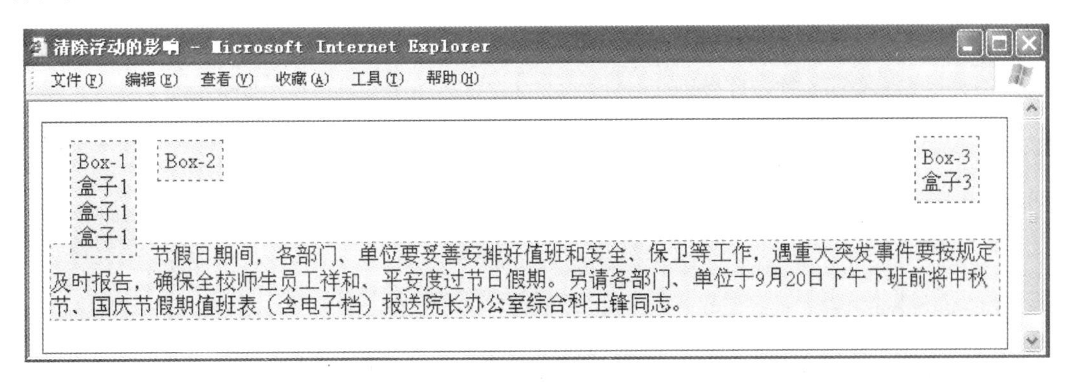

图 4.20　清除向右浮动

若要将向左、向右的浮动都清除，则可以设置 father p{clear:both;}，如图 4.21 所示。

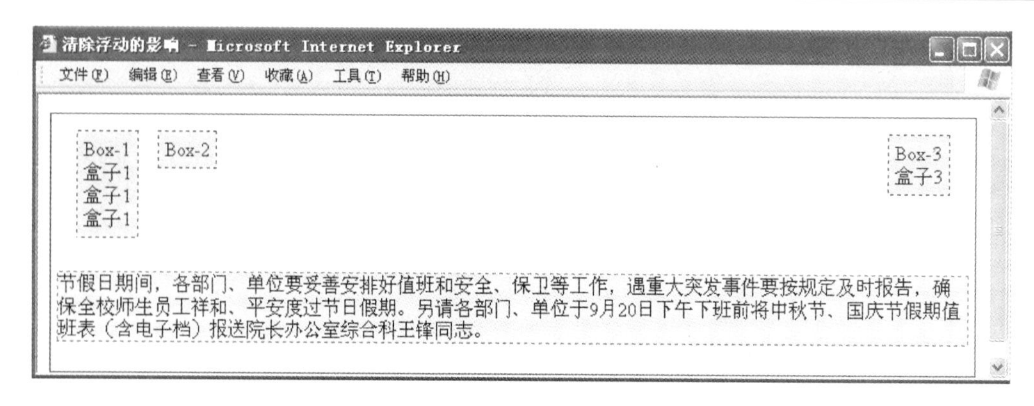

图 4.21 清除浮动的影响

(7) 扩展盒子的高度

删除代码中 p 标记及其包含内容，效果如图 4.22 所示。图中，父盒子中的所有 div 都设为浮动，盒子 Box-1、Box-2 和 Box-3 都脱离了标准流，这样父盒子高度变成了 0。而图中父盒子显示了一定的高度，是由于父盒子的 padding 属性设为了 5px。

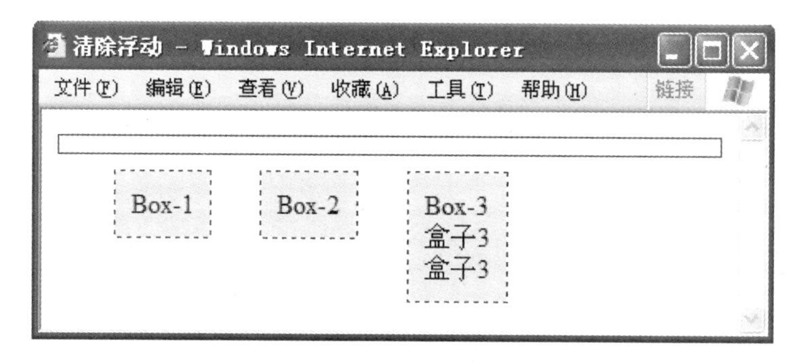

图 4.22 三个盒子浮动

如果希望实现外部容器的高度随内部内容自动增高，可以在代码中再加一个 div，这个 div 不设置浮动，这种用法在实际网页布局中应用较多，代码如下，页面显示效果如图 4.23 所示。

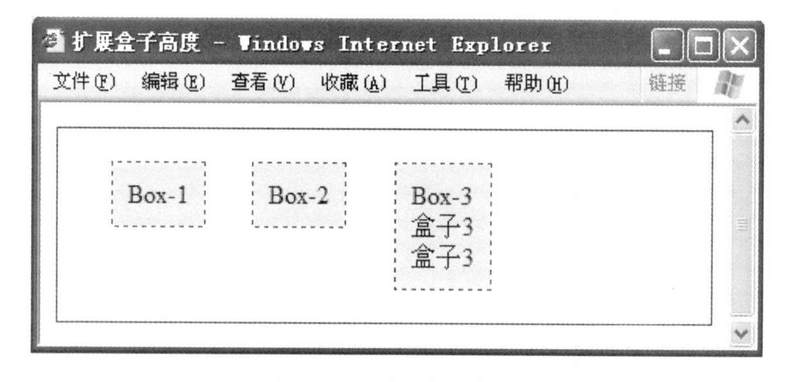

图 4.23 扩展盒子高度

```
<style type="text/css">
    .father{
```

```
        border:1px solid #333;
        padding:5px; }
    .father div{
        padding:5px;
        margin:8px;
        border:1px dashed #333;
        background:#e0ecff; }
    .father p{
        border:1px dashed #666;
        background:#ddf9e0; }
    .son1,.son2,.son3{
        float:left;}
    .father .clear{
        clear:both;
        padding:0px;
        margin:0px;
        border:0px;}
</style>
<body>
    <div class="father">
        <div class="son1">Box-1</div>
        <div class="son2">Box-2</div>
        <div class="son3">Box-3<br />盒子 3<br />盒子 3</div>
        <div class="clear"></div>
</body>
```

提示：若一个盒子内有浮动的盒子，可以在浮动元素后面增加一个清除浮动的空元素，从而把外围盒子撑开，这样父盒子内浮动的样式就不会超出父盒子。

(8) 清除浮动与设置浮动

清除浮动是清除其他盒子浮动对该元素的影响，而设置浮动是让元素自身浮动，两者并不矛盾，因此可以同时设置元素清除浮动和浮动。例如，在上面的例子中同时设置清除浮动和浮动，显示效果如图4.24所示。

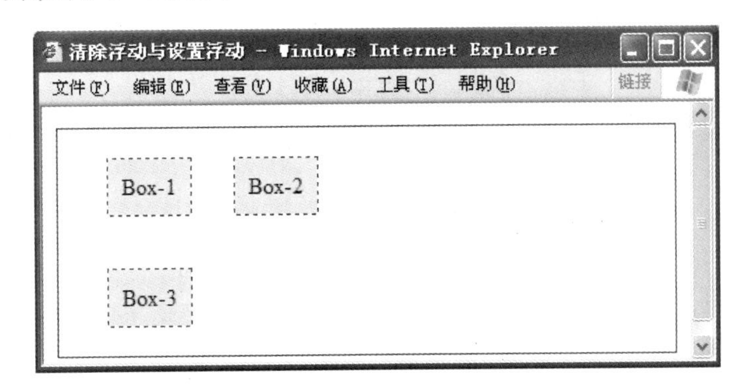

图4.24　清除浮动与设置浮动

```
.son3 {
    clear:both;
    float:left;}
```

提示：只有在普通流布局的情况下，盒子上下的 margin 会叠加，而浮动方式下盒子的任何 margin 都不会叠加，所以可以设置盒子浮动并清除浮动，上下两个盒子的 margin 不叠加。在图 4.54 中，Box-3 与 Box-1 之间的垂直距离是 16px，是它们的 margin 之和。

(9) 浮动总结

① 浮动的盒子宽度不会自动伸展，而是以内容为准；

② 浮动的盒子脱离标准流而独立存在；

③ 对后面标准流中的文字产生影响，而使文字环绕着浮动的盒子排列；

④ 如果一个容器中的子盒子都是浮动方式的，那么容器 div 的高度不会自动伸展，如果要自动伸展，要增加一个标准流下的 div，并且这个 div 要自动清除容器 div 对它的影响；

⑤ 浮动只对后面的内容有影响，对前面的内容没有影响。

4.4.2 盒子浮动的应用

1. 图文混排及首字下沉效果

如果将一个盒子浮动，另一个盒子不浮动，那么浮动的盒子将被未浮动盒子的内容包围。若浮动的盒子是图像，未浮动的盒子是文本，就实现了图文混排的效果。

【例 4-5】使用盒子的浮动属性实现图文混排及首字下沉效果，代码如下，页面显示效果如图 4.25 所示。

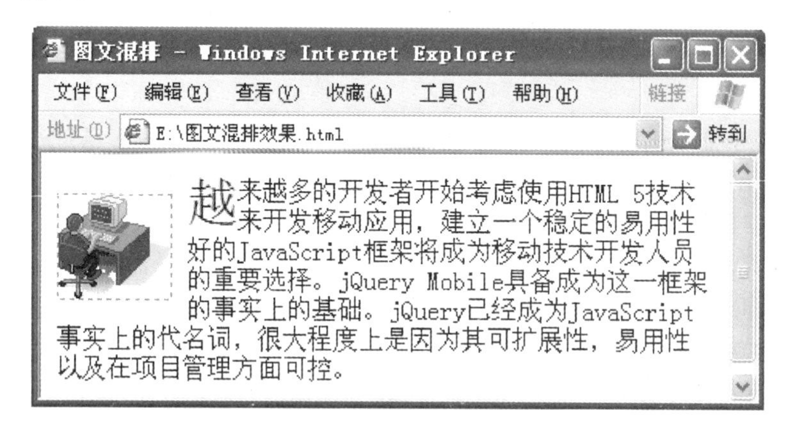

图 4.25　图文混排效果

```
<style type="text/css">
    img{
        border:1px gray dashed;              /* 图像加灰色虚线边框 */
        margin:10px 10px 10px 0;             /* 设置图与文字之间的距离 */
        float:left;                          /* 实现图文混排 */}
    p:first-letter{
        float:left;                          /* 实现首字下沉 */
```

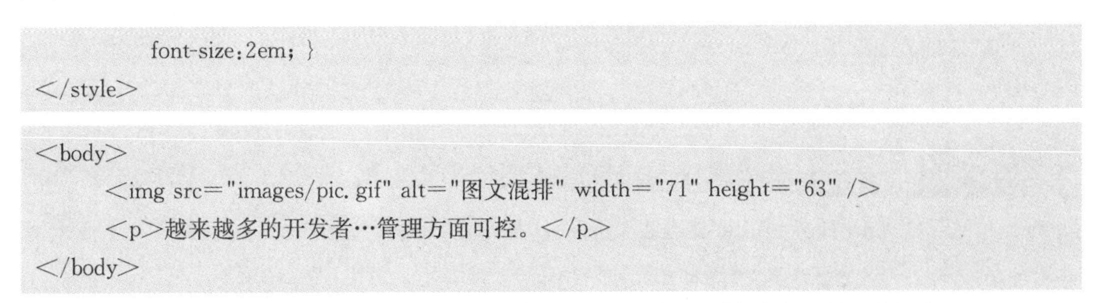

```
        font-size:2em; }
</style>
```

```
<body>
    <img src="images/pic.gif" alt="图文混排" width="71" height="63" />
    <p>越来越多的开发者…管理方面可控。</p>
</body>
```

提示：将一个段落设为浮动，其他的段落不浮动，则可以设计出导读框效果。

2. 制作栏目框标题栏

在网页设计中经常需要制作如图 4.26 所示的栏目框标题栏，左边是栏目标题，右边是关于更多信息的链接，一般可以设置左边的栏目标题左浮动，右边的链接文字右浮动。由于两个盒子都浮动，因此需要使用一个空盒子将父盒子撑开。

【例 4-6】使用盒子的浮动属性制作栏目框标题栏，代码如下，页面显示效果如图 4.26 所示。

图 4.26　制作标题栏

```
<style type="text/css">
    #news{
            border:1px solid #CCC;
            width:300px;
            padding:6px; }
    .title{
            float:left;
            padding-left:10px;
            color:#333;
            font-weight:bold;}
    .more{
            float:right;
            padding-right:10px;}
    .more a{
            text-decoration:none;}
    .more a:hover{                          /*鼠标悬停"<<更多"上加下划线*/
            text-decoration:underline;}
    .clear{                                 /*使用空盒子撑开父盒子*/
```

```
        clear:both;}
</style>
```

```
<body>
    <div id="news">
        <div class="title">公告</div>
        <div class="more">
            <a href="#">&lt;&lt;more</a>
        </div>
        <div class="clear"></div>
    </div>
</body>
```

提示：若不使用空盒子<div class="clear"></div>撑开父盒子，则可以添加代码#news{height:24px;}用于使父盒子的高度伸展，从而在视觉上能包住两个浮动的盒子。

3. 制作图片按钮

一般制作按钮需要两张图片，一张正常状态的图片，一张按下去效果图。制作思路是设置链接 a 的背景为第一张图片，a:hover 的背景为第二张图片。

HTML 代码：

```
<a id="btnLink"></a>
```

CSS 代码：

```
#btnLink{
    display:block;
    /*标签 a 是行内元素，将行内元素转为块级元素，width 和 height 的设置才会起作用*/
    width:120px; height:45px; margin:0 auto;
    background:url(images/normal.jpg) no-repeat;}
#btnLink:hover{
    background:url(images/press.jpg) no-repeat;}
```

4. 制作网页导航栏

导航栏是网页中必不可少的元素，下面综合使用盒子模型、浮动的概念制作网页导航栏，其他效果的导航栏可以在此基础上修改。

【例 4-7】在 3.7 节中介绍了纵向菜单的设计，其中 HTML 部分代码不变，只需在纵向菜单的基础上修改样式代码即可。

纵向菜单的 HTML 代码：

```
<div id="nav">
    <ul>
        <li><a href="#">首页</a></li>
        <li><a href="#">Web 概述</a></li>
        ...
```

```
    </ul>
</div>
```

纵向菜单的 CSS 代码如下，页面效果如图 4.27 所示。

```
body,div,ul,li{
    padding:0; margin:0; }   /*考虑页面在浏览器的兼容性,添加标记重置代码*/
body{
    font-family:Verdana;}
#nav ul{
    list-style:none;         /*设置列表项前面没有黑点*/}
a{                           /*默认情况下,a 中的文字为黑色且无下划线*/
    color:#000; text-decoration:none; font-size:12px;}
a:hover{
    color:#F00;              /*当鼠标悬停在链接文字上时,文本颜色变为红色*/}
#nav{
    width:100px; border:1px solid #CCC; }
#nav ul li{
    background:#eee; border-bottom:1px solid #CCC; padding:0 8px;
    height:28px; line-height:28px;   /*使文本垂直居中显示*/}
```

图 4.27　纵向导航栏

要使导航横向显示，只需将列表项 li 横向排列即可，修改容器 #nav 的宽度并使导航在页面居中显示，页面效果如图 4.28 所示。

图 4.28　水平导航栏

```
#nav{
    width:522px;                    /*扩大盒子宽度*/
    height:28px;                    /*内部li设置浮动,需设置父盒子#nav的高度*/
    border:1px solid #CCC;
    margin:0 auto;                  /*导航居中*/}
#nav ul li{
    background:#eee; border-bottom:1px solid #CCC;
    height:28px; line-height:28px;
    width:87px; text-align:center;  /*设置文本水平居中*/
    float:left;                     /*列表项水平排列*/}
```

为了使用户体验更加友好,下面实现鼠标悬停到链接文本上方时,改变文本及背景的效果。添加CSS代码,页面效果如图4.29所示。

```
#nav ul li a:hover{
    background:#333; color:#fff;}
```

图4.29　添加背景

此时,黑色背景区域过小,将a的高度设为与容器#nav盒子相同的高度28px,CSS代码:

```
#nav ul li a{
    height:28px;}
```

刷新浏览器,页面没有变化,这是由于a为行内元素。行内元素设置的宽度或高度对页面不起作用。因此,将行内元素a转换为块级元素,页面效果如图4.30所示,CSS代码:

```
#nav ul li a{
    height:28px; display:block;}
```

图4.30　设置高度

另外，还可以将背景设为图片，从而实现更多的效果。如图4.31所示为使用图片作为背景的导航栏，第一个列表项背景为图片、默认情况下列表项背景为图片、鼠标悬停到列表项时显示图片，修改的CSS代码如下：

```
#nav{
        width:600px; height:28px; margin:0 auto;
        border-bottom:3px solid #E10001;}
 #nav ul li a{
        heigh:28px; display:block;
        background:url(images/pic3.jpg) no-repeat; font-size:14px;}
 #nav ul li a:hover{
        background:url(images/pic2.jpg) no-repeat;}
 #nav ul li{
        height:28px; line-height:28px;
        width:87px; text-align:center;
        float:left; margin-left:2px;/*设置两个列表项之间的距离*/}
 #nav ul li a#current{ /*设置第一个列表项的样式*/
        background:url(images/pic1.jpg) no-repeat;
        font-weight:bold; color:#fff;}
```

HTML代码：

```
<div id="nav">
    <ul>
        <li><a href="#" id="current">首页</a></li>
        <li><a href="#">Web概述</a></li>
        ...
    </ul>
</div>
```

首页　Web概述　XHTML　CSS　jQuery　综合应用

图4.31　水平导航栏

5. 页面固定宽度布局

在网页设计中较常见的布局方式如图4.32所示，其中网页高度随着网页内容的增加而增加。默认情况下，div块级元素是占满浏览器整行从上至下依次排列，但在网页的分栏布局中，有时希望中间三栏（三个div）从左到右水平排列，这时需要将这三个div都设置为浮动。

三个div只能浮动到浏览器的左边或右边，不能在浏览器中居中。因此，一般在三个div盒子外面再套一个盒子（#main）。

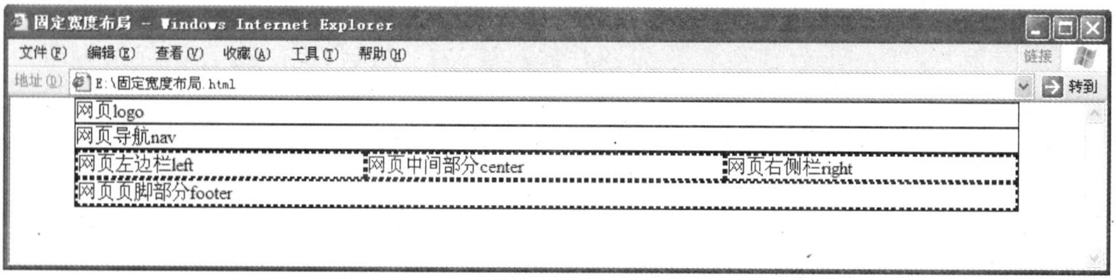

图 4.32　固定宽度页面布局

【例 4-8】使用盒子的浮动属性实现固定宽度页面布局，代码如下，页面显示效果如图 4.32 所示。

```
<style type="text/css">
    #logo, #nav, #main{
            margin:0 auto; width:800px; /* 与 width 配合实现外围盒子水平居中 */
            border:1px solid #000;    /* 盒子加边框是为演示需要 */}
    body,div{
            padding:0; margin:0;}/* 考虑页面在浏览器的兼容性，添加标记重置代码 */
    #left, #center, #right{
            float:left;                /* 三个盒子都设置为浮动，实现水平排列 */
            border:2px dashed #000;}
    #left, #right{
            width:244px; }
    #center{
            width:300px; }
    #footer{
            clear:both;                /* 清除浮动，撑开父盒子 */
            border:2px dashed #000;}
</style>
```

```
<body>
    <div id="logo">网页 logo</div>
    <div id="nav">网页导航 nav</div>
    <div id="main">
        <div id="left">网页左边栏 left</div>
        <div id="center">网页中间部分 center</div>
        <div id="right">网页右侧栏 right</div>
        <div id="footer">网页页脚部分 footer</div>
    </div>
</body>
```

实现如图 4.32 所示页面布局的方法有很多种，也可以将 #footer 盒子放在盒子 #main 外面。

6. 主页布局

【例 4－9】在页面布局的框架基础上添加具体内容即可实现网站主页布局，页面显示效果如图 4.33 所示。

图 4.33　主页布局示例

(1) 首先分析页面的布局结构，页面主要分五大块，顶部标志 logo、导航栏 nav、广告 banner、页面主体 main 及页脚 footer，其中页面主体分为左右两部分，如图 4.34 所示。

图 4.34　页面布局

先写出 HTML 代码：

```
<body>
    <div id="logo"></div>
    <div id="nav"></div>
    <div id="banner"></div>
    <div id="main">
        <div id="left">left 部分</div>
        <div id="right">right 部分</div>
    </div>
    <div id="footer"></div>
</body>
```

为了便于页面整体居中，将所有内容放到容器＃container 中。

```
#logo, #nav, #banner, #main, #footer{
    margin:0 auto; width:900px;}        /* 页面居中 */
*{
    padding:0; margin:0;}               /* 标记重置 */
img{
    border:none;}                       /* 设置所有图片没有边框 */
```

(2) 一般网站都会做到点击 logo 图片就会跳转到主页。一般给图片加上链接即可：

```
<a href="#" id="logoLink">
    <img src="images/pic.jpg" />
</a>
```

另外一种方法是将图片做成链接 a 的背景，HTML 代码会更精简，HTML 代码：

```
<div id="logo">
    <a href="#" id="logoLink"></a>
</div>
```

CSS 代码：

```
#logoLink{
    display:block;    /* 将链接 a 转化成块状元素，这样才能显示出背景 */
    width:218px; height:78px;
    background:url(images/logo.jpg) no-repeat; }
```

此时预览页面，头部含有 logo 的区域已经完成。

(3) 页面中导航栏的设计参见【例 3－31】，HTML 代码：

```
<div id="nav">
    <ul>
        <li><a href="#">HOME</a></li>
```

```
            <li><a href="#">PHOTOS</a></li>
            <li><a href="#">ABOUT</a></li>
            <li><a href="#">LINKS</a></li>
            <li><a href="#">CONTACT</a></li>
    </ul>
</div>
```

CSS代码：

```
#nav{
        height:42px;}
#nav ul{
        height:42px; list-style:none; background:#56990c;}
#nav ul li{
        height:42px; float:left;}
#nav ul li a{
        display:block;/* a是行内元素,转化为块级元素才可以定义下面的属性*/
        height:42px; color:#FFF; padding:0 10px;
        line-height:42px; font-size:14px; font-weight:bold;
        font-family:Arial; text-decoration:none;
        float:left;    /*若不设置a浮动,则每个a标记在IE6中垂直排列*/}
#nav ul li a:hover{
        background:#68acd3;}
```

(4) banner布局有两种方法：一种是将图片作为<div id="Banner"></div>背景；另一种是直接将图片插入<div id="banner"></div>之间，代码：

```
<div id="banner">
        <img src="" />
</div>
```

这里使用第一种方法，HTML代码部分不变，CSS代码：

```
#banner{
    height:127px; background:url(images/banner.jpg) no-repeat;}
```

(5) 页面主体布局：#main部份分为左右两个区域，左边#left宽度设为是600px，右边#right的宽度是300px，但是为了布局美观需要将内边距设置成15px，所以#left的宽度在CSS中要设为600－15＊2＝570px，右侧的#right设为300－15＊2＝270px。CSS代码、页面效果如图4.35所示。

```
#left,#right{
        float:left; padding:15px;}
#left{
```

```
        width:570px; background:#f0f0f0;}
#right{
        width:270px; background:#d3e7f2;}
```

图 4.35　页面布局

(6) 页脚布局,添加 HTML 代码:

```
<div id="footer">
        <p>版权归 CSS 学习</p>
        <p>联系方式:12345678@qq.com</p>
</div>
```

CSS 代码如下,效果如图 4.36 所示。

```
#footer{
        text-align:center; background:#68acd3; padding:10px 0;
        font-size:12px; font-family:Arial, Helvetica, sans-serif;
        color:#fff; line-height:20px; }
```

图 4.36　页面布局

(7) 内容左侧部分(#left)布局：主要包括标题和文章内容两块，标题和内容之间有一条虚线，第二篇文章的内容部分是图文混排效果。

标题使用 h1 标签，搜索引擎首先抓取<h1>中的内容提取关键词，这样网站更容易被找到；文章内容放到 p 标签中。HTML 代码：

```
<div id="left">
    <h1>如何学好 CSS! </h1>
    <p>要想学会 CSS,…</p>
    <h1>学习技巧! </h1>
    <p>
        <img src="images/pic.jpg" />好的 CSS 工具…
    </p>
</div>
```

CSS 代码如下，页面效果如图 4.37 所示。

```
#left h1{
    height:40px; font-size:16px; color:#054d73;
    line-height:40px;                    /*设置行距,使 h1 中的文字垂直居中*/
    border-bottom:1px #969696 dashed;    /*设置 h1 的下边框为宽度 1 像素的虚线*/
    margin-bottom:10px;                  /*设置底边距,h1 和与 p 距离 10px*/}
#left p{
    font-size:12px; line-height:20px; text-indent:2em; /*首行缩进*/}
```

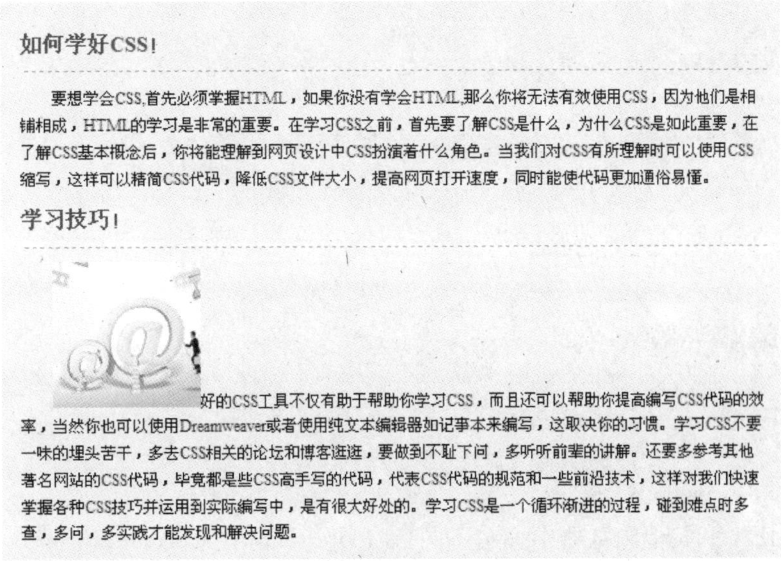

如何学好CSS!

要想学会CSS,首先必须掌握HTML，如果你没有学会HTML,那么你将无法有效使用CSS，因为他们是相辅相成，HTML的学习是非常的重要。在学习CSS之前，首先要了解CSS是什么，为什么CSS是如此重要，在了解CSS基本概念后，你将能理解到网页设计中CSS扮演着什么角色。当我们对CSS有所理解时可以使用CSS缩写，这样可以精简CSS代码，降低CSS文件大小，提高网页打开速度，同时能使代码更加通俗易懂。

学习技巧!

好的CSS工具不仅有助于帮助你学习CSS，而且还可以帮助你提高编写CSS代码的效率，当然你也可以使用Dreamweaver或者使用纯文本编辑器如记事本来编写，这取决你的习惯。学习CSS不要一味的埋头苦干，多去CSS相关的论坛和博客逛逛，要做到不耻下问，多听听前辈的讲解。还要多参考其他著名网站的CSS代码，毕竟都是些CSS高手写的代码，代表CSS代码的规范和一些前沿技术，这样对我们快速掌握各种CSS技巧并运用到实际编写中，是有很大好处的。学习CSS是一个循环渐进的过程，碰到难点时多查，多问，多实践才能发现和解决问题。

图 4.37　#left 部分效果

将图片设为左侧浮动(float:left;)，CSS 代码如下，效果如图 4.38 所示。

```
#left p img{
        float:left;
        margin-right:10px;/*设置图片的右外边距,文字与图片距离10px */}
```

学习技巧!

好的CSS工具不仅有助于帮助你学习CSS，而且还可以帮助你提高编写CSS代码的效率，当然你也可以使用Dreamweaver或者使用纯文本编辑器如记事本来编写，这取决你的习惯。学习CSS不要一味的埋头苦干，多去CSS相关的论坛和博客逛逛，要做到不耻下问，多听听前辈的讲解。还要多参考其他著名网站的CSS代码，毕竟都是些CSS高手写的代码，代表CSS代码的规范和一些前沿技术，这样对我们快速掌握各种CSS技巧并运用到实际编写中，是有很大好处的。学习CSS是一个循环渐进的过程，碰到难点时多查，多问，多实践才能发现和解决问题。

图 4.38 设置图文混排

(8) 内容右侧部分(#right)布局，HTML代码：

```
<div id="right">
        <h1>加入我们! </h1>
        <h5>CSS学习互动QQ群:</h5>
        <table>
                <tr><td>1群:123456</td></tr>
                <tr><td>2群:423456</td></tr>
                <tr><td>3群:723456</td></tr>
                <tr><td>4群:923456</td></tr>
        </table>
        <p>希望…</p>
</div>
```

CSS代码：

```
#right h1{
        height:40px; line-height:40px; font-size:16px; color:#900;
        border-bottom:1px #969696 dashed;/*设置h1的下边框为宽度1像素的虚线*/
        margin-bottom:10px; }
#right table{
        font-size:12px; color:#900;}
#right p{
        font-size:12px; margin-top:10px;}
#right h5{
        margin-bottom:10px;}
```

页面在IE 6和其他浏览器中显示不同，#footer部分在Chrome、FireFox中跑到了页面右侧#right的下方，产生原因是#main没有自动适应其中#left的高度。解决方法是设置#main的CSS属性：

```
#main{
    overflow:hidden;}
```

此时＃footer 部分移动到下方，而由于＃right 的高度 height 属性值比＃left 部分的 height 属性值小，所以在＃right 部分的下面有一块空白，如图 4.39 所示。

图 4.39　页面布局

解决方法是将＃main 的背景颜色设为与＃right 背景颜色相同即可，效果如图 4.40 所示。

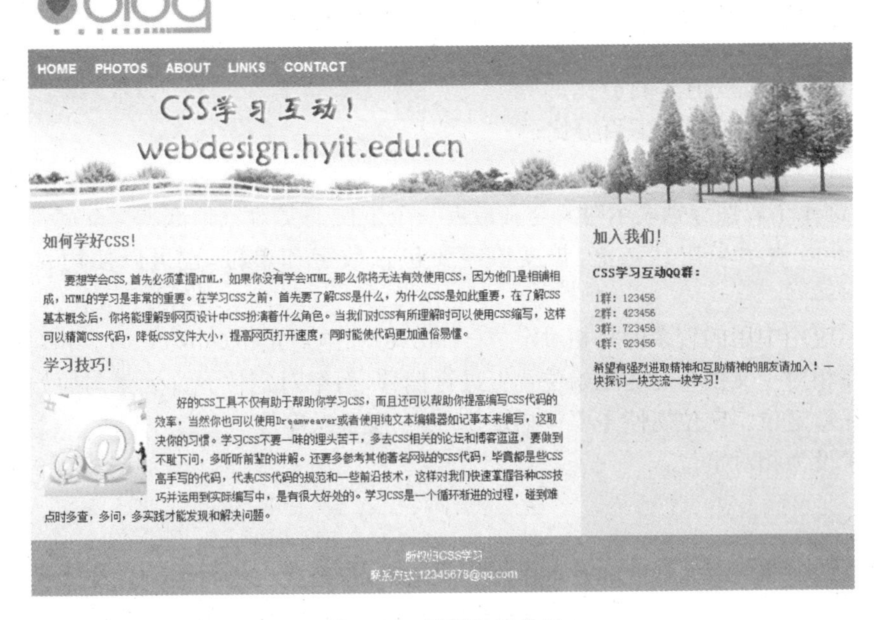

图 4.40　页面最终效果

添加 CSS 代码：

```
#main{
    overflow:hidden; background:#d3e7f2;   /*与#right 部分背景色相同*/}
```

4.4.3 相对定位

使用浮动属性定位只能使元素浮动形成图文混排或块级元素水平排列的效果，其定位功能不够灵活。CSS 具有定位属性，使用定位属性定位能使元素通过设置偏移量定位到页面或其包含框的任何一个地方，这种定位方式更灵活。

为了使元素在定位属性下定位，需要对元素设置定位属性 position，定位属性用于设定浏览器应如何来定位 HTML 元素。

语法：

position:static | absolute | fixed | relative;

position 的取值有四种：

- static:默认值，表示不使用定位属性定位，也就是盒子按照普通流或浮动方式布局。
- relative:表示采用相对定位，对象不可层叠。使用相对定位的盒子的位置定位依据常以标准流的排版方式为基础，依据 left、top、right、bottom 等属性设置在页面中的偏移位置，使盒子相对于它原来的标准位置偏移指定的距离。
- absolute:表示采用绝对定位，要同时使用 left、top、right、bottom 等属性进行绝对定位，而其层叠通过 z-index 属性定义，此时对象不具有边距，但仍有填充和边框。
- fixed:固定定位，与绝对定位类似，总是以浏览器窗口为基准进行定位。fixed 属性不常使用。

元素位置属性(top、right、bottom、left)与定位方式共同设置元素的具体位置。

语法：

top:auto | 长度值 | 百分比;

right:auto | 长度值 | 百分比;

bottom:auto | 长度值 | 百分比;

left:auto | 长度值 | 百分比;

说明:这 4 个属性分别表示对象与其最近一个定位的父对象顶部、右部、底部和左部的相对位置，auto 表示采用默认值，长度值需要包含数字和单位，也可以使用百分数进行设置。

在实际应用中用的较多的是相对定位(relative)和绝对定位(absolute)。相对定位是指允许元素在相对于文档布局的原始位置上进行偏移，而绝对定位允许元素与原始的文档布局分离且任意定位。定位属性主要包括定位方式、层叠顺序等。

若元素设为相对定位：

```
position:relative;
```

它是默认参照父级元素的起始点作为定位基准点，若无父级元素则以文本流的顺序将上一个元素的底部作为原始点，配合 top、right、bottom、left 属性值进行定位。当父级元素内有 padding 等 CSS 属性时，当前元素参照父级元素内容区的起始点为基准进行定位。

因此无论父级存在不存在，无论有没有设定 top、right、bottom、left 属性值，均是以父级元素的左上角进行定位，但是父级的 padding 属性会对其有影响。

如图 4.41 中的盒子#box2 设为相对定位 position: relative；其 top 属性设置为 20px，那么框 2 将相对于原位置向下移动 20px；left 属性设置为 30px，那么框 2 相对于原位置向左移动 30px。

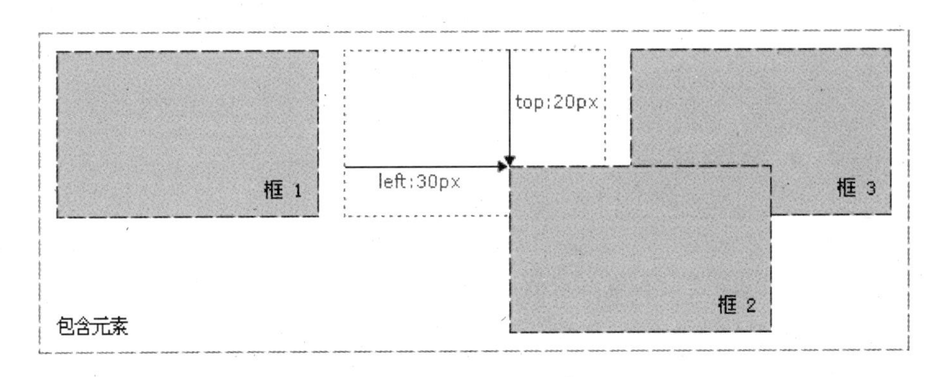

图 4.41　相对定位

```
<style type="text/css">
        #box2{
              position:relative;
              left:30px;
              top:20px; }
        #box1,#box2,#box3{
              float:left;
              border:1px dashed gray;
              padding-left:90px;
              padding-top:70px;
              margin:10px; }
    </style>
```

```
<body>
      <div id="box1">框 1</div>
      <div id="box2">框 2</div>
      <div id="box3">框 3</div>
</body>
```

4.4.4　相对定位的应用

设置元素为相对定位的作用可归纳为两种：

- 使元素相对于它原来的位置发生位移，同时不释放它原来占据的位置，上面的例子即是将某一标记相对于原来位置发生偏移；
- 使元素的子元素以它为定位基准进行定位，同时它的位置保持不变，这时相对定位的元素成为包含框，一般是为了帮助里面的元素进行绝对定位，其应用参见第 3.12.6 节中的举例。

下面的例子实现当鼠标滑过超链接上方时，超链接的位置发生细微的移动，例如向左下偏移。可以在 CSS 中设置超链接元素为相对定位，在 a:hover 中设置偏移属性即可，代码如下：

```
a:hover{
    color:#ff0000;
    position:relative; right:2px;
    top:3px;/*鼠标悬停在元素 a 上时，a 相对于原来位置向左偏移 2px，向下偏移 3px */}
```

4.4.5 绝对定位

设置为相对定位的样式没有脱离普通流。若将元素 CSS 设为绝对定位：

```
position:absolute;
```

默认参照浏览器的左上角，配合 top、right、bottom、left 属性进行定位，有以下特点：

(1) 如果没有设置 top、right、bottom、left 属性，以父级元素的左上角为基准定位；若没有父级元素，则绝对定位的元素参照浏览器左上角定位。

(2) 如果设置了 top、right、bottom、left 属性值，并且父级元素没有设置 position 属性，那么当前元素以浏览器左上角为基准定位，位置由 top、right、bottom、left 决定。

(3) 如果设置了 top、right、bottom、left 属性值，并且父级元素设定了 position 属性(无论是设为 absolute 还是 relative)，则绝对定位的元素以父级元素的左上角为基准进行定位，位置由 top、right、bottom、left 决定。注意：父级元素的 padding 属性对其没有影响。

因此，若需要把一个定位属性为 absolute 的元素定位于其父级元素内，需满足两个条件：设置 top、right、bottom、left 属性；设定其父元素的 position 属性。这样使用 absolue 布局页面不会错位，并且适应浏览器的大小或者分辨率。

绝对定位的元素是以它的包含框为基准进行定位的，包含框是指距离它最近的设置了定位属性的父级元素的盒子。若它的所有父级元素都没有设置定位属性，那么其包含框就是浏览器。

如图 4.42 中的盒子#box2 设为绝对定位 position: absolute;框 2 将以浏览器左上角为基准定位，配合使用偏移属性 top、left 属性进行偏移。

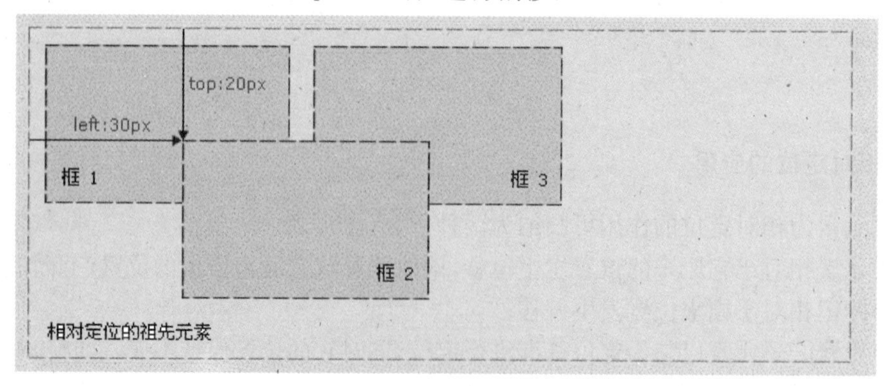

图 4.42 绝对定位

```
<style type="text/css">
    #box2{
        position:absolute;
        left:30px;
        top:20px; }
    #box1,#box2,#box3{
        float:left;
        border:1px dashed gray;
        padding-left:90px;
        padding-top:70px;
        margin:10px;   }
</style>
```

```
<body>
    <div id="box1">框 1</div>
    <div id="box2">框 2</div>
    <div id="box3">框 3</div>
</body>
```

4.4.6　绝对定位的应用

绝对定位的特点是脱离了普通流，所以不占据网页中的位置，而是浮在网页上，利用这个特点，绝对定位可以用来制作漂浮广告、弹出菜单等浮动在网页上的元素。

元素设为相对定位的作用有两点，其中第二点是将包含框即父元素设置为相对定位，是为了帮助里面的元素进行绝对定位。如果希望绝对定位元素以它的父元素为定位基准，需要将其父元素设为相对定位，使它的父元素成为包含框，绝对定位与相对定位配合使用，可以设计用户登录界面、小提示窗口或下拉菜单等。

如果用 position 来布局页面，父级元素的 position 属性最好设为 relative，而定位于父级元素内部某个位置的元素，最好设为 absolute，这样它就不会受父级元素的 padding 属性影响。

【例 4－10】在上例的页面顶部添加一行链接“设为首页 | 加入收藏 | 联系我们”，如图 4.43 所示。

图 4.43　logo 布局

使用 position 布局，父级元素 #logo 的 position 属性设为 relative，右上角的链接放到一个 div 中，position 属性设为 absolute。

HTML 代码：

```
<div id="logo">
    <a href="#" id="logoLink"></a>
    <div id="logoMenu">
        <a href="#">设为首页</a> | <a href="#">加入收藏</a> | <a href="#">联系我们</a>
    </div>
</div>
```

CSS代码：

```
#logo{
    position:relative;/*设置父级元素为相对定位*/}
#logoMenu{
    position:absolute; right:20px; top:10px;
    /*结合 right 与 top 属性设置盒子 logoMenu 为绝对定位 */}
#logoMenu a{text-decoration:none; color:#222299; font-size:12px;}
```

【例 4-11】使用盒子的定位和偏移属性设计登录界面。将两个输入框以父盒子#box为基准进行绝对定位，代码如下，页面显示效果如图 4.44 所示。

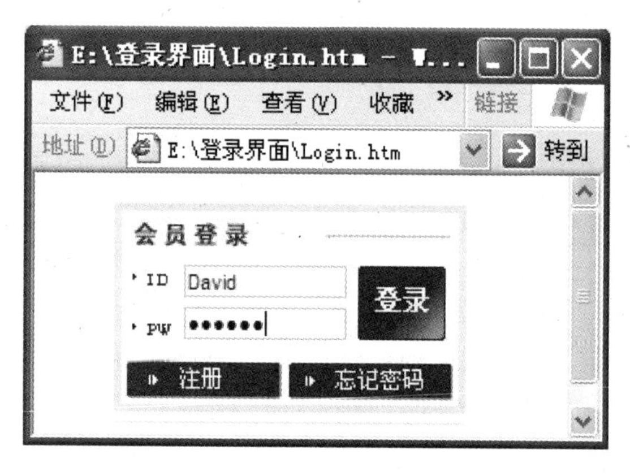

图 4.44　登录界面

```
<style type="text/css">
#box{
    margin:0 auto;
    width:200px;
    position:relative;}
#user{
    position:absolute;
    width:84px;
    height:13px;
    left:39px;
    top:34px;
```

```
        border:0;
        font-size:11px;}
#pass{
        position:absolute;
        width:84px;
        height:13px;
        left:39px;
        top:56px;
        border:0;
        font-size:11px;}
</style>
```

```
<body>
    <div id="box">
        <img src="images/bg.jpg" alt="" />
        <input type="text" id="user" />
        <input type="password" id="pass" />
    </div>
</body>
```

总结:如果使用 position 布局页面,父级元素的 position 属性一般设为 relative,而定位于父级内部某个位置的元素,最好设为 absolute,这样子元素将不受父级元素的 padding 属性影响。但是定位(position)有一个缺点,不会自适应内部元素的高度,所以布局页面时,如果某个或者某些模块高度不变,就可以用定位。建议以 float 定位为主,position 定位为辅。

【例 4 - 12】使用盒子的定位和偏移属性制作小提示窗口,如图 4.45 所示,鼠标在"Ajax"上悬停则标记 a 中的 p 标记以待解释的文字"Ajax"为基准定位显示(在 IE7 及以上浏览器中查看效果),代码如下:

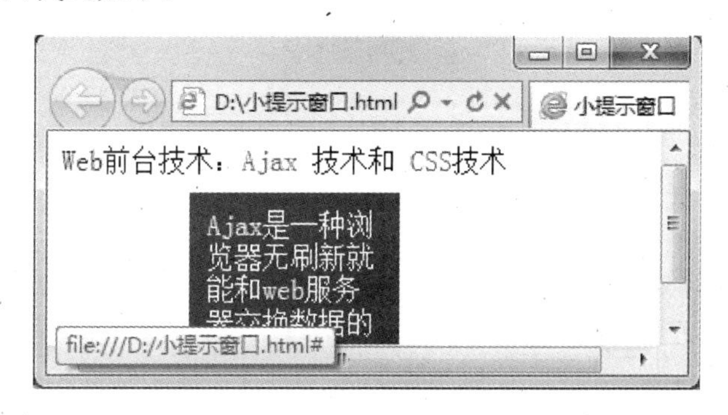

图 4.45　小提示窗口

```
<style type="text/css">
    a.tip{
        color:red;
        text-decoration:none;
```

```
        position:relative;              /* 设置待解释的文字为定位基准 */}
    a.tip p{
        display:none;}                  /* 默认状态下隐藏小提示窗口 */
    a.tip:hover .popbox {
        display:block;                  /* 当鼠标滑过时显示小提示窗口 */
        position:absolute;
        top:10px;
        left:-30px;
        width:100px;                    /* 以上三条设置小提示窗口的显示位置及大小 */
        background-color:#424242;
        color:#fff;
        padding:10px;}
</style>

<body>
    <div>Web前台技术:
        <a href="#" class="tip">
            Ajax<p class="popbox">
                Ajax是一种浏览器无刷新就能和web服务器交换数据的技术
                </p>
        </a>
        技术和
        <a href="#" class="tip">
            CSS<p class="popbox">Cascading Style Sheets 层叠样式表
                </p>
        </a>技术
    </div>
</body>
```

z-index属性:

z-index属性用于设定层的先后顺序和覆盖关系。z-index值高的层覆盖z-index值低的层。

语法:

z-index: auto | 数字;

说明:z-index值高的层覆盖z-index值低的层。

z-index的默认值为0,当两个盒子的z-index值一样时,则保持原来的高低覆盖关系。

z-index属性和偏移属性一样,只对设置了定位属性(position属性值为relative或absolute或fixed)的元素有效。

【例4-13】前面介绍了纵向与水平导航栏的设计,而多级导航栏占用空间小,使用更为广泛,如图4.46所示。本例介绍横向导航的二级菜单,4.4.2节中用图片为背景的横向导航实例进行修改。

图 4.46　横向二级菜单

首先在 HTML 代码中增加二级菜单的代码，页面效果如图 4.47 所示。

```
<div id="nav">
    <ul>
        <li><a href="#" id="current">首页</a></li>
        <li><a href="#">Web 概述</a></li>
        <li><a href="#">XHTML</a>
            <ul>
                <li><a href="#">简介</a></li>
                <li><a href="#">HTML 标记</a></li>
            </ul>
        </li>
        <li><a href="#">CSS</a>
            <ul>
                <li><a href="#">CSS 选择器</a></li>
                <li><a href="#">CSS 定位</a></li>
            </ul>
        </li>
        <li><a href="#">jQuery</a></li>
        <li><a href="#">综合应用</a></li>
    </ul>
</div>
```

图 4.47　添加二级菜单

两个二级菜单继承了一级菜单的背景及浮动，因此将二级菜单的背景和浮动清除，增加以下 css 代码：

```
#menu ul li ul li{
        float:none;}
#menu ul li ul li a{
        background:none;}
```

页面效果如图 4.48 所示，鼠标悬停时还继承了一级菜单的样式，因此修改鼠标悬停在二级菜单的效果为黑色背景白色文字，同时添加下拉菜单的灰色边框、灰色背景，修改并增加如下代码：

图 4.48 去除二级菜单背景

```
#nav ul li ul{
        border:1px solid #ccc;    /* 设置二级菜单的灰色边框 */}
#nav ul li ul li{
        float:none;
        width:85px; /* 设置下拉菜单的宽度与一级菜单宽度相同,85px 加上第一行上设置的边框左右各 1px 后刚好是 87px,与一级菜单宽度相同 */
        background:#eee;
        margin:0;                 /* 清除继承一级菜单中 margin-left:2px */}
#nav ul li ul li a{
        background:none;}
#nav ul li ul li a:hover{
        background:#333; color:#fff;    /* 设置鼠标划过时的样式 */}
```

再预览时基本的样式已实现了，如图 4.49 所示。

图 4.49 设置二级菜单

下一步是将二级菜单隐藏，当鼠标划过时才显示，增加如下代码即可实现如图 4.46 所示的效果。

```
#nav ul li ul{
    display:none; border:1px solid #ccc;}
#nav ul li:hover ul{ /* 定义当鼠标划过 ul 中的 li 时,li 中 ul 显示 */
    display:block;}
```

另外,若当前导航下有页面内容,二级菜单为显示时将出现问题,所以需要设置二级菜单为绝对定位,它将脱离原来的文档流,不再占据空间,即添加如下代码:

```
#nav ul li ul{
    position:absolute; display:none; border:1px solid #ccc;}
```

提示:目前 IE 6 只支持 a 的伪类,其他标签的伪类不支持,所以要想在 IE 6 下也正常显示二级菜单,需要借助 js 语句来实现,因此本例使用 IE 9 实现。

总结:网页布局最重要是要符合用户体验,网页要简单大方、用户浏览顺畅、打开网页能快速找到需要的内容(内容直观图文详细介绍展现、细节展示描述也很重要)。同时后期不断调整细节,网页特效的选择、特效多少也会影响用户体验。

4.5　CSS 页面布局实例

【例 4 - 14】使用 CSS 布局科技公司主页,页面显示效果如图 4.50 所示。

图 4.50　科技公司主页

(1) 首先确定页面的总体结构,HTML 代码:

```
<body>
    <div id="header"></div>
    <div id="main">
        <div id="left"></div>
        <div id="center"></div>
        <div id="right"></div>
    </div>
    <div id="footer"></div>
</body>
```

CSS 代码:

```
*{
    padding:0;margin:0;}
img{
    border:none;}                         /*设置所有图片没有边框*/
#header,#main,#footer{
    width:1024px; margin:0 auto;          /*设置三个 div 在页面居中*/}
#left,#center,#right{
    float:left;                           /*设置三个 div 在浏览器中水平排列*/}
#left{
    width:191px;                          /*设置盒子的宽度*/
    position:relative;                    /*设为相对定位,便于盒子内部元素的定位。*/}
#right{
    width:295px; position:relative;}
#left,#center{
    margin-right:20px;                    /*设置盒子之间的距离*/}
#main{
    margin-top:10px;}
```

(2) 使用 a 标记设计头部导航菜单,HTML 代码:

```
<div id="header">
    <img src="images/logo.gif" alt="" />
    <img src="images/menu.jpg" alt="" />
    <div id="nav">
        <a href="#">首页</a>  <a href="#">E-mail</a>
        <a href="#">联系我们</a>  <a href="#">站点地图</a>
        <input type="text" id="search"  />  <a href="#">搜索</a>
    </div>
</div>
```

CSS 代码:

```
#header{
    position:relative;}
#nav{ /* 设置#nav 相当于#header 定位 */
    position:absolute; right:70px; top:15px;}
#nav a{
    color:#000; text-decoration:none;}
#nav a:hover{
    color:#334499; text-decoration:underline;}
```

(3) #left 盒子中会员 ID 和密码输入框的定位方法参见第 3.12.6 节中的【例 3-35】。

(4) #mid 盒子中使用 img 显示图片。

```
<div id="mid">
    <img src="images/center.gif" alt="" />
</div>
```

(5) #right 盒子中主要考虑滚动标记 marquee 以盒子#right 为定位基准，HTML 代码：

```
<div id="right">
    <img src="images/right.jpg" alt="" />
    <div id="mar">
        <marquee direction="up" onMouseOver="stop()" scrolldelay="392" style="font-size:
18px;" height="169" onMouseOut="start()">
            <ul>
                <li>干部任职前公示 </li>
                ……
            </ul>
        </marquee>
    </div>
    <img src="images/right1.jpg" alt="" />
    ……
</div>
```

CSS 代码：

```
#mar{  /* 设置#nav 相当于#right 定位 */
    position:absolute; top:34px; left:30px;}
#mar li{
    list-style-type:none;}
```

(6) 添加页脚#footer 中的内容。

此时页面布局已经完成，但是若在内容部分的父级元素#main 的 CSS 设置中添加如下语句：

```
#main{
    margin-top:10px;
    border:1px solid #f00; /*设置#main有1px的红色边框*/}
```

在浏览器中效果如图4.51所示，#main的高度为0，在页面中只显示为2px的红色线条，这是由于#main内部有三个div，分别是#left、#center和#right，而为了使这三个盒子水平排列，设置三个盒子都浮动，从而都脱离了普通流，导致父元素的高度不会自动伸展。

图4.51　页面布局

解决上述问题的方法一般有两种：一是在第4.4.1节中所介绍的，若一个盒子内有浮动的盒子，可以在浮动元素后面增加一个清除浮动的空元素，从而把外围盒子撑开。将盒子#footer置于#main内部，并设置其清除浮动即可。

```
<body>
    <div id="header"></div>
    <div id="main">
        <div id="left"></div>
        <div id="center"></div>
        <div id="right"></div>
        <div id="footer"></div>
    </div>
</body>
```

另外一种方法是设置overflow属性。

① overflow 属性的基本功能是设置元素盒子中的内容。如果内容溢出，那么是否显示。其取值有：

visible(可见)：默认值，内容不被隐藏，显示在元素框之外；

hidden(隐藏)：超出元素框之外的内容不可见；

scroll(出现滚动条)：超出元素框之外的内容不可见，但浏览器会显示滚动条以便查看其余的内容；

auto(自动)：如果内容不可见，浏览器会显示滚动条以便查看其余的内容。

② overflow 属性的另一种功能是用于代替清除浮动的元素

如果父元素中的子元素都设置为浮动，子元素脱离了普通流，导致父元素的高度不会自动伸展包住子元素，可以在这些浮动的子元素后面添加一个清除浮动的元素，把外围盒子撑开。

通过对父元素设置 overflow 属性也可以扩展外围盒子的高度，从而代替清除浮动元素的作用。那么，本例中要扩展 #main 的高度，只需添加如下 CSS 代码：

```
#main{
    margin-top:10px;
    border:1px solid #f00; /*设置#main有1px的红色边框*/
    overflow:auto; }
```

【例 4－15】使用 CSS 布局学校财务处主页，页面显示效果如图 4.52 所示。

图 4.52　学校财务网站主页

(1) 页面布局之前，首先确定页面的总体结构。

```
<div id="header"></div>
<div id="nav"></div>
<div id="main">
        <div id="left"></div>
        <div id="center"></div>
        <div id="right"></div>
        <div id="footer"></div>
</div>
```

CSS代码：

设置该盒子的margin以及width属性使页面整体居中。

```
*{
    padding:0; margin:0;                    /*考虑页面在浏览器的兼容性,添加标记重置代码*/
    font-size:12px;}
img{
    border:none;}                           /*设置所有图片没有边框*/
#header,#nav,#main{
    margin:0 auto; width:1024px;            /*设置盒子居中*/}
#main{
    margin-top:2px;}
#left,#center,#right{
    float:left;                             /*设置三个盒子水平排列*/
#center{
    width:440px; margin-left:18px; margin-right:14px;}
#footer{
    clear:both;                             /*设置页脚元素清除浮动,撑开父盒子#main*/}
```

(2) 在#header中显示logo图片及swf格式的透明动画效果。在#header中显示图片有两种方法,一种是添加img标记,另外一种是为#header设置背景图片。使用<embed></embed>标记添加swf透明动画,HTML代码：

```
<div id="header">
    <embed src="images/logo.swf" width="480" height="111" align="right" wmode="
transparent" id="sw"></embed>
</div>
```

CSS代码：

```
#header{
    background:url(../images/logo.jpg); height:114px;    /*设置#header背景*/
    position:relative;    /*设为相对定位,便于内部swf相对于#header定位*/}
#sw{
    position:absolute; right:5px; top:2px;    /*以#header为基准绝对定位*/}
```

(3) 设置网站导航。设置导航的背景如图4.53所示,再设置#menu,以#nav为基准定位。菜单的设计参见第 4.4.2 节。

图 4.53　导航背景“menu_bg.jpg”

添加 HTML 代码：

```
<div id="nav">
    <div id="menu">
        <ul>
            <li><a href="#">首页</a></li>
            <li><a href="#">部门设置</a></li>
            …
        </ul>
    </div>
</div>
```

CSS 代码：

```
#nav{
    background:url(../images/menu_bg.jpg) no-repeat center;
    /*设置导航的背景*/
    height:40px;
    position:relative; /*设为相对定位,便于内部列表相对于#nav定位*/}
#menu{
    position:absolute; left:115px; top:9px;}
#nav ul{
    list-style:none;}
#nav li{
    float:left; margin-right:36px;}
#nav a{
    color:#fff; font-weight:bold; font-size:16px;}
#nav a:hover{
    color:#333; text-decoration:none;}
```

(4) 设计#left 部分，HTML 代码：

```
<div id="left">
    <div id="cPath">当前位置:<a href="#">首页></a></div>
    <div id="left_notice">
        公告         
        <a href="#">>>更多</a>
    </div>
    <div id="mar">
```

```
            <marquee onmouseover="stop()" onmouseout="start()" scrollamount="1" scrolldelay
="2" behavior="scroll" direction="up" height="140">
                <ul>
                    <li><a href="#">干部任职前公示</a></li>
                    ...
                </ul>
            </marquee>
        </div>
        <div id="left_image">
            <img src="images/left1.gif" />
            <img src="images/left2.gif" />
            <img src="images/left3.gif" />
            <img src="images/left4.gif" />
            <img src="images/left5.gif" />
        </div>
</div>
```

CSS 代码：

```
#left{
    background:url(../images/news_bg.jpg) no-repeat 0px 14px;
    /*设置#left 的背景如图 4.54,并设置其显示位置*/
    margin-left:20px; width:250px; height:480px;
    position:relative; /*设为相对定位,便于内部元素的定位*/}
#left #left_notice{
    position:absolute; left:50px; top:30px;
    color:#334499; font-weight:bold; font-size:16px;}
#mar{    /*设置#mar 相当于父元素#left 定位*/
    position:absolute; top:62px; left:24px;}
#mar li{
    line-height:20px;}
#left #left_image{
    position:absolute; left:1px; top:220px;}
```

图 4.54　公告背景"news_bg.jpg"

(5) 设计#center部分，由上下两个div构成：#news和#info。

#news部分使用表格(table)设计，#info部分使用无序列表(ul)设计。HTML代码：

```
<div id="center">
    <div id="news">
        <div id="news_title">
            <a href="#">通知/新闻</a>
        </div>
        <table id="news_table">
            <tr>
                <td>
                    <a href="#">关于启用财务预算管理系统用户名和密码的通知</a>
                </td>
                <td>2014-03-12</td>
            </tr>
            ...
        </table>
    </div>
    <div id="info">
        <div id="info_title">
            <a href="#">服务指南</a>
        </div>
        <ul id="info_ul">
            <li><a href="#">关于财务信息查询方式及有关服务的提醒</a></li>
            ...
        </ul>
    </div>
</div>
```

CSS代码：

```
#news, #info{
    background:url(../images/news.jpg) no-repeat; height:240px;
    /*设置#news,#info的背景,如图4.55所示*/
    position:relative; /*设为相对定位*/}
#news_title, #info_title{
    position:absolute; left:34px; top:9px;}
#news_title a, #info_title a{
    font-weight:bold;}
#news_table, #info_ul{
    position:absolute; left:14px; top:30px; width:405px;}
#news table td, #info table td, #info_ul li{
    padding:6px;
    border-bottom:1px dashed #999;
```

```
    /* 设置表格单元格 td 及列表项 li 下边框为虚线 */}
#info #info_ul li{
    list-style:inside; /* 设置列表项标记靠内侧显示 */}
a:hover{
    color:#035db3; text-decoration:underline;}
a{
    color:#333; text-decoration:none;}
```

图 4.55　新闻背景"news.jpg"

(6) 设计#right 部分,HTML 代码:

```
<div id="right">
  <img src="images/right1.gif" />
  <img src="images/right2.gif" />
  <img src="images/right3.gif" />
  <img src="images/right4.gif" />
  <img src="images/right5.gif" />
  <div id="right_link">
      <div id="right_sel">
          <select>
              <option value ="1">========党政管理部门========</option>
              <option value ="2">院办</option>
              <option value="3">组织部</option>
          </select>
          <select>
              <option value ="1">========教育教学单位========</option>
              <option value ="2">计算机工程学院</option>
          </select>
          <select>
              <option value ="1">==========校外链接==========</
option>
              <option value ="2">江苏省财政厅</option>
          </select>
      </div>
  </div>
</div>
```

CSS 代码:

```
#right{
    width:260px; margin-top:18px;}
#right img{
```

```
    margin-bottom:10px; /* 设置图片之间有一定的距离 */}
#right #right_link{
    background:url(../images/right_bg.jpg) no-repeat;
    /* 设置背景如图 4.56 所示 */
    position:relative; height:140px;}
#right_link #right_sel{
    position:absolute; left:20px; top:40px;}
#right_link #right_sel select{
    width:200px;
    margin-bottom:10px; /* 设置下拉列表框之间的距离 */}
```

图 4.56　链接背景“right_bg.jpg”

(7) 设计#footer 部分,HTML 代码:

```
<div id="footer">
    <p>Copyright &copy; 财务处 All Rights Reserved</p>
</div>
```

CSS 代码:

```
#footer p{
    text-align:center;}
```

【例 4-16】如图 4.52 所示,设置“通知/新闻”等公告信息为后台动态添加的信息。

Repeater 控件是一个容器控件,可用于从网页的任何可用数据中创建自定义列表。适用于在网页中显示新闻。

Repeater 控件没有自己内置的呈现功能,用户必须通过创建模板来提供 Repeater 控件的布局。当网页运行时,Repeater 控件会循环通过数据源中的记录,并为每个记录呈现一个项。

在网页中的“通知/新闻”下方添加一个 Repeater 控件和一个数据源控件 SqlDataSource,如图 4.57 所示。

在设计视图中,单击数据源控件 SqlDataSource1 的智能标记,配置其数据源为 News 表,如图 4.58 所示,代码如下:

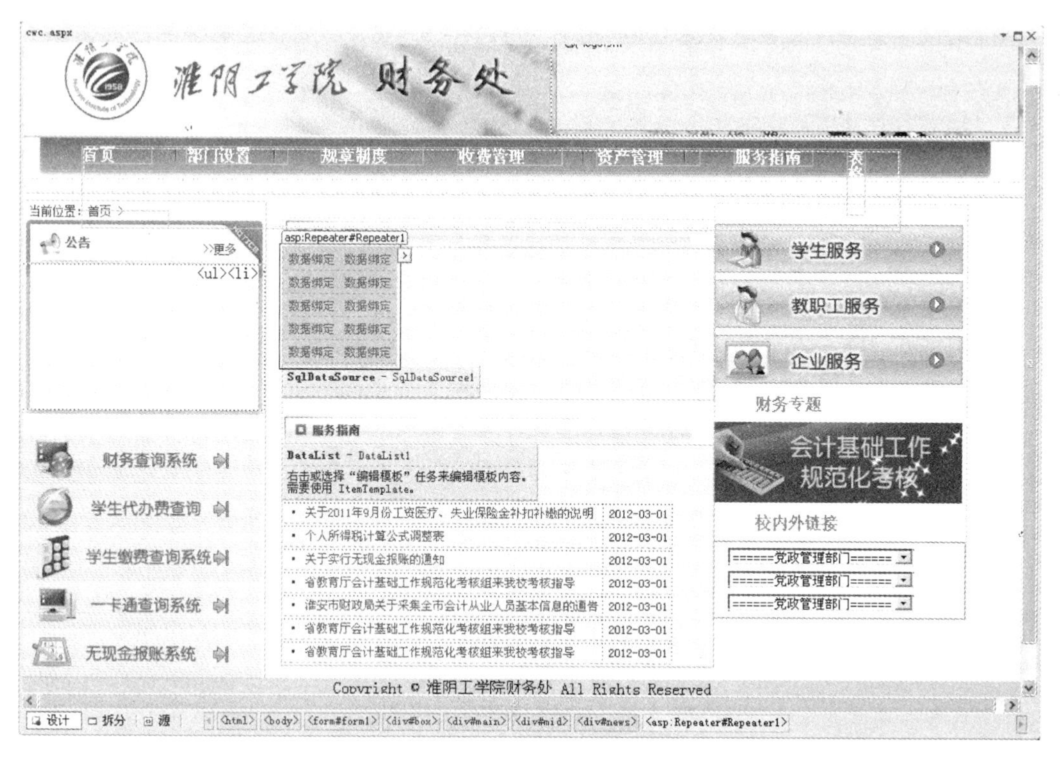

图 4.57　页面设计视图

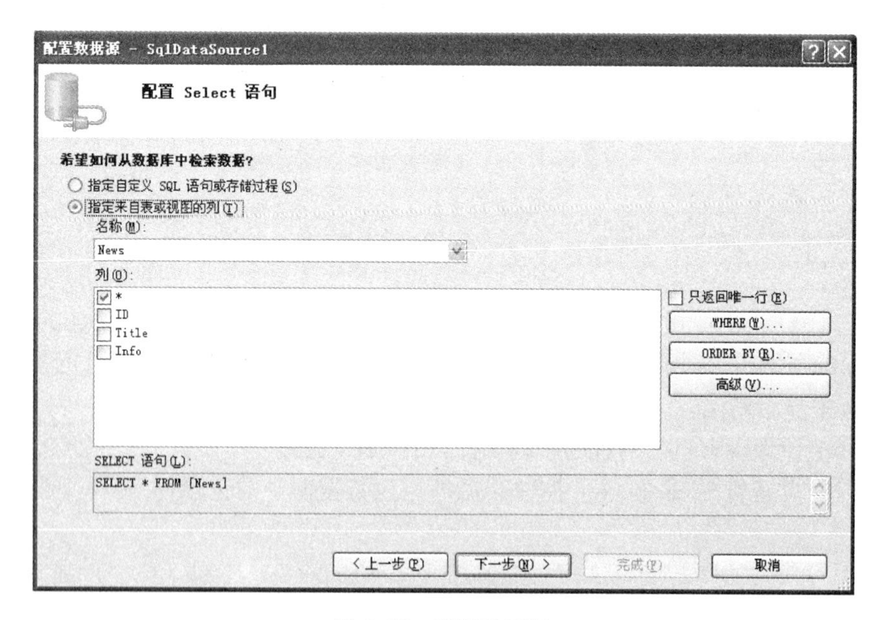

图 4.58　配置数据源

```
<asp:SqlDataSource ID="SqlDataSource1" runat="server"
        ConnectionString="<%$ ConnectionStrings:ConnectionString %>"
        SelectCommand="SELECT * FROM [News]"
        onselecting="SqlDataSource1_Selecting"></asp:SqlDataSource>
```

表 News 的定义如图 4.59 所示。其中，Title 表示新闻的标题，Info 表示新闻的内容，Date 表示新闻发布的日期。

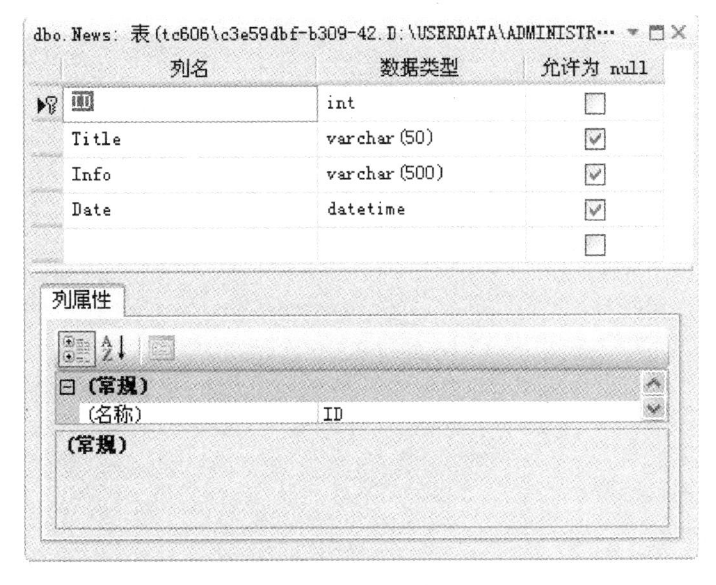

图 4.59　新闻表的定义

再将 Repeater 控件绑定到数据源控件 SqlDataSource1，如图 4.60 所示。

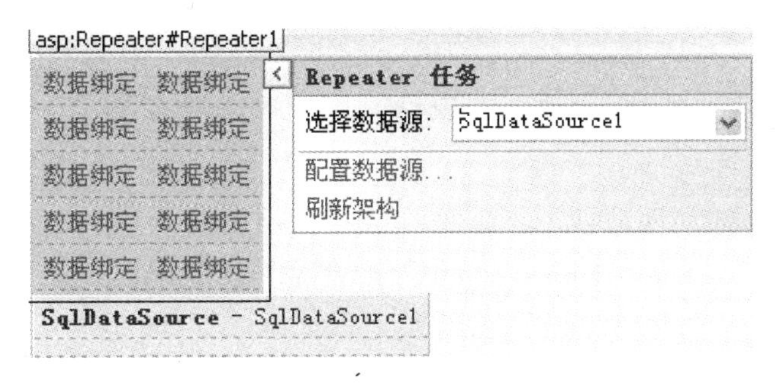

图 4.60　设置数据源

使用 Repeater 控件需要创建模板来定义该控件的内容布局，模板可以包含标记和控件的任意组合。如果未定义模板，或者如果所有模板都不包含元素，则当应用程序运行时，该控件不会显示在网页上。

下面是 Repeater 控件支持的 Repeater 模板：

ItemTemplate：包含要逐一呈现给数据源中的每个数据项的 HTML 元素和控件。

AlternatingItemTemplate：包含要逐一呈现给数据源中的其他每个数据项的 HTML 元素和控件。通常，可以使用此模板来为替代项创建不同的外观。例如指定一种不同于 ItemTemplate 中所指定颜色的背景色。

HeaderTemplate 和 FooterTemplate：包含分别呈现在列表的开始和结束处的文本和控件。

SeparatorTemplate：包含呈现在每项之间的元素。典型的示例是一条直线(使用 HR 标记)。

下面的代码使用 Repeater 控件显示 News 表中的新闻标题及日期，页面运行效果如图 4.52 所示。

```
<div id="news">
    <asp:Repeater ID="Repeater1" runat="server" DataSourceID="SqlDataSource1">
        <HeaderTemplate>
          <table>
        </HeaderTemplate>
        <ItemTemplate>
          <tr>
            <td><a href="#"><%# DataBinder.Eval(Container.DataItem, "Title")%>
</a></td>
            <td><a href="#"><%# DataBinder.Eval(Container.DataItem, "Date")%>
</a></td>
          </tr>
        </ItemTemplate>
        <FooterTemplate>
          </table>
        </FooterTemplate>
    </asp:Repeater>
    <asp:SqlDataSource ID="SqlDataSource1" runat="server"
                ConnectionString="<%$ ConnectionStrings:ConnectionString %>"
                SelectCommand="SELECT * FROM [News]"></asp:SqlDataSource>
</div>
```

4.6 母版页布局页面

使用母版页可以方便快捷地建立统一风格的网站，容易管理和维护，大大提高设计效率。本节主要介绍母版页的创建和使用母版页建立内容页的方法。

使用 Visual Studio 中的母版页为网页定义所需的外观和行为，在母版页的基础上创建要包含显示内容的各个内容页。当用户请求内容页时，内容页与母版页合并，母版页的布局与内容页的内容组合在一起输出。

使用母版页布局有以下优点：

(1) 若要修改所有网页的通用功能，只需要修改母版页。

(2) 使用母版页可以方便地创建一组控件和代码，并应用于一组网页。例如，可以在母版页中创建一个应用于所有网页的导航栏、公司、单位的 Logo 等。

母版页中可以包含一个或多个可替换内容的占位符控件 ContentPlaceHolder，在内容页中定义可替换的内容，这些内容呈现在占位符控件定义的区域中。

下面的例子将创建一个母版页和基于母版页的内容页。母版页文件的扩展名是.master，在 Visual Studio 的解决方案资源管理器中，右击网站名，在弹出的快捷菜单中选择“添加新项”命令，选择“母版页”，如图 4.61 所示。

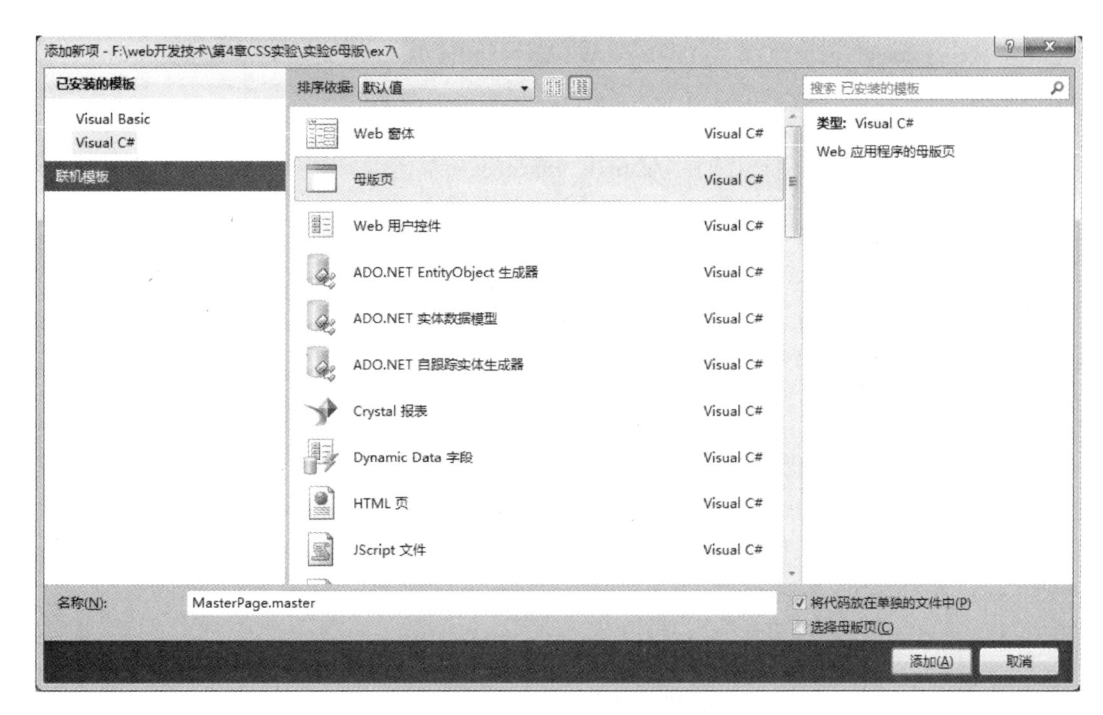

图 4.61　添加母版页对话框

单击"添加"按钮后，母版页 MasterPage. master 中的代码如下：

```
<%@ Master Language="C#" AutoEventWireup="true" CodeFile="MasterPage.master.cs"
Inherits="MasterPage" %>
<! DOCTYPE html PUBLIC "-//W3C//DTD XHTML 1.0 Transitional//EN"
"http://www.w3.org/TR/xhtml1/DTD/xhtml1-transitional.dtd">
<html xmlns="http://www.w3.org/1999/xhtml">
    <head runat="server">
        <title></title>
        <asp:ContentPlaceHolder id="head" runat="server">
        </asp:ContentPlaceHolder>
    </head>
    <body>
        <form id="form1" runat="server">
            <div>
                <asp:ContentPlaceHolder id="ContentPlaceHolder1" runat="server">
                </asp:ContentPlaceHolder>
            </div>
        </form>
    </body>
</html>
```

在<asp:ContentPlaceHolder>标记对的外部添加网站统一的布局内容，例如，添加如下代码用于布局常见的页面，母版页设计界面如图 4.62 所示。

```
<%@ Master Language="C#" AutoEventWireup="true" CodeFile="MasterPage.master.cs"
Inherits="MasterPage" %>
<!DOCTYPE html PUBLIC "-//W3C//DTD XHTML 1.0 Transitional//EN"
"http://www.w3.org/TR/xhtml1/DTD/xhtml1-transitional.dtd">
<html xmlns="http://www.w3.org/1999/xhtml">
    <head runat="server">
        <title></title>
        <asp:ContentPlaceHolder id="head" runat="server">
        </asp:ContentPlaceHolder>
    </head>
    <body>
        <form id="form1" runat="server">
            <div id="header">
                页面顶部:包含网站 Logo、搜索入口、登录入口、站点导航栏等信息
            </div>
            <div id="main">
                <asp:ContentPlaceHolder id="ContentPlaceHolder1" runat="server">
                </asp:ContentPlaceHolder>
            </div>
            <div id="footer">
                页面底部:版权等信息
            </div>
        </form>
    </body>
</html>
```

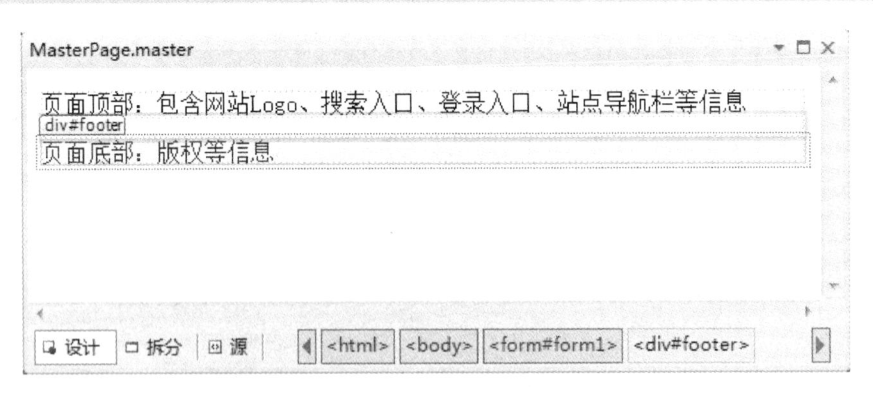

图 4.62　母版页设计界面

而要显示不同网页的内容需要创建不同的内容页。右击网站，在弹出的快捷菜单中选择“添加新项”命令，弹出如图 4.63 所示的对话框，选择“Web 窗体”，重命名为“contentPage.aspx”，在对话框右下角处选中“选择母版页”复选框。

图 4.63　添加内容页

单击图 4.59 中的"添加"按钮，则弹出如图 4.64 所示的"选择母版页"对话框，选择前面创建的母版"MasterPage.master"，再单击"确定"按钮。

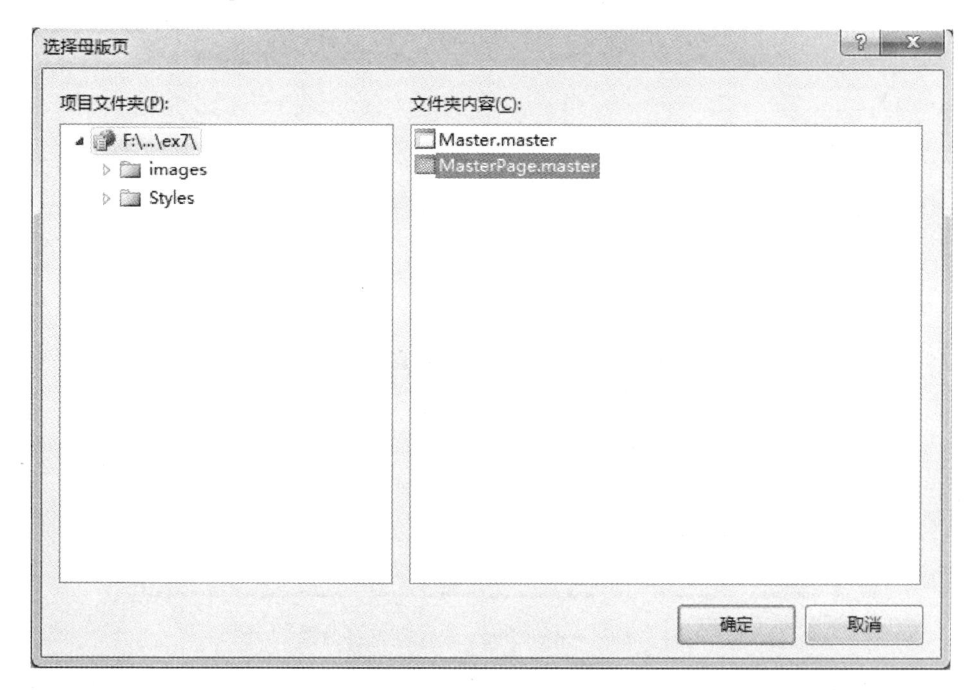

图 4.64　"选择母版页"对话框

创建的内容页面 contentPage.aspx 的设计界面如图 4.65 所示，其中包含了在母版页

MasterPage. master 中定义的用于统一网页布局的信息。这些信息呈现灰色，不能修改，只有占位符 ContentPlaceHolder 所在的区域可以修改。根据不同网页显示内容的不同添加控件或文本到 ContentPlaceHolder 中。

contentPage. aspx 页面在浏览器中的运行效果如图 4. 66 所示。内容页中代码如下：

```
<%@ Page Title="" Language="C#" MasterPageFile="~/MasterPage.master" AutoEventWireup
="true"
CodeFile="contentPage.aspx.cs" Inherits="contentPage" %>
<asp:Content ID="Content1" ContentPlaceHolderID="head" Runat="Server">
<%--此处书写内容页的 CSS 样式代码或添加样式的链接，例如<link href="Styles/StyleSheet.
css" rel="stylesheet" type="text/css" />--%>
</asp:Content>
<asp:Content ID="Content2" ContentPlaceHolderID="ContentPlaceHolder1" Runat="Server">
    <div>添加内容页的内容</div>
</asp:Content>
```

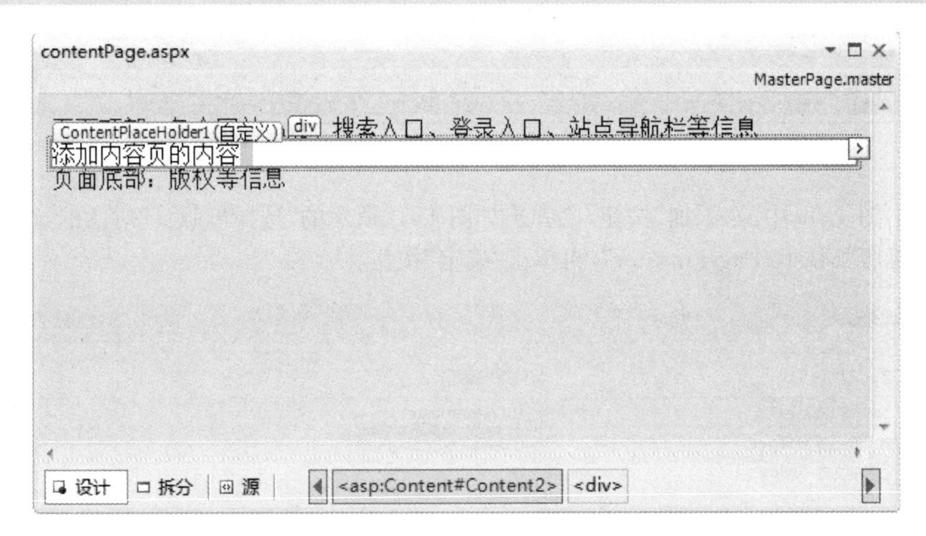

图 4. 65　内容页设计界面

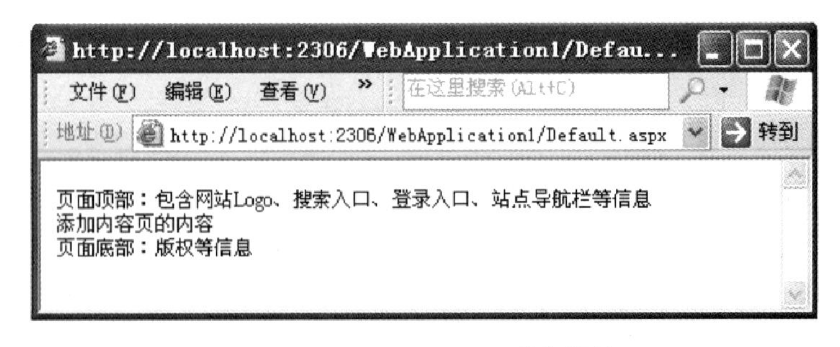

图 4. 66　contentPage. aspx 浏览器效果

例如，可以将【例 4 - 14】中的#header、#left 及#footer 部分设置为在母版页中显示，#center 及#right 中的内容在内容页中显示，单击#left 中的图片 笔记本电脑 ，则显示如

图 4.67 所示页面。其中，跳转到另外一个页面时，母版页中的内容不变，内容页的显示内容可以改变。

图 4.67　内容页 sub.aspx

其中，母版页中的部分代码如下：

```
<body>
    <form id="form1" runat="server">
    <div id="box">
        <div id="header">
            ...
        </div>
        <div id="main">
            <div id="left">
                <img src="images/left1.jpg" alt="" />
                <asp:TextBox ID="txtUser" runat="server"></asp:TextBox>
                ...
            </div>
            <div id="right">
                <asp:ContentPlaceHolder ID="ContentPlaceHolder1" runat="server">
                       <%-- 此处为内容页的占位符，此处不写任何代码。--%>
```

```
                </asp:ContentPlaceHolder>
            </div>
            <div id="footer">
                <img src="images/bottom.gif" alt="" />
            </div>
        </div>
    </div>
</form>
```

4.7　用户控件

在网页中可以根据需要创建重复使用的自定义控件，称为用户控件。在网站设计中，有时可能需要实现内置控件未提供的功能，有时可能需要提取多个网页中相同的用户界面来统一网页显示风格。在这些情况下，可以创建用户自己的控件。

用户控件文件与.aspx 文件类似，同时具有用户界面页和代码。可以采取与创建 ASP.NET 网页类似的方式创建用户控件，然后向其中添加所需的控件。

用户控件与 ASP.NET 网页有以下区别：

(1) 用户控件的文件扩展名为.ascx。

(2) 用户控件不能作为独立文件运行，将其添加到 ASP.NET 网页中才可以使用。

(3) 用户控件没有<html>、<body>或<form>元素，这些元素位于宿主网页中。

创建用户控件的方法：右击网站，在弹出的快捷菜单中选择"添加新项"命令，选择"Web 用户控件"模板，如图 4.68 所示，单击"添加"按钮，即可创建一个用户控件。

图 4.68　添加用户控件

在“设计”视图下像普通网页一样添加控件和编写事件代码。本例添加一个 TextBox 和一个 Button 控件。Visual Studio 2010 自动生成的代码如下，用户控件的设计视图如图 4.69 所示。

```
<%@ Control Language="C#" AutoEventWireup="true" CodeFile="WebUserControl.ascx.cs"
Inherits="WebUserControl" %>
    <asp:TextBox ID="TextBox1" runat="server"></asp:TextBox>
    <br />
    <asp:Button ID="Button1" runat="server" Text="确定" />
```

图 4.69　用户控件设计视图

要使用用户控件，就要将其包含在 ASP.NET 网页中。使用用户控件的方法是，先在网站中创建一个 Web 窗体，切换到“设计”视图，如图 4.70 所示。

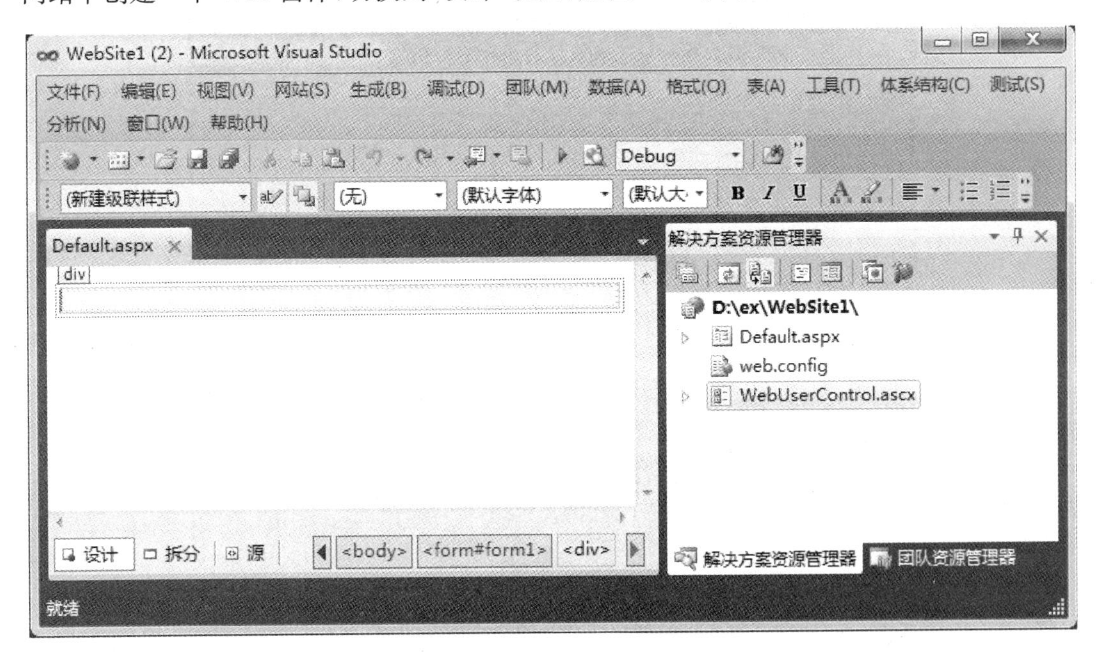

图 4.70　使用用户控件

在“设计”视图中，将用户控件 WebUserControl.ascx 拖拽到页面 Default.aspx 中的 div 中，如图 4.71 所示。

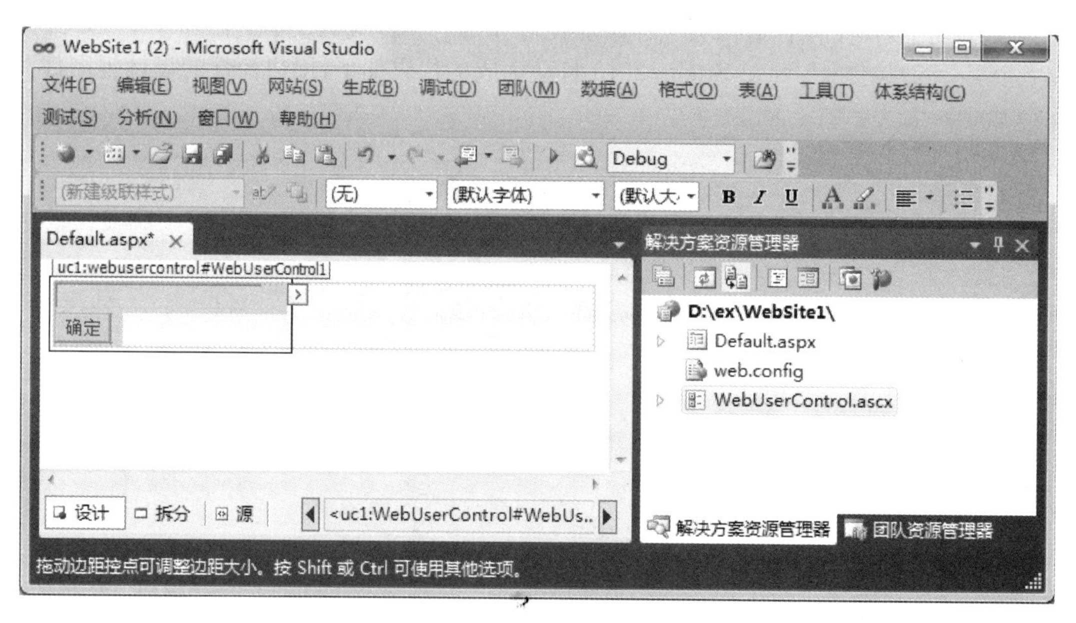

图 4.71　添加用户控件

使用了用户控件的页面 Default. aspx 中的代码如下，页面在浏览器中的运行效果如图 4.72 所示。

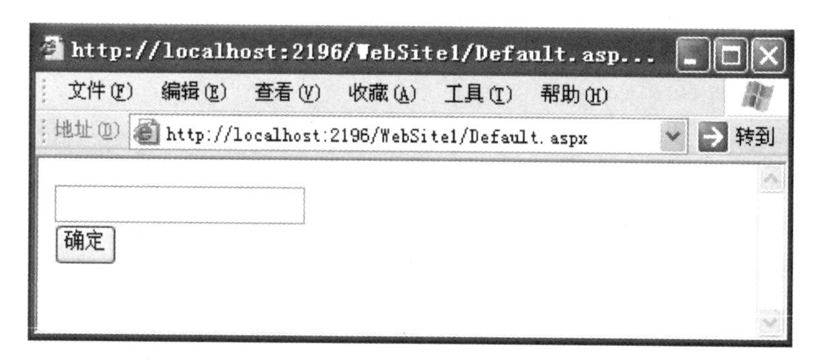

图 4.72　用户控件的使用效果

```
<%@ Page Language="C#" AutoEventWireup="true" CodeFile="Default.aspx.cs" Inherits="_
Default" %>
<%@ Register src="WebUserControl.ascx" tagname="WebUserControl" tagprefix="uc1" %>
<! DOCTYPE html PUBLIC "-//W3C//DTD XHTML 1.0 Transitional//EN"
"http://www.w3.org/TR/xhtml1/DTD/xhtml1-transitional.dtd">
<html xmlns="http://www.w3.org/1999/xhtml">
<head runat="server">
    <title></title>
</head>
<body>
    <form id="form1" runat="server">
    <div>
```

```
        <uc1:WebUserControl ID="WebUserControl1" runat="server" />
    </div>
    </form>
</body>
</html>
```

4.8　网站导航

在包含大量网页的网站中，要实现用户随意在网页之间进行切换的导航系统有些难度。ASP. NET 中的网站导航控件可以创建网站地图，使网站的导航管理变得简单。

要使用网站导航，就需要建立网站地图文件。在解决方案资源管理器中，右击网站名，在弹出的快捷菜单中选择“添加新项”命令，打开“添加新项”对话框，如图 4.73 所示。新项目的名称确定为“Web. sitemap”，不能修改。要使用网站地图必须包含 Web. sitemap，并且必须存放在网站的根文件夹下。

图 4.73　添加网站地图界面

在图 4.73 中单击“添加”按钮，在网站根文件夹下添加了网站地图文件 Web. sitemap。Web. sitemap 文件的默认代码如下：

```
<? xml version="1.0" encoding="utf-8" ? >
<siteMap xmlns="http://schemas.microsoft.com/AspNet/SiteMap-File-1.0" >
    <siteMapNode url="" title=""  description="">
        <siteMapNode url="" title=""  description="" />
```

```
        <siteMapNode url="" title=""  description="" />
    </siteMapNode>
</siteMap>
```

Web.sitemap 中根元素<sitemap>包含了<siteMapNode>元素。这些<siteMapNode>元素形成树型文件夹结构,其中第一层<siteMapNode>元素为网站的主页。其常用的属性如下:

title 属性:表示超链接的显示文本;

description 属性:描述超链接的作用,当鼠标指针指向超链接时会给出的提示信息;

url 属性:超链接目标页的地址。

下面的程序代码表示某网站的网站地图,对应的站点导航结构如图 4.74 所示。该站点的树型结构为三层,结构清晰。

```
⊟首页
  ⊟规章制度
      国家、省、市财经政策
      校财务制度
  ⊟服务指南
      学生服务指南
      教职工服务指南
```

图 4.74　站点导航结构图

Web.sitemap 文件中的代码如下:

```
<? xml version="1.0" encoding="utf-8" ? >
<siteMap xmlns="http://schemas.microsoft.com/AspNet/SiteMap-File-1.0" >
    <siteMapNode title="首页" description="首页" url="Default.aspx" >
        <siteMapNode title="规章制度" description="规章制度" url="Rules.aspx">
            <siteMapNode title="国家、省、市财经政策"  description="国家、省、市财经政策"
                    url="Country.aspx" />
            <siteMapNode title="校财务制度"  description="校财务制度"
                    url="School.aspx" />
        </siteMapNode>
        <siteMapNode title="服务指南" description="服务指南" url="Services.aspx">
            <siteMapNode title="学生服务指南" description="学生服务指南"
                    url="Students.aspx" />
            <siteMapNode title="教职工服务指南" description="教职工服务指南"
                    url="Teachers.aspx" />
    </siteMapNode>
   </siteMapNode>
</siteMap>
```

Visual Studio 提供了站点导航功能控件 SiteMapPath 控件,该控件可以自动绑定网站地图文件,不需要使用数据源控件。使用时只需要将 SiteMapPath 控件添加到页面中即可。也可以将 SiteMapPath 控件添加到母版页中。

SiteMapPath 控件的常用属性如下：

PathSeparator：获取或设置一个符号，用于站点导航路径的路径分隔符；

PathDirection：获取或设置导航路径节点的呈现顺序。

参照 Web. sitemap 文件，在网站中添加页面后资源管理器如图 4.75 所示。

图 4.75　网站页面结构

在添加的每个页面中都添加一个 SiteMapPath 控件。例如学生服务指南“Student. aspx”页面在浏览器中的显示效果如图 4.76 所示。其他页面效果类似。

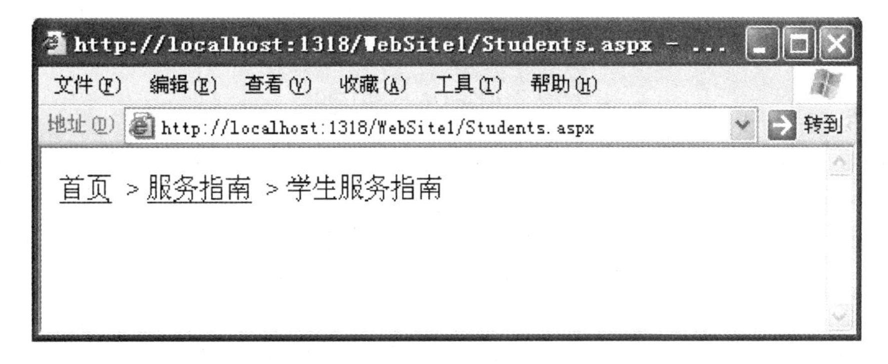

图 4.76　Students. aspx 页面

其中，首页 Default. aspx 中的代码如下：

```
<%@ Page Language="C#" AutoEventWireup="true" CodeFile="Default.aspx.cs"
Inherits="_Default" %>
<! DOCTYPE html PUBLIC "-//W3C//DTD XHTML 1.0 Transitional//EN"
"http://www.w3.org/TR/xhtml1/DTD/xhtml1-transitional.dtd">
<html xmlns="http://www.w3.org/1999/xhtml">
<head runat="server">
    <title></title>
</head>
<body>
```

```
        <form id="form1" runat="server">
        <div>
            <asp:SiteMapPath ID="SiteMapPath1" runat="server">
            </asp:SiteMapPath>
        </div>
        </form>
    </body>
    </html>
```

为了使每个页面以树型结构显示分层数据，可以使用 TreeView 控件。例如，可以在首页 Default. aspx 页面中添加一个 TreeView 控件和一个 SiteMapDataSource 控件，如图 4. 77 所示。

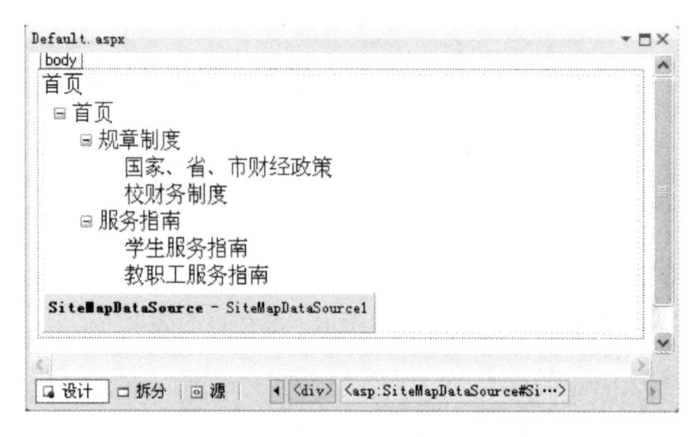

图 4.77 Default. aspx 设计视图

其中，SiteMapDataSource 控件不需要设置属性，SiteMapDataSource 控件可以自动绑定 Web. sitemap 文件，设置 TreeView 控件的 DataSourceID 为“SiteMapDataSource1”，Web. sitemap 文件中的导航信息通过 TreeView 控件呈现在网页中。

添加控件后，首页 Default. aspx 中的代码如下，页面在浏览器中的效果如图 4. 78 所示。

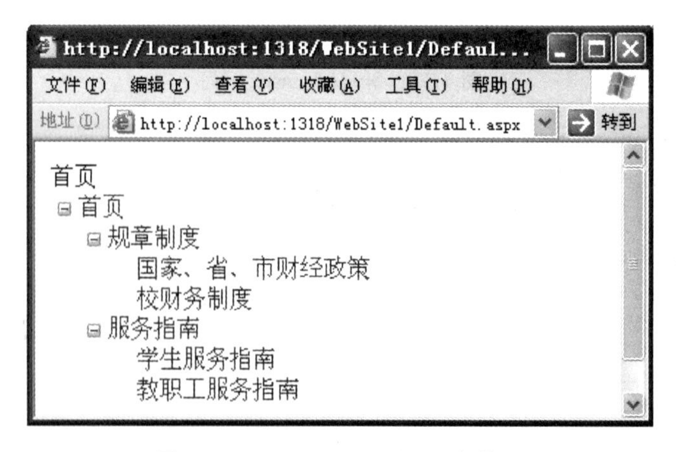

图 4.78 Default. aspx 页面运行效果

```
<body>
    <form id="form1" runat="server">
    <div>
        <asp:SiteMapPath ID="SiteMapPath1" runat="server">
        </asp:SiteMapPath>
    </div>
    <div>
        <asp:TreeView ID="TreeView1" runat="server" DataSourceID="SiteMapDataSource1">
        </asp:TreeView>
        <asp:SiteMapDataSource ID="SiteMapDataSource1" runat="server" />
    </div>
    </form>
</body>
```

在第 4.5 节中的【例 4－15】中，如图 4.52 所示，可以在母版页中添加 SiteMapPath 控件用于网站中页面的导航。

第 5 章　Photoshop CS 5 图像处理

在网页设计中，经常需要使用 Photoshop 等图像处理软件完成一些图片的设计和处理工作，使网站变得绚丽多彩。Photoshop CS 5 是当前最流行的图形图像处理软件，其应用领域包括平面设计、照片修复、影像创意、艺术文字、网页制作等方面。本章就 Photoshop CS 5 在网页设计领域中的应用进行介绍。

5.1　图像处理基础知识

5.1.1　像素和分辨率

像素(Pixel)是构成位图图像的最小单位。如果一幅位图看成是由无数个点组成的，那么每个点就是一个像素。同样大小的一幅图像，像素越多，图像就越清晰。

图像分辨率用于确定图像的像素数目，一般使用像素/英寸(ppi，即 pixels per inch)来表示，是衡量图像细节表现力的技术参数。如图 5.1 所示，分辨率越高，可显示的像素点越多，画面就越精细，但所需要的存储空间就越大。

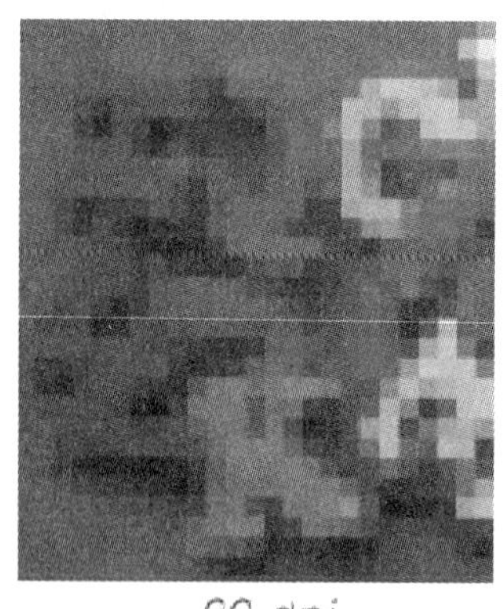
20 dpi

72 dpi

300 dpi

图 5.1　图像的分辨率

5.1.2　位图与矢量图

计算机中显示的图形可以分为两大类——矢量图和位图。矢量图使用直线和曲线来描述图形，这些图形的构成元素是点、线、矩形、多边形、圆和弧线等，它们都是通过数学公式计算获取的。因此，矢量图形文件数据量一般较小。矢量图形最大的优点是放大、缩小或旋转时，文件都不会失真。

位图又称点阵图或像素图，由像素构成，每个像素都具有特定的位置和颜色值。位图图像的质量由分辨率决定，所以位图图像文件的数据量一般较大，而且缩放或旋转图像时容易失真，如图 5.2 和图 5.3 所示。

图 5.2 位图原图

图 5.3 位图放大效果

5.1.3 图像的色彩模式

在 Photoshop CS 5 中，由于色彩模式决定了一幅图像的显示效果，因此了解色彩模式是非常重要的。常见的色彩模式有位图模式、灰度模式、CMYK 模式、RGB 模式、LAB 模式、索引模式、HSB 模式以及多通道模式等。

在 Photoshop CS 5 中，任何一种色彩模式的转换软件都会对图像重新处理，转换时可能导致图像质量降低，因此最好在图像处理之前先定义色彩的模式。

在 Photoshop CS 5 中有两种定义图像色彩模式的方法：

• 执行"文件"→"新建"命令，弹出如图 5.4 所示的对话框，在该对话框中选择需要定义的色彩模式。

• 执行菜单"图像"→"模式"，弹出如图 5.5 所示的子菜单，选择要定义的色彩模式。

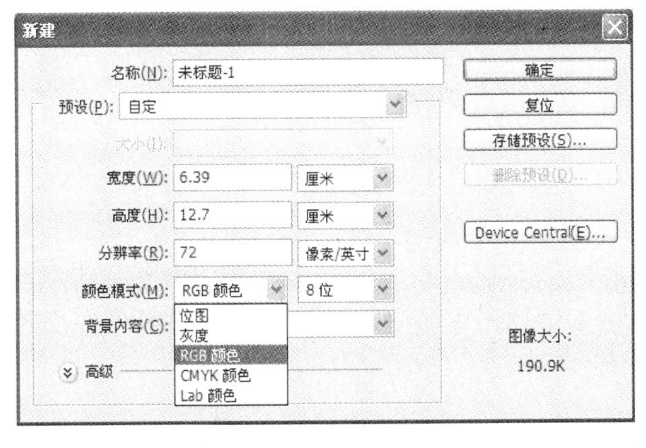

图 5.4 "新建"对话框

图 5.5 "模式"菜单

下面介绍各种色彩模式：

1. RGB颜色模式

RGB模式是Photoshop CS 5默认的色彩模式，是图形图像设计中最常用的色彩模式。RGB即三原色，通过对红(R)、绿(G)、蓝(B)三个颜色通道的变化以及它们相互之间的叠加来得到各式各样的颜色。每一种颜色存在着256个等级的强度变化。当三原色重叠时，由不同的混色比例和强度会产生其他的间色，RGB模式产生色彩的方法称为加色法。如图5.6所示。

RGB模式在屏幕表现下色彩丰富，所有滤镜都可以使用，各软件之间文件兼容性高，但是在印刷输出时会出现偏色现象。

2. CMYK颜色模式

CMYK模式即由C(青色)、M(洋红)、Y(黄色)、K(黑色)合成颜色的模式，这是印刷领域主要使用的颜色模式，由这种四种油墨合成可生成千变万化的颜色，因此被称为四色印刷。

由青色、洋红、黄色叠加即可生成红色、绿色、蓝色及黑色，如图5.7所示；黑色用来增加对比度，以补偿CMY产生黑度不足之用。由于印刷使用的油墨都包含一些杂质，单纯由C、M、Y油墨混合不能产生真正的黑色，因此需要加一种黑色(K)油墨。

CMYK模式是一种减色模式，每一种颜色所占的百分比范围为0%～100%，百分比越大，颜色越深。

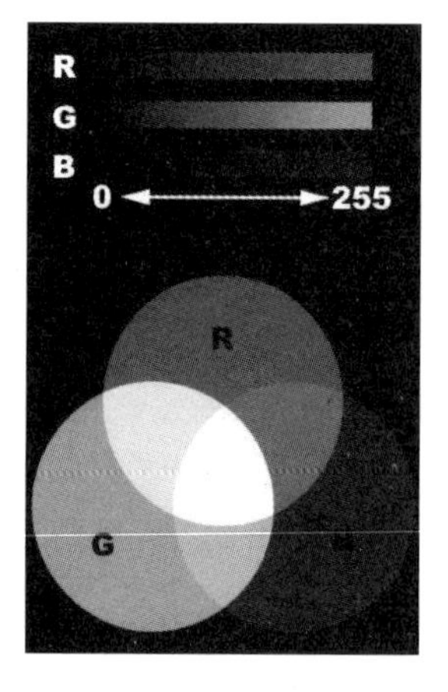

图5.6　RGB色彩模式示意图

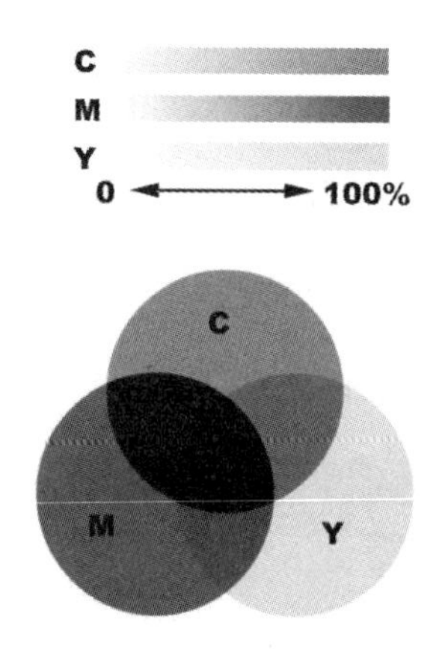

图5.7　CMYK色彩模式示意图

3. 灰度模式

灰度模式的每个像素以8位或16位来表示，可以表示256或65536种灰度级。将彩色图像转换为灰度模式时，Photoshop CS 5会去掉原图中所有的颜色信息，原像素的亮度转换像素的灰度级。

4. 位图模式

位图模式用两种颜色(黑和白)来表示图像中的像素，位图模式的图像也称为黑白图像。将图像转换为位图模式时会丢失大量细节，如图5.8所示，黑白之间没有灰度过度色，该类图像占用的内存空间非常少。

不能直接将一幅彩色图像转换为黑白模式，必须先将图像转换为灰度模式，然后再转换为位图模式。

图 5.8　位图模式

5. 索引颜色模式

索引颜色模式是网页上和动画中常用的图像模式，是单通道图像(8 位/像素)，只包含 256 种颜色，色彩表现能力比 RGB、CMYK 色彩模式差。在 Web 图像中，常用 RGB 模式处理图像，处理完毕后才把图像转换为索引模式。

6. Lab 颜色模式

Lab 包含了 RGB 和 CMYK 色彩模式，而且还加入了亮度，是一种"不依赖设备"的颜色模式，无论使用何种显示器或打印机，Lab 颜色都不会改变。这种模式常用于 RGB 和 CMYK 模式之间的转换，若要将 RGB 模式转换为 CMYK 模式时，可以先把图像转换成 Lab 模式，再将 Lab 模式转换成 CMYK 模式，这样做颜色损失较低。

5.1.4　常用的图像文件格式

图像文件格式很多，各有不同的用途，下面简要介绍几种常用的文件格式。

1. PSD/PSB 文件格式

PSD 是 Photoshop CS 5 的源格式。这种格式可以存储 Photoshop CS 5 中所有的图层，通道、参考线、注解和颜色模式等信息，因此比其他格式的图像文件要大得多。PSD 格式可以随时修改和编辑，是一种常用的工作状态格式，也是一种可以支持所有图像色彩模式的格式。

PSB 格式是 Photoshop CS 5 中新建的一种文件格式，它属于大型文件，除了具有 PSD 格式的所有属性外，最大的特点就是支持宽度和高度最大为 30 万像素的文件。但是 PSB 格式也有缺点，就是存储的图像文件特别大，占用磁盘空间较多。由于在一些图形程序中没有得到很好的支持，所以通用性不强。

2. JPEG 格式

JPEG 或者 JPG 是一种将原始图像压缩过后的格式，其压缩技术十分先进，它使用有损压缩方式去除冗余的图像和彩色数据，获取极高的压缩率的同时能展现十分丰富生动的图像，目前大多数的全彩图都使用这种格式，经常用于 Web 图像。

在 Photoshop CS 5 中将图像保存为 JPEG/JPG 格式时，会弹出如图 5.9 所示的对话框，其中，图像选项中品质的数值越小，图像的质量就越低。

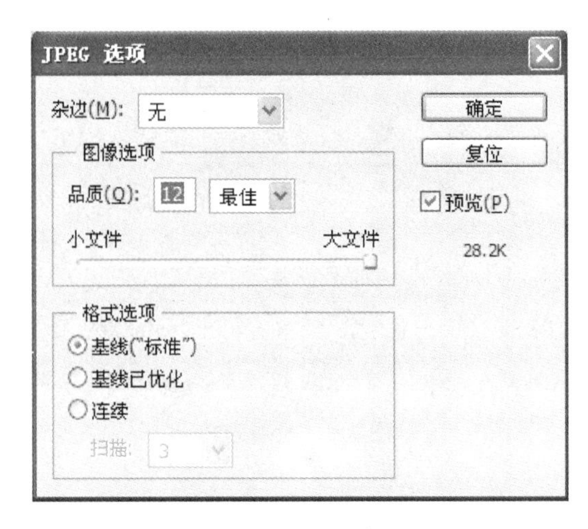

图 5.9 JPEG 选项

3. BMP 格式

BMP 是 Windows 操作系统中的标准图像文件格式,使用非常广。它采用位映射存储格式,除了图像深度可选以外,不采用其他任何压缩,因此,BMP 文件所占用的空间很大。BMP 文件的图像深度可选 1bit、4bit、8bit 或 24bit。BMP 文件存储数据时,图像的扫描方式按从左到右、从下到上的顺序。由于 BMP 文件格式是 Windows 环境中交换与图有关的数据的一种标准,因此在 Windows 环境中运行的图形图像软件都支持 BMP 图像格式。

4. GIF 格式

GIF 格式因其体积小而成像相对清晰,特别适合用于 Web 页面。它采用无损压缩技术,只要图像不多于 256 色,可以使图像变得相当小,最适合显示色调不连续或具有大面积单一色调的图像。GIF 图像可以在网页中以透明方式显示,而且可以包含动态信息,也就是网页上大量使用的 GIF 动画。

GIF 文件在网页中主要用于网站 Logo、Banner、导航条及按钮等。

5. TIFF 格式

TIFF 格式是一种主要用来存储包括照片和艺术图在内的图像的文件格式。该格式较为复杂,存储内容多,占用存储空间大,其大小是 JPEG 图像的 10 倍。

TIFF 文件格式适用于在应用程序之间和计算机平台之间的交换文件,很多扫描仪常使用这种格式。

6. PNG 格式

PNG 格式是网络上一种新的文件格式,采用的是无丢失的压缩方式,支持 24 位的图像,可以生成透明背景,是 JPEG 和 GIF 两种格式最好的结合。

PNG 格式可以支持 Alpha 通道,但有些旧的浏览器不支持 PNG 格式的图像。

7. AI 格式

AI 格式是 Illustrator 软件所特有的矢量图形存储格式。在 Photoshop CS 5 软件中将保存了路径的图像文件输出为 AI 格式,可以在 Illustrator 和 CorelDRAW 等矢量图形软件中直接打开并进行任意修改和处理。

8. EPS 格式

EPS 是 Encapsulated PostScript 的所写。EPS 可以说是一种通用的行业标准格式。可同时包含像素信息和矢量信息。除了多通道模式的图像之外，其他模式都可存储为 EPS 格式，但是它不支持 Alpha 通道。EPS 格式支持剪贴路径，在排版软件中可以产生镂空或蒙版效果。

5.2　Photoshop CS 5 基本操作

5.2.1　Photoshop CS 5 主界面

启动 Photoshop CS 5 软件后，即可进入 Photoshop CS 5 的工作界面，新建一个文件后软件界面显示如图 5.10 所示，主要包括“标题栏”、“菜单栏”、“选项栏”、“工具箱”、“编辑区”、“控制面板组”及“状态栏”等。

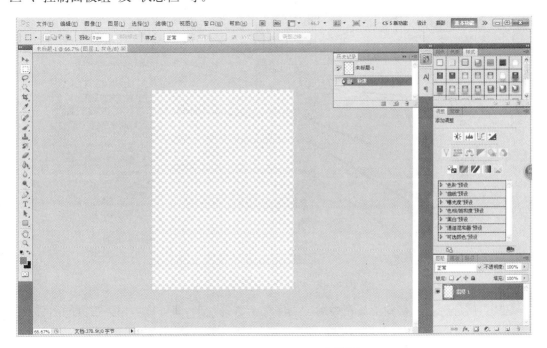

图 5.10　Photoshop CS 5 主界面

1. 标题栏

标题栏位于窗口的最上方，显示文件名称。

2. 菜单栏

菜单栏位于窗口顶端(第二行)，集合了软件中的各种命令，Photoshop CS 5 中有以下几个主菜单：文件、编辑、图像、图层、选择、滤镜、视图、窗口以及帮助菜单。用户可以用鼠标单击其中的菜单项实现相应的功能。

3. 工具箱

工具箱位于窗口的左边，集合了软件中的各种工具，主要包括选择工具、绘图工具、填充工具、编辑工具、颜色工具以及快速蒙版工具等，如图 5.11 所示。

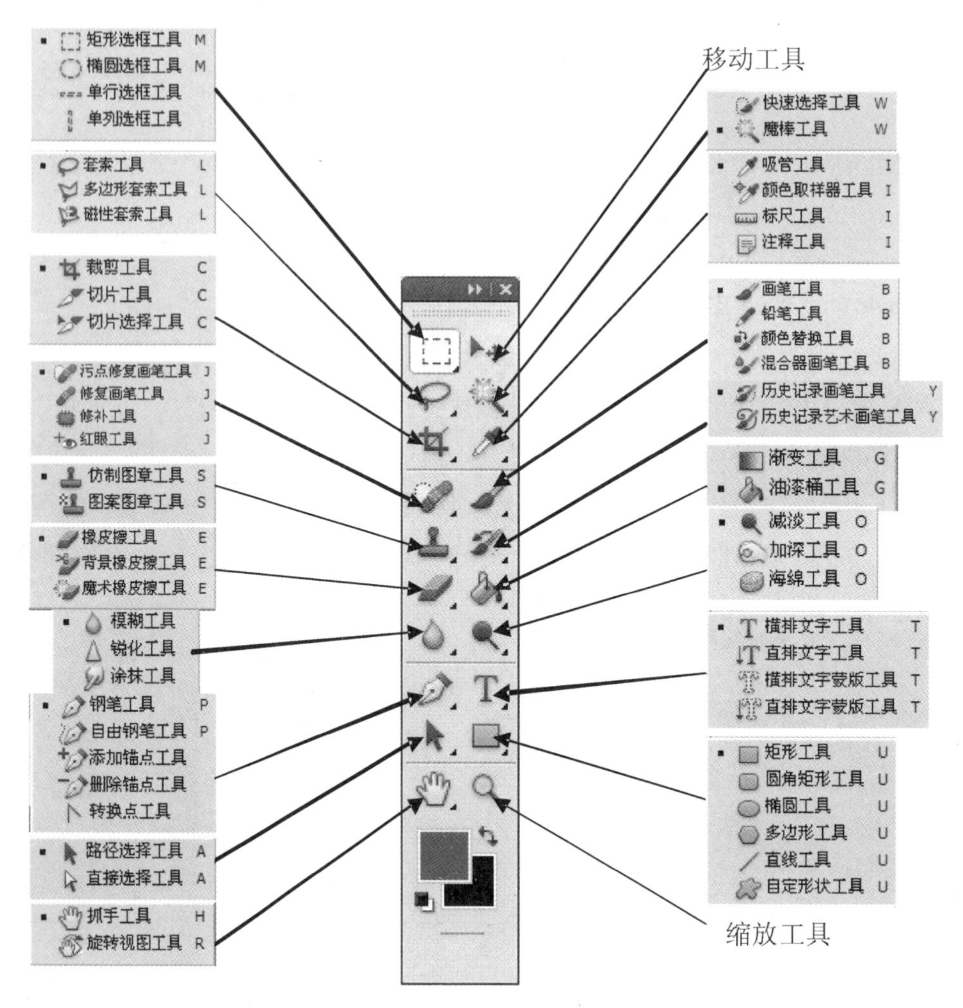

图 5.11　PhotoShop CS 5 工具箱

提示:将鼠标指针移到工具箱中的工具图标上稍等片刻,即可显示相关工具的名称及快捷键的提示。工具箱中没有显示出全部工具,有些工具被隐藏了。

例如,选框工具中有四种选框工具,要打开它,只要将鼠标指针移至选框工具的图标上右击,或者单击后按住鼠标左键不放,就可以打开一个菜单,然后用鼠标选取即可。

4. 编辑区

编辑区位于窗口的正中,是 Photoshop CS 5 中处理的对象。

5. 状态栏

状态栏位于窗口的下方,可以显示正在处理的图像的大小、图像的比例和操作的提示。

6. 控制面板组

控制面板组位于窗口的右边,列出许多操作的功能设置和参数设置。共有十三种控制面板,分别是:导航器、信息、颜色、色板、样式、历史记录、动作、图层、通道、路径、字符、段落以及预设工具。

5.2.2　图像文件的创建、保存、关闭

1. 图像文件的创建

执行“文件”→“新建”命令，打开“新建”对话框，如图 5.12 所示，点击“确定”按钮即可完成图像文件的创建。

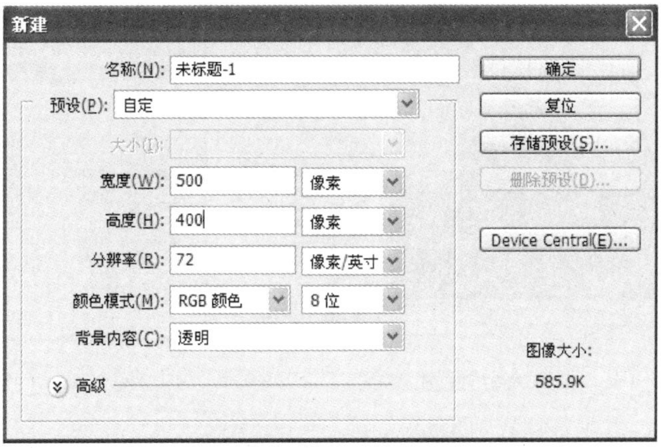

图 5.12　“新建”对话框

“新建”对话框中各参数含义如下：

名称：设置图像的文件名。

预设：指定新图像的预定义设置，可以直接从下拉框中选择预定义好的参数。

宽度和高度：用于指定图像的宽度和高度的数值，在其后的下拉列表框中可以设置计量单位(“像素”、“厘米”、“英寸”等)，数字媒体、软件与网页界面设计一般用“像素”作为单位，应用于印刷的设计一般用“毫米”作为单位。

分辨率：主要指图像分辨率，就是每英寸图像含有多少点或者像素。

颜色模式：网页界面设计主要用 RGB(主要用于显示器显示)。

背景内容：该项有“白色”、“背景色”、“透明”三种选择。

2. 图像文件的保存

执行“文件”→“存储为”命令，打开“存储为”对话框，选择合适的路径，并输入合适的文件名即可保存图像(默认格式为 psd，网页中一般使用 JPG、PNG 或 GIF 格式)。

3. 图像文件的关闭

当所有的工作完成后，需要将打开的文件关闭，执行“文件”→“关闭”命令或者按下快捷键 Ctrl+W 均可关闭图像，当然直接单击窗口的右上角的关闭按钮也能完成同样的功能。

5.2.3　图像与画布大小的操作

前文介绍过像素作为图像的一种尺寸或者单位，只存在于计算机中，如同 RGB 色彩模式一样只存在于计算机中。像素是一种虚拟的单位，现实生活中并没有这个单位。如图 5.13 所示打开一幅图片，执行“图像”→“图像大小”命令，可以看到图像的基本信息，如图 5.14 所示。

可以看到这张图片的图像大小，宽度为 555 像素，高度 376 像素，文档大小中宽度为

19.58厘米，高度为13.26厘米，分辨率为72像素/英寸(1英寸=2.54厘米)。通过修改图像大小可以完成图像的放大与缩小。

图5.13　"图像大小"图例

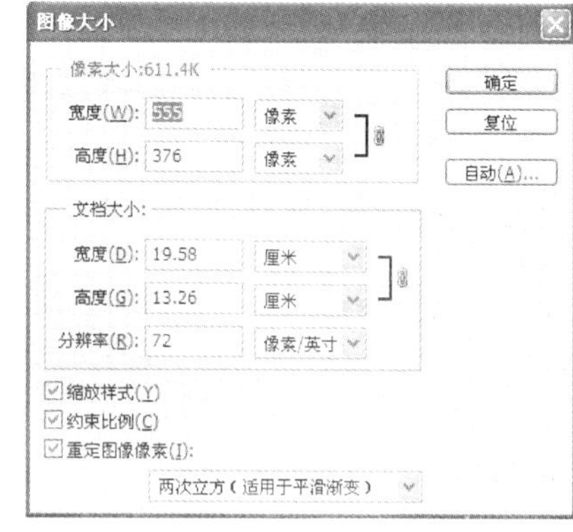

图5.14　"图像大小"面板

修改画布大小的方法是执行"图像"→"画布大小"命令，即可显示如图5.15所示的"画布大小"对话框，它可用于添加现有的图像周围的工作区域，或减小画布区域来裁切图像。

在"宽度"和"高度"框中输入所需的画布尺寸，从"宽度"和"高度"框旁边的下拉菜单中可以选择度量单位。

如果选择"相对"复选框，在输入数值时，则画布的大小相对于原尺寸进行相应的增加与减少。输入的数值如果为负数表示减少画布的大小。对于"定位"，点按某个方块以指示现有图像在新画布上的位置。从"画布扩展颜色"下拉列表中可以选择画布的颜色。

在"画布大小"窗口中设置如图5.15所示的参数后，单击"确定"按钮，图像裁切效果如图5.16所示。

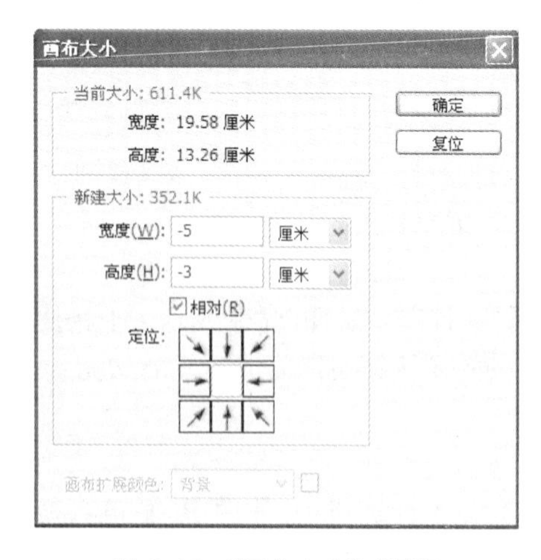

图5.15　"画布大小"对话框

图5.16　图像裁切效果

5.2.4 Photoshop CS 5 常用快捷键

快捷键操作是指通过键盘的按键或按键组合来快速执行或切换软件命令的操作，高效的 Photoshop CS 5 操作基本都是左手摸着键盘，右手按着鼠标，很快就完成了一个作品，简直令人叹为观止，常用工具快捷键一览表见表 5.1 所示。

表 5.1 Photoshop CS 5 常用工具快捷键一览表

快捷键	功能与作用	快捷键	功能与作用
M	选框	L	套索
V	移动	W	魔棒
J	喷枪	B	画笔
N	铅笔	S	橡皮图章
Y	历史记录画笔	E	橡皮擦
R	模糊	O	减淡
P	钢笔	T	文字
U	度量	G	渐变
K	油漆桶	I	吸管
H	抓手	Z	缩放
D	默认前景和背景色	X	切换前景和背景色
Q	编辑模式切换	F	显示模式切换

Photoshop CS 5 常用的快捷键一览表见表 5.2 所示。

表 5.2 Photoshop CS 5 常用快捷键一览表

快捷键	功能与作用	快捷键	功能与作用
Ctrl+N	新建图形文件	Tab	隐藏所有面板
Ctrl+O	打开已有的图像	Shift+Tab	隐藏其他面板(除工具箱)
Ctrl+W	关闭当前图像	Ctrl+A	全部选择
Ctrl+D	取消选区	Tab	切换显示或隐藏所有的控制板
Ctrl+Shift+I	反向选择	Ctrl++	放大视图
Ctr+S	保存当前图像	Ctrl+—	缩小视图
Ctr+X	剪切选取的图像或路径	Ctrl+O	满画布显示
Ctr+C	拷贝选取的图像或路径	Ctrl+L	调整色阶
Ctrl+V	将剪贴板的内容粘到当前图形中	Ctrl+M	打开曲线调整对话框
Ctr+K	打开“预置”对话框	Ctrl+U	打开“色相/饱和度”对话框
Ctr+Z	还原/重做前一步操作	Ctrl+Shift+U	去色

续表

快捷键	功能与作用	快捷键	功能与作用
Ctrt+Alt+ Z	还原两步以上操作	Ctrl+I	反相
Ctrt+Shift + Z	重做两步以上操作	Ctrl+J	通过拷贝建立一个图层
Ctrl+T	自由变换	Ctrl+E	向下合并或合并联接图层
Ctrl+Shift+Alt+T	再次变换复制的像素数据并建立一个副本	Ctrl+[	将当前层下移一层
Del	删除选框中的图案或选取的路径	Ctrl+]	将当前层上移一层
Ctrl+BackSpace 或 Ctrl+Del	用背景色填充所选区域或整个图层	Ctrl+Shift+[	将当前层移到最下面
Alt+BackSpace 或 Alt+Del	用前景色填充所选区域或整个图层	Ctrl+Shift+]	将当前层移到最上面
Shift+BackSpace	弹出“填充”对话框	Ctrl+Alt+D	羽化选择

5.3 选　区

在 Photoshop CS 5 中，创建选区是许多操作的基础，因为大多数操作都不是针对整幅图像，而是针对图像中的部分区域，这就需要首先选定操作区域。在 Photoshop CS 5 中，图像中被选中的区域边缘呈流动的虚线显示。

选区在图像处理时起着保护选区外图像的作用，约束各种操作只对选区内的图像有效，选区外的图像不受影响。创建选区一般有两种方式：一是通过色彩反差来选取，二是通过选择待编辑对象的外形轮廓。下面介绍对选区的基本操作。

5.3.1 选择规则区域

选择规则范围的区域主要通过工具箱的选框工具来完成。有矩形选框工具、椭圆形选框工具、单行选框工具及单列选框工具四种不同的工具。

在选框工具栏中依次是选区建立方式、羽化、消除锯齿、样式及宽度和高度等选项。选框工具选项栏如图 5.17 所示。

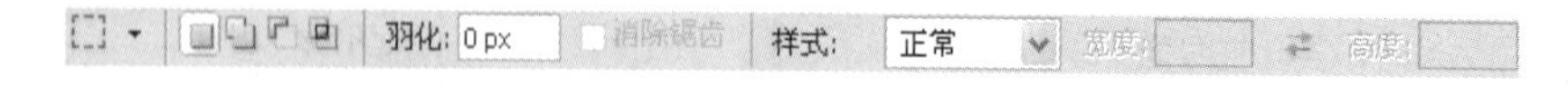

图 5.17　选框工具选项栏

选区建立方式：包括新选区、添加到选区、从选区减去、与选区交叉四个选项。

羽化：此选框用于设置各选区的羽化属性。

消除锯齿：选中复选框后，选区边缘锯齿将被消除，此选项在椭圆选区工具中才能使用。

样式：此选项用于设置各选区的形状。单击右侧的三角按钮，打开下拉列表框，可以选取不同的样式。其中，“正常”选项表示可以创建不同大小和形状的选区；选定“固定长宽比”

选项可以设置选区宽度和高度之间的比例，并可在其右侧的“宽度”和“高度”文本框中输入具体的比例数值；若选择“固定大小”选项，表示将锁定选区的宽度与高度，并可在右侧的文本框中输入一个数值。

矩形选框工具可以方便的在画布中绘制出长宽随意的矩形选区。操作时，只要在图像窗口中按下鼠标左键同时拖动到合适大小松开鼠标便可建立矩形选区。绘制时，按住＜Shift＞键可建立正方形选区。

椭圆形选框工具可以绘制出半径随意的椭圆形选区，按住＜Shift＞键可以绘制圆形选区。

单行选框工具可以在图像中绘制出高度为 1 像素的单行选区。

单列选框工具可以在图像中绘制出宽度为 1 像素的单列选区。

提示：直接在画布上拖动鼠标，会以拖动起点作为选区的左上角，以拖动终点为选区的右下角形成选区。如果按住 Alt 键，然后拖动鼠标，就会以拖动起点作为选区的中心点，以拖动终点作为选区的半径形成选区。

5.3.2　选择不规则区域

使用 Photoshop CS 5 处理和编辑图像，更多的时候是选择不规则区域，此时就需要使用魔棒工具或套索工具组来选取不规则区域。

1. 魔棒工具( )

魔棒工具用来选择图片中着色相近的区域。当点击工具栏中魔棒工具时，魔棒工具选项栏将显示在菜单栏下方，如图 5.18 所示。选项栏中依次是选区建立方式、容差、消除锯齿、连续、对所有图层取样等选项。

图 5.18　魔棒工具选项栏

使用魔棒建立选区有四种方式，分别为：新选区、添加到选区、从选区中减去、与选区交叉。

新选区功能就是去掉旧的选择区域，选择新的区域。每次点击都将是一个独立的、新的选区，在选区的边缘位置会出现不断滚动的虚线，虚线内部的区域为已选中的区域。添加到选区就是在旧的选择区域的基础上，增加新的选择区域，形成最终的选择区，即可选择多个区域。

容差：数值越小，选取的颜色范围越接近；数值越大，选取的颜色范围越大。选项中可输入 0—255 之间的数值，系统默认值为 32。

消除锯齿：选中后，所选择的区域更加圆滑。

连续：如果选中此项，那么每次使用魔棒工具单击都只能把单击点相邻区域内、色差小于容差值的像素点选中；如果不选中此项，可把整个图像范围内与单击点的色差小于容差值的所有像素点选中，这些区域并不一定是连续的。

对所有图层取样：如果被选中，则色彩选取范围可跨所有可见图层。

图 5.19 是利用魔棒工具在绿色区域上单击后的效果。

图 5.19　使用魔棒工具选择效果

2. 套索工具( )

套索工具可以在图像中获取自由区域，主要采用手绘的方式实现。它的随意性很大，要求对鼠标指针要有较好的控制能力，因为它勾画的是任意形状的选区。

套索工具的选项栏，主要包括建立选区的方式、羽化、消除锯齿等选项，各选项的含义与矩形选框工具选项栏中相应选项的含义相同。

套索工具的操作方法是按住鼠标进行拖拽，随着鼠标的移动可形成任意形状的选择范围，松开鼠标后就会自动形成封闭的浮动选区，如图 5.20 所示，选项栏设置为羽化 10px。

图 5.20　套索工具的使用

3. 多边形套索工具( )

多边形套索工具主要用来绘制边框为直线型的多边形选区，其选项栏与套索工具相同。

操作方法是用鼠标在形成直线的起点单击，移动鼠标，拖出直线，在此条直线结束的位置再次单击鼠标，两个单击点之间就会形成直线，依此类推。当终点和起点重合时，工具图标的右下角有圆圈出现，单击鼠标就可形成完整的选区。

如果终点与起点未重合时，要完成该选区的创建，需要使用双击鼠标完成或者按住<Ctrl>键单击完成，多边形选区如图 5.21 所示。

图 5.21　多边形套索工具的使用

4. 磁性套索工具( )

磁性套索工具是一种自动选择边缘的套索工具，适用于快速选择与背景对比强烈且边缘复杂的对象。

当拖动磁性套索工具时，它将分离前景和背景，在前景图像边缘上设置节点，直到形成选择域。当所选轮廓与背景有明显的对比时，磁性套索工具可以自动地分辨出图像上物体的轮廓而加以选择。磁性套索工具能自动地选择出轮廓，是因为它可以判断颜色的对比度，当颜色对比度的数值在它的判断范围以内时，就可以轻松的选中轮廓；而当轮廓与背景颜色接近时，则不宜使用该工具。

例如，如图 5.22、图 5.23 所示，使用磁性套索工具沿石榴的边缘缓缓移动鼠标，选中石榴的区域，就构成了选区。

图 5.22　磁性套索工具的使用

图 5.23　磁性套索工具建立选区

5. 快速选择工具( )

Photoshop CS 5 新增的“快速选择”工具功能非常强大，使用快速选择工具，直接在图像上拖动，凡是鼠标指针经过的区域都会被智能地设置为选区。

例如，利用快速选择工具选中图中的人物，将其去除。

首先，单击工具箱的“快速选择”工具，此时鼠标指针成为内含小十字的圆环形状。

其次，鼠标指针指向人物区域，直接在人物上拖动鼠标。此时，人物的像素点会不断地添加到选区中，如图 5.24 所示。

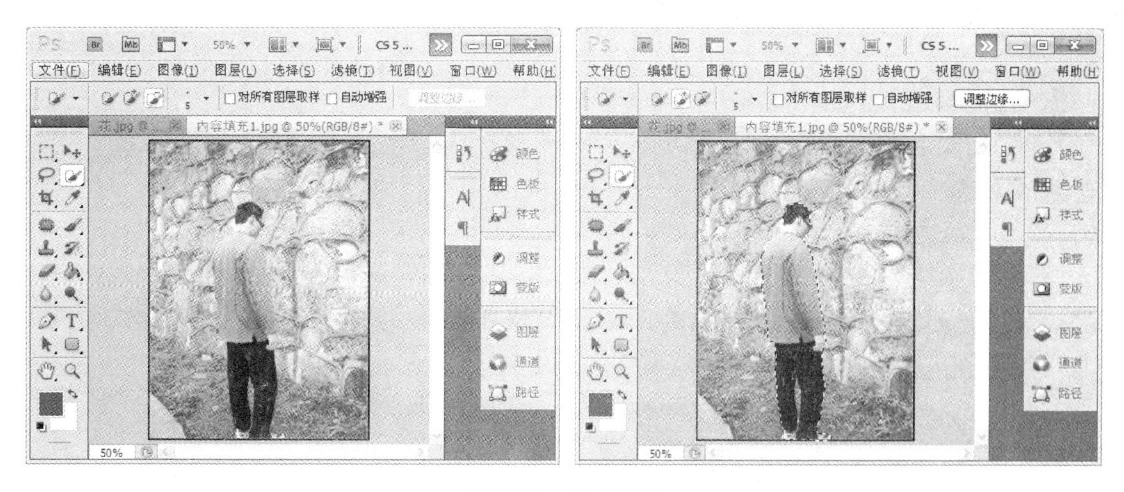

图 5.24　建立选区

最后，执行菜单“编辑”→“填充”命令，打开填充对话框，如图 5.25 所示，再选项“内容”中选择“内容识别”，单击确定按钮，效果如图 5.26 所示。

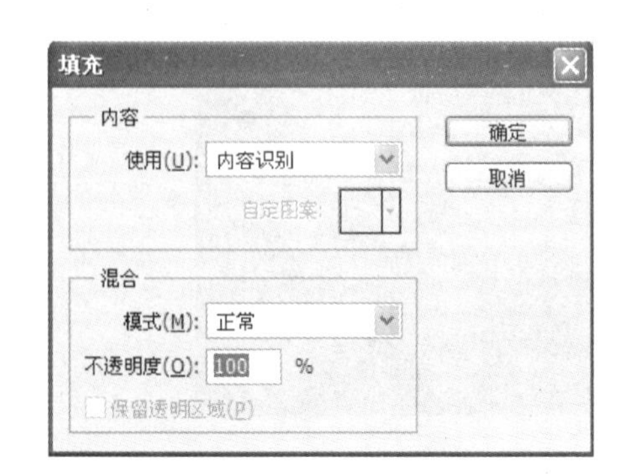

图 5.25 “填充”对话框

图 5.26 “内容识别”填充效果

注意：在快速选择过程中，如果发现某些不需要选择的像素点被选入了，可以先单击工具栏中的“从选区中减去”按钮，然后再在需要去除的区域内拖动鼠标。

5.3.3 选区的调整与编辑

1. 移动工具( )

当使用选区工具选择图像的区域后，将鼠标指针放在选区中，指针就会显示成“移动选区”的图标 。此时可以按住鼠标左键拖曳到适当位置放开，也可以使用键盘方向键移动选区。

2. 调整选区

使用选区工具时，还可以进行增加选区、减少选区、相交选区、取消选区、全选图像、隐藏选区、修改选区等操作。

(1) 增加选区( )

打开一幅图像，选择“矩形选框”工具绘制出选区，如图 5.27 所示，再选择“椭圆选框”工具，并在选区属性栏中选中“添加到选区 ”按钮或者按住<Shift>键，绘制出要增加的圆形选区，增加后的选区效果如图 5.28 所示。

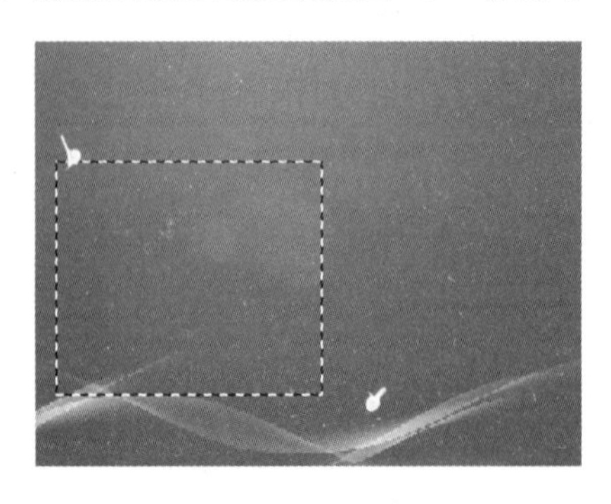

图 5.27 矩形选区

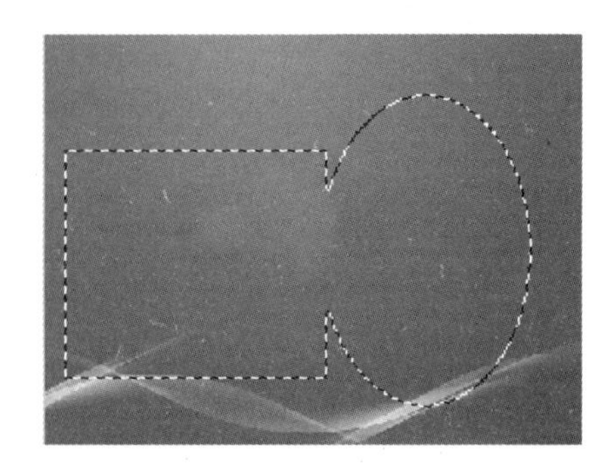

图 5.28 增加选区

(2) 减小选区( )

打开一幅图像,选择“矩形选框”工具绘制出选区,如图5.27所示,再选择“椭圆选框”工具,并在选区属性栏中选中“从选区中减去 ”按钮或者按住Alt键,绘制出要减少的椭圆形选区,减去后的选区效果如图5.29所示。

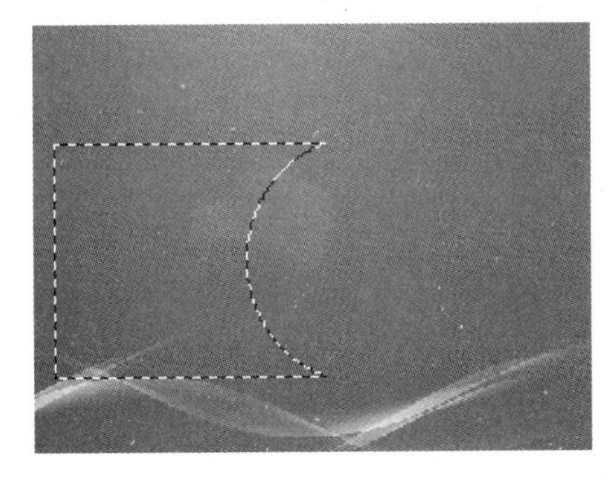

图5.29　减少选区

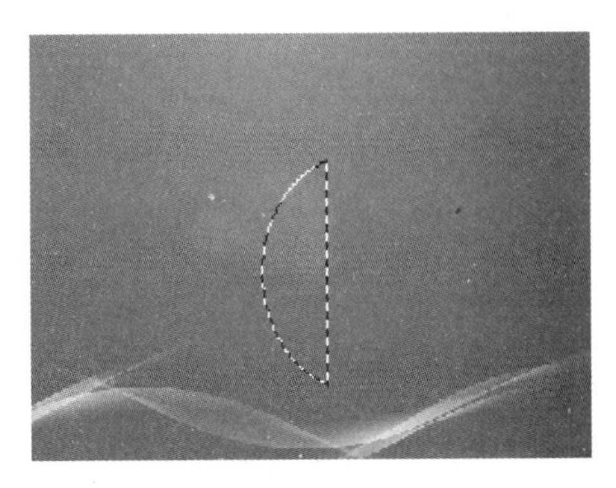

图5.30　相交选区

(3) 相交选区( )

打开一幅图像,选择“矩形选框”工具绘制出选区,如图5.27所示。再选择“椭圆选框”工具,并在选区属性栏中选中“与选区交叉 ”按钮并按住＜Shift＋Alt＞组合键,绘制出椭圆形选区,相交后的选区效果如图5.30所示。

(4) 取消选区

执行菜单“选择”→“取消选择”或者按Ctrl＋D组合键,可以取消选区。

(5) 反选选区

执行菜单“选择”→“反向”或者按Shift＋Ctrl＋I组合键,可以对当前的选区进行反向选取。

(6) 全选图像

执行菜单“选择”→“全部”或者按Ctrl＋A组合键,可以选择全部图像。

(7) 隐藏选区

按Ctrl＋H组合键,可以隐藏选区的显示,再次按Ctrl＋H组合键,可以恢复显示选区。

(8) 修改选区

选择“选择”→“修改”命令,系统将弹出其下拉菜单,如图5.31所示。

图5.31　修改选区

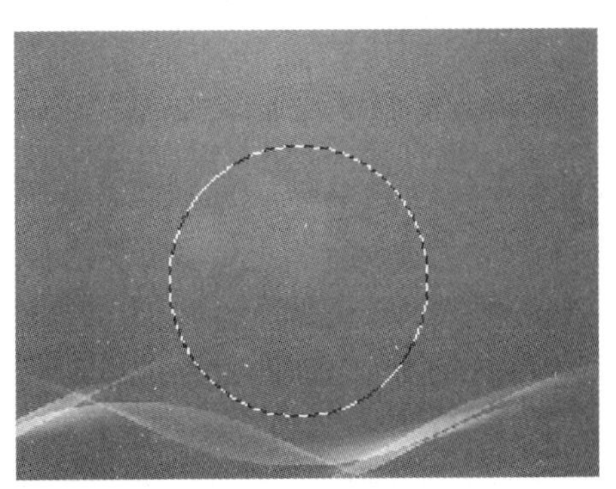

图5.32　绘制选区

"边界"命令:用于修改选区的边缘。打开一幅图像,绘制好选区,如图 5.32 所示。选择下拉菜单中的"边界"命令,弹出"边界选区"对话框,如图 5.33 所示进行设定,单击"确定"按钮,边界效果如图 5.34 所示。

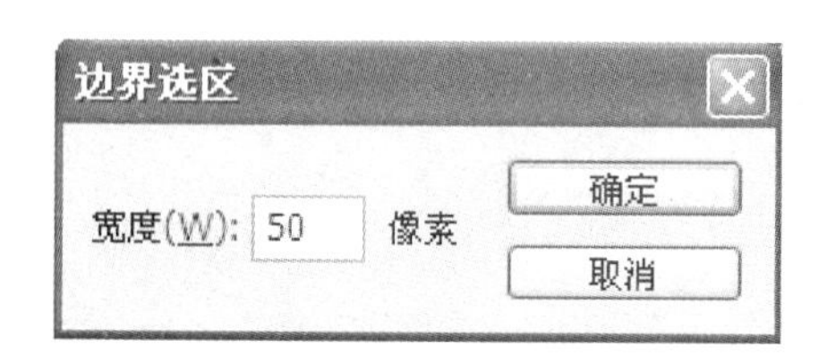

图 5.33 "边界选区"对话框

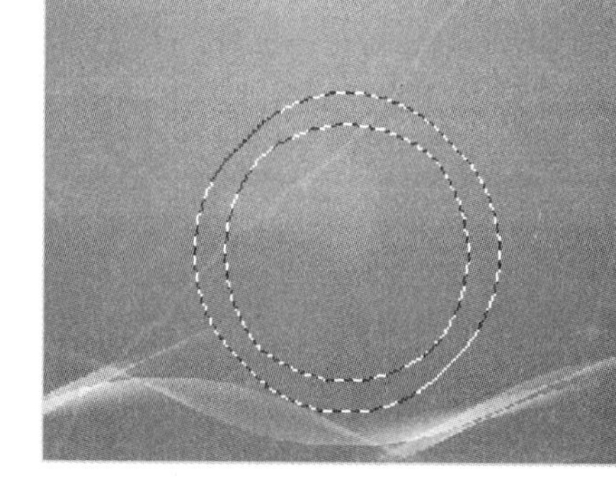

图 5.34 设置选区效果

"平滑"命令:用于减小选区边界中的不规则区域,创建更加平滑的轮廓。

"扩展"命令:用于扩充选区的像素。

"收缩"命令:用于收缩选区的像素。

"羽化"命令:羽化选区可以模糊选区边缘的像素,产生过渡效果。羽化宽度越大,则选区的边缘越模糊,选区的直角部分也将变得圆滑,这种模糊会使选定范围边缘上的一些细节丢失。在羽化后面的文本框中可以输入羽化数值设置选区的羽化功能(取值范围在 0~250px 之间)。

在图 5.35 中使用 50px 的羽化后建立选区并反选删除图像,可以看到边缘的光晕效果。

图 5.35 使用羽化制作光晕效果

选择"选择"→"扩大选取"命令,可以将图像中一些连续的、色彩相近的像素扩充到选区内。扩大选取的数值是根据"魔棒"工具设置的容差值决定的。

选择"选择"→"选取相似"命令,可以将图像中一些不连续的、色彩相近的像素扩充到选区内。选取像素的数值是根据"魔棒"工具设置的容差值决定的。

5.4　图像修复与变形

在拍摄数码照片的过程中，经常会因为各种原因导致照片出现瑕疵，比如出现了多余的人或物、出现红眼现象等，这就需要图像修复技术。如果某些图像的位置不理想或者伸展度不够，就需要借助变形工具。

5.4.1　图像修复技术

Photoshop CS 5 提供的图像修复工具很多，主要包括：修复画笔、污点修复画笔、修补工具、仿制图章等。

1. 修补工具( )

“修补工具”的目的在于用一块最优的图像替换另一块有瑕疵的区域，常常用于修补较大的瑕疵区域。其本质是一种基于选区的替换处理。

例如，去除图 5.37 中的两个人物，使九龙壁图片完整。

首先，从工具箱中选择“修补工具”，其工具栏如图 5.36 所示，包括两种不同的修补方式，当工具栏中的修补模式设置为“源”时，表示已选中的内容将会被替换掉；当“修补”设置为“目标”时，表示用选中的内容去替换其他区域，即选中的内容将作为目标区的内容。

图 5.36　“修补工具”的工具栏

将工具栏的修补模式设置为“源”。此时鼠标指针变成修补工具的形状。然后，用鼠标选择图像上要去除的人物，创建选区，拖动选区到其他位置，此时选区所到位置的图像会自动替换源区域。当用户认为某一效果最佳时，就可以松开鼠标，修补后的效果如图 5.38 所示。

图 5.37　图案修补前

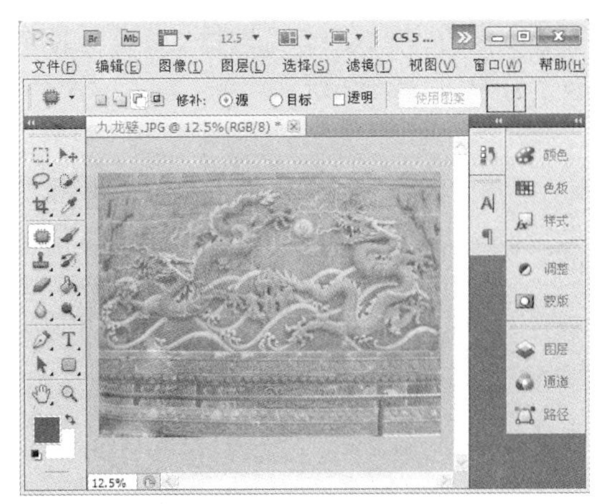

图 5.38　图案修补后

2. 污点修复画笔工具( )

“污点修复画笔”也是一种基于区域的替换处理工具，可以快速修除照片中的污点或需要修饰的部分。

例如，去除图 5.41 中的两个球体。

选中“污点修复画笔”工具，其工具栏如图 5.39 所示。

图 5.39　“污点修复画笔”工具栏

在污点修复画笔工具属性栏中，“画笔”选项可以选择修复画笔的大小。单击“画笔”选项右侧的按钮，在弹出的“画笔”对话框中，可以设置画笔的直径、硬度、间距、角度、圆度和压力大小，如图 5.40 所示。在模式选项中可以选择“替换”模式。“近似匹配”能使用选区边缘的像素来查找用作选定区域修补的图像区域。“创建纹理”能使用选区中的所有像素创建一个用于修复该区域的纹理。

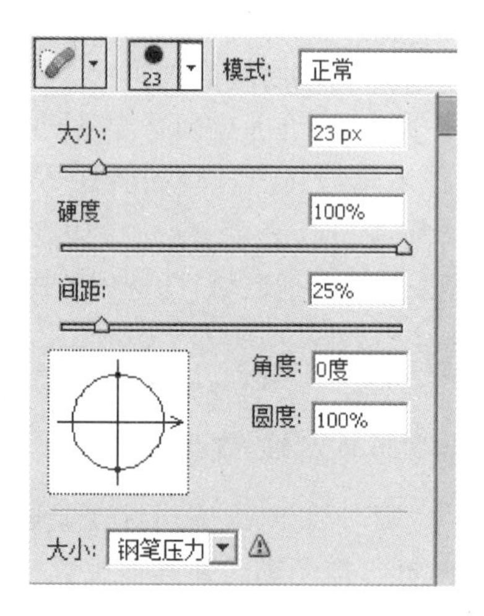

图 5.40　“画笔”选项

其次，在工具栏中设置画笔的人小为 50，模式为“替换”，类型为“内容识别”，以画笔工具在图像的瑕疵区域仔细涂抹。在涂抹过程中，可以根据需要随时调整画笔笔尖的大小，修复的效果如图 5.42 所示。

图 5.41　图像修复前

图 5.42　图像修复后效果

3. 红眼工具( )

红眼工具可以去除使用闪光灯拍摄的人或动物在照片中的红眼现象。

例如，去除图 5.44 中的红眼。

启用“红眼”工具，其工具栏如图 5.43 所示。

图 5.43 “红眼”工具

在“红眼”工具栏中，“瞳孔大小”用于设置瞳孔的大小，设置为 50%；“变暗量”选项用于设置瞳孔的暗度，设置为 10%。

使用“红眼”工具在照片中瞳孔的位置多次单击，最终效果如图 5.45 所示。

图 5.44 红眼图像

图 5.45 去除红眼效果

4. 仿制图章工具( )

仿制图章工具可以以指定的像素点或定义的图案为复制基准点，将其周围的图像复制到其他位置。

启用“仿制图章”工具，其工具栏如图 5.46 所示。

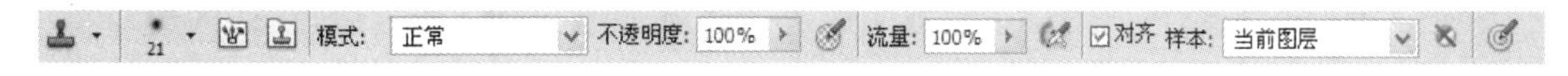

图 5.46 “仿制图章”工具栏

在仿制图章工具属性栏中，“画笔”选项用于选择画笔；“模式”选项用于选择混合模式；“不透明度”选项用于设定不透明度；“流量”选项用于设定扩散的速度；“对齐”选项用于控制是否在复制时使用对齐功能；“样本”选项用于指定图层进行数据取样。

例如，在图 5.47 中蓝色小汽车前面复制出一辆略小的汽车，启用“仿制图章”工具，单击图章工具属性栏中的“切换画笔面板”按钮 ，打开如图 5.48 所示的仿制源面板，将宽度 W 和高度 H 均设置为 70%。将“仿制图章”工具放在图像中需要复制的位置。按住 Alt 键，鼠标指针由仿制图章图标变为圆形十字图标 ，单击鼠标左键，定下取样点，松开鼠标左键，在合适的位置单击并按住鼠标左键，拖拽鼠标复制出取样点及其周围的图像，效果如图 5.49 所示。

图 5.47　原图像

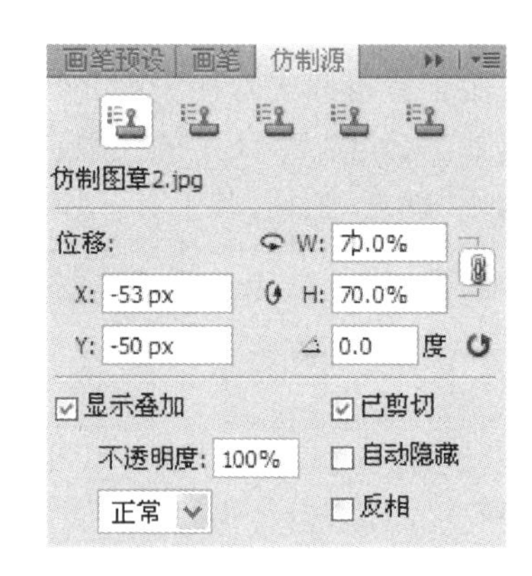

图 5.48　“仿制源”面板

图 5.49　仿制图章效果图

5.4.2　图像变形技术

常见的图像变形工具主要有“剪裁”、“操控变形”等。

1. 裁剪工具( )

裁剪工具可以在图像或图层中剪裁所选定的区域。图像区域选定后，在选区边缘将出现8个控制手柄，用于改变选区的大小，还可以用鼠标旋转选区。选区确定之后双击选区或单击工具箱中的其他任意一个工具，然后在弹出的裁剪提示框中单击“裁剪”按钮确定即可完成裁剪。

启用“裁剪”工具可以通过单击工具箱中的“裁剪”工具或者是按C键，裁剪工具选项栏如图5.50所示。

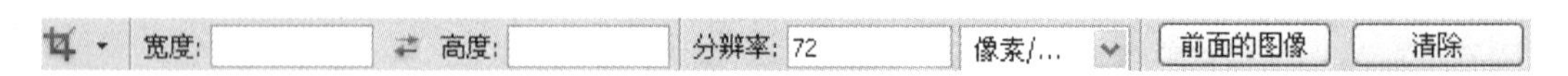

图 5.50　“裁剪”工具选项栏

在裁剪工具属性栏中，“宽度”和“高度”选项用来设定裁剪宽度和高度；“高度和宽度互换”按钮 可以互换高度和宽度的数值；“分辨率”选项用于设定裁剪下来的图像的分辨率；“前面的图像”选项用于记录前面图像的裁剪数值；“清除”按钮用于清除所有设定。

使用剪裁工具在图像中选择某一区域，剪裁工具选项栏也跟着发生了变化，如图5.51

所示，其中，裁剪参考线叠加选择“三等分”，并勾选“透视”。调整裁切区域的尺寸，如图5.52所示，旋转到位后，按Enter键确认，效果如图5.53所示。

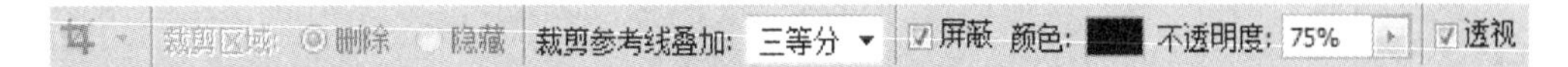

图5.51　使用“裁剪”工具时的选项栏

图5.52　裁剪工具的使用

图5.53　裁剪后的图片效果

2. 标尺工具()

标尺工具可以在图像中测量任意两点之间的距离，并可以快速校正图片的角度。

打开一幅图像，单击工具箱中的标尺工具(快捷键<Shift+I>)启用标尺工具，在图片上找到可作参照的水平线，按住鼠标左键，并延着参照线拖动鼠标，这样图片就会出现一条标尺线，如图5.54所示，这个线条即作为图片旋转的参照线，在标尺工具属性栏中单击“拉直”按钮，效果如图5.55所示。

图5.54　使用标尺工具

图5.55　拉直效果图

3. 自由变换

“自由变换”是对当前图层中的选区实施变换的一个菜单命令，其作用是调整选区中图像的大小、位置、旋转图像等，使选区中的图像符合需要。

例如，打开一副图片，双击图层，使当前图层解锁，利用选区工具选中图中的建筑物部分，执行菜单“编辑”→“自由变换”命令(快捷键＜Ctrl＋T ＞)，启动自由变换功能。此时在选区周围出现滚动的虚线，并在四边的中心和四个顶角出现手柄，如图 5.56 所示。

当鼠标指向边内的手柄后，拖动鼠标可以改变图像的大小；当鼠标指向顶角的手柄后，拖动鼠标可以旋转图像，最后按 Enter 键确认变形成功。调整选区的位置并将图中空白区域稍作处理，效果如图 5.57 所示。

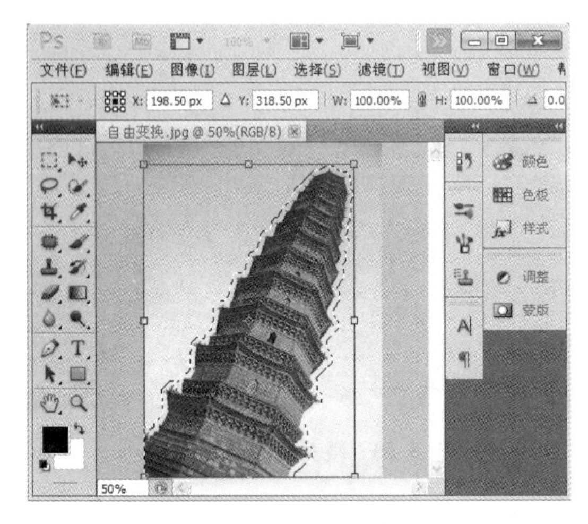

图 5.56　自由变换命令

图 5.57　自由变换效果

4. 操控变形

“操控变形”命令可以在一张图像上建立网格，然后使用“图钉”固定特定的位置后，拖动需要变形的部位，改变图像的形状，通过图层及动画面板制作 gif 格式的动态图片。

例如，打开一幅图片，制作 gif 格式的动态效果。

打开图片后，首先解锁图层，使用选区工具删除图像的白色背景，复制背景图层为图层 1，然后选中图层 1，执行“编辑”→“操控变形”命令，显示变形网格，在图像的网格上单击左键，依次添加图钉，将鼠标放置在图钉上，鼠标指针呈现移动图标形状时，按住左键并向目标处拖曳，如图 5.58 所示，最后所有操作完成后，按下回车键，完成变形效果。

(a) 背景图层

(b) 图层1

图 5.58　“操控变形”制作 GIF 动画

执行“窗口”→“动画”命令，打开“动画”面板，如图 5.59 所示。默认创建第 1 帧动画，选中第 1 帧，设置时间延迟为 0.5 秒钟，在“图层”面板中，设置“背景图层”显示，“图层 1”不显示。单击“复制所选帧”按钮，选中第 2 帧，设置时间延迟为 0.5 秒钟，且“背景图层”不显示，“图层 1”显示。

图 5.59　“动画”面板

执行“文件”→“存储为 Web 和设备所用格式”命令，文件格式选择 GIF，单击“存储”按钮保存，如图 5.60 所示。注意：若选择“文件”→“存储为”命令，则保存的文件没有动态效果。

图 5.60　“存储为 Web 和设备所用格式”对话框

5.5　路径与绘图工具

在设计网页图像元素时，经常会用到各种图标、图形或文字等部件，Photoshop CS 5 中的路径与矢量工具经常用于对图像进行区域以及辅助抠图、绘制平滑和精细的图形、定义画笔等工具的绘制痕迹，以及路径和与选区之间的转换等。

5.5.1　路径

1. 路径概述

路径由一个或多个直线段和曲线段组成。“锚点”标记路径的端点。在曲线段上，每个选中的锚点显示一条或两条“方向线”，方向线以方向点结束。方向线和方向点的位置决定曲线段的大小和形状。移动这些元素将改变路径中曲线的形状，如图 5.61 所示。

路径是开放的，有明显的起点和终点(例如波浪线)，也可以是闭合的，没有起点或终点(例如圆)。平滑曲线由锚点连接，锐化曲线路径由角点连接，如图 5.62 所示。

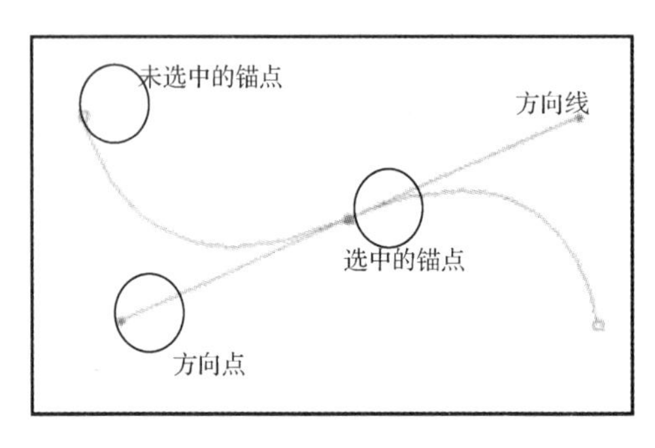

图 5.61　路径

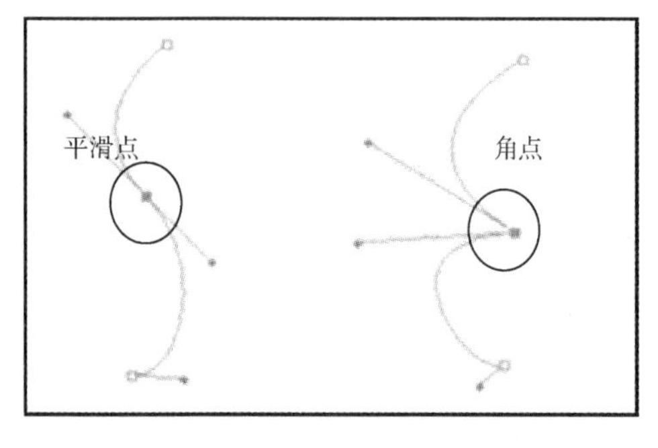

图 5.62　平滑点和角点

在平滑点上移动方向线时，将同时调整平滑点两侧的曲线段，相比之下，当在角点上移动方向线时，只调整与方向线同侧的曲线段。

2. 钢笔工具

在 Photoshop CS 5 中，钢笔工具用于绘制直线、曲线、封闭的或不封闭的路径，并可在绘制路径的过程中对路径进行简单的编辑。当选取“钢笔工具”时，其选项栏如图 5.63 所示，其中各项含义如下：

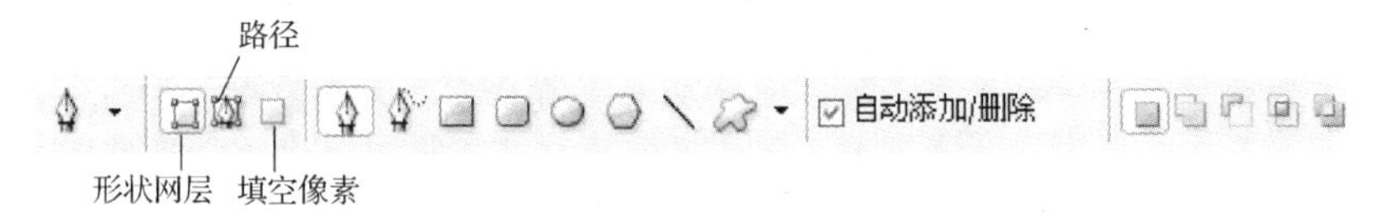

图 5.63　“钢笔工具”选项栏

“形状图层”，如果选择工具选项栏上的“形状图层”选项，将在新的图层上绘制矢量图形。

“路径”，如果选择“路径”选项，绘制的将是路径。

“填充像素”，如果选择“填充像素”选项，将在当前层绘制前景色填充的矢量图形。

钢笔工具选项栏还提供了“矩形工具”、“圆角矩形工具”、“椭圆形工具”、“多边形工具”、“直线形工具”和“自定义形状工具”等六类形状路径，可以利用它们快捷地绘制出各种形状路径。

如果选中“自动添加/删除”复选框，则可以方便地添加和删除锚点。

当绘制直线路径时，只需要选择钢笔工具，在工具选项栏中选取“路径”模式，然后通过连续单击就可以绘制出来。如果要绘制直线或 45°斜线，按住＜Shift＞键的同时单击即可。当绘制曲线路径时，只需要选择钢笔工具，在工具选项栏中选取“路径”模式，然后在绘制起点按下鼠标后不要松手，向上或向下拖动出一条方向线后放手，然后在第二个锚点拖动出一条向上或向下的方向线。如果希望曲线有一个转折以改变曲线的方向，松开＜Alt＞键及鼠标，将指针重新定位于曲线段的终点，并向相反方向拖动就可绘制出改变方向的曲线段，如图 5.64 所示。

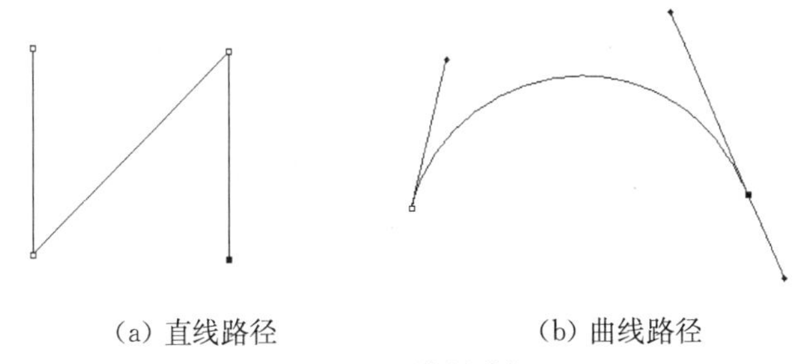

(a) 直线路径　　(b) 曲线路径

图 5.64　绘制路径

自由钢笔工具可用于随意绘图，就像用钢笔在纸上绘图一样。自由钢笔工具在使用上与选框工具的"套索工具"基本一致，只需要在图像上创建一个初始点后即可随意拖动鼠标徒手绘制路径，绘制过程中路径上不添加锚点。

添加锚点工具和删除锚点工具用于根据需要增加、删除路径上的锚点。选择删除锚点工具，当光标移至路径轨迹处时，光标自动变成删除锚点工具，点击锚点，即可删除。

转换点工具用于调整某段路径控制点位置，即调整路径的曲率。使用钢笔工具、添加锚点工具或删除锚点工具得到一组由多条线段组成的多边形路径。要消除多边形的顶点，使路径光滑，只需要选取此工具，然后在图像路径的某点处拖动，即可进行节点曲率的调整。

3. 路径运算

在设计过程中，经常需要创建更复杂的路径，利用路径运算功能可对多个路径进行相减、相交、组合等运算。

创建一个形状图形后，启用不同的运算方式功能，继续创建形状图形，会得到不同的运算结果，如图 5.65 所示。

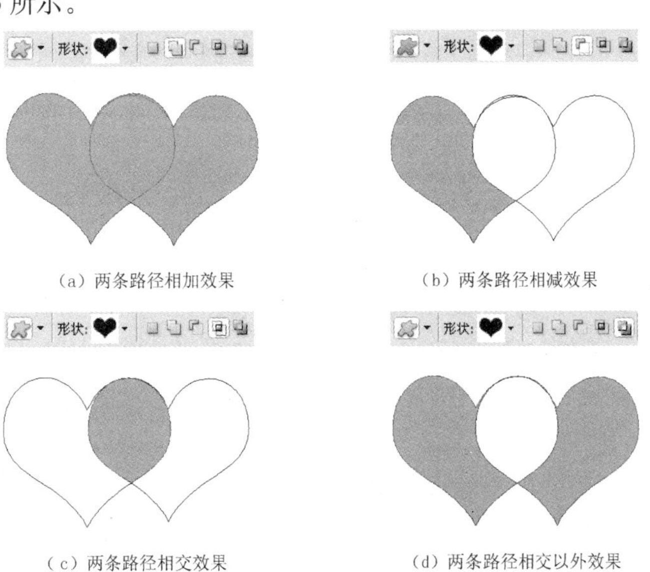

(a) 两条路径相加效果　　(b) 两条路径相减效果

(c) 两条路径相交效果　　(d) 两条路径相交以外效果

图 5.65　路径运算效果

5.5.2　绘制形状

在 Photoshop CS 5 中,使用形状工具可以很方便地绘制出矩形、圆角矩形、多边形、椭圆形、直线及 Photoshop CS 5 里自带的形状。这些形状可以被用作创建新的形状图层、新的工作路径及填充区域。

形状工具组主要有以下六种工具。

椭圆工具:在工具箱中选择椭圆工具后,在属性栏中单击“几何选项”下拉按钮,将弹出“椭圆选项”下拉调板,可以对椭圆工具的一些参数进行设置,如图 5.66 所示。

其中各选项的含义如下:

不受约束:默认选项,完全根据鼠标的拖动决定椭圆的大小。

方形:选中该单选按钮,可绘制正圆形。

固定大小:选中该单选按钮,可绘制指定尺寸的矩形,在后面的 W 和 H 文本框中可输入需要的长宽尺寸。

比例:选中该单选按钮,可绘制指定长宽比例的矩形,在后面的 W 和 H 文本框中可输入需要的长宽比例。

从中心:选中该复选框,可将鼠标拖动的起点作为矩形的中心点。

多边形工具:多边形工具属性栏中有一个“边”参数,用于设置所绘制多边形的边数,默认值为 5。该工具的“几何选项”下拉调板如图 5.67 所示。

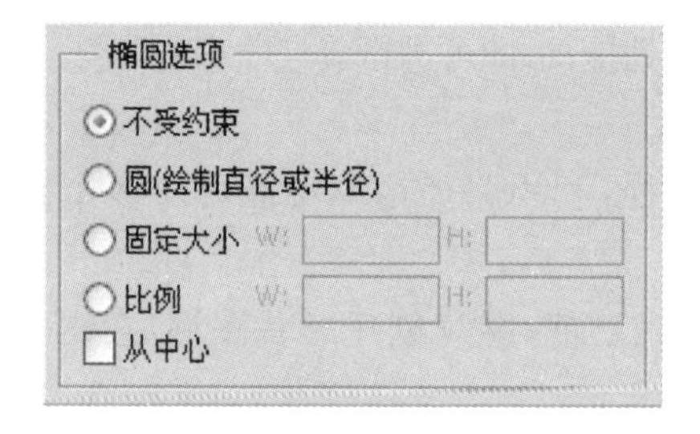

图 5.66　“椭圆选项”下拉调板

图 5.67　“多边形选项”下拉调板

其中各选项的含义如下:

半径:用于设置多边形的中心点到各顶点的距离。

平滑拐角:选中该复选框,可将多边形的顶角设置为平滑效果。

星形:选中该复选框,可将多边形的各边向内凹陷,从而成为星形。

缩进边依据:若选中“星形”复选框,可在该文本框中设置星形的凹陷程度。

平滑缩进:选中该复选框,可采用平滑的凹陷效果。

创建矢量图形的步骤:首先在工具栏中设置好前景色,然后打开工具栏上的矩形工具组,选中某种工具,例如“矩形”工具,然后在选项栏中选中“形状图层”按钮。

在画布上按住鼠标左键进行拖动,即可创建矢量矩形。矢量形状的灰色边缘只起辅助作用,不会出现在保存后的作品中。这时的图层面板中,可以看到新建了一个图层,这个图层就是形状图层。

形状图层中有两个缩略图,左边的缩略图显示的是整个图层的颜色,右边的缩略图显示的是矢量形状的有效区域。如果要将矢量形状转换为位图,可以选中形状图层,然后执行

"图层"→"栅格化"→"形状"命令进行转换。

形状是链接到矢量蒙版的填充图层。通过编辑形状的填充图层，可以很容易地将填充更改为其他颜色、渐变或图案。也可以编辑形状的矢量蒙版以修改形状轮廓，并对图层应用样式，常用的操作如下。

① 要更改形状颜色，可双击"图层"面板中的"图层缩览图"，然后用拾色器选取一种不同的颜色。

② 要修改形状轮廓，可在"图层"调板中单击形状图层的"矢量蒙版缩览图"，或者在"路径"调板中单击"形状 1 矢量蒙版"然后使用工具箱中的"直接选择工具"或钢笔工具更改形状。

③ 要使用渐变或图案来填充形状，可在"图层"调板中选择形状图层，然后单击"添加图层样式"按钮，在弹出的菜单中选择"渐变叠加"命令，并在打开的"图层样式"对话框中设置"渐变"为"色谱"渐变，最后单击"确定"按钮。

5.5.3　制作文字

使用 Photoshop CS 5 制作广告、海报和封面等作品时，常常需要输入文字，在 Photoshop CS 5 中输入文字是通过文字工具来实现的。用户可使用文字工具在图像的任意位置创建横排或竖排文字。

文字工具主要包括横排文字工具(T)、竖排文字工具(↓T)等，它们分别可以输入横排文字和竖排的文字，这里选择横排文字工具并介绍其使用方法，两种工具选项栏中的选项都是相同的，如图 5.68 所示。

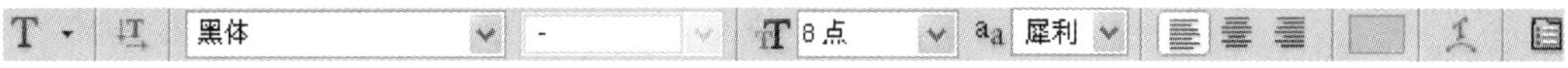

图 5.68　文字工具选项栏

在选项栏中的各选项功能和 Word 中的功能相类似。第一个选项为切换文本取向(↓T)选项，其作用是改变文本的方向，如果原来是横排文字，若点击此选项将变成竖排文字。接下来依次可以设置字体样式，字体大小。

在字体大小后面是设置消除字体锯齿的方法，共有犀利、锐利、平滑、浑厚等几种方式，主要设置所输入字体边缘的形状，并消除锯齿。

接下来的选项是设置输入文字的排列方式和字体颜色，横排文字对齐方式分为左对齐、居中对齐和右对齐。

创建变形文本( )选项可以创建变形文本。

最后一个为切换字符与段落面板( )选项，主要用来调整字体和段落的基本属性。

在 Photoshop CS 5 中经常会制作沿着路径方向的文字，比如弧形的文字，扇形文字，半圆形文字，还有绕圆形一周的文字。

下面介绍路径文字的制作步骤：

1. 新建一个空白图层，单击工具箱中的钢笔工具 ，在选项栏选择绘制路径 ，在画布中沿着彩虹绘制一个弧形。

2. 选择文字工具，鼠标指针放到路径上，当指针变成曲线的时候，点击路径输入文字，那么文字会沿着弧形路径方向环绕。

3. 在选项栏中设置合适的字体、字号、颜色等，如图 5.69 所示。

图 5.69　制作路径文字

5.6　图　层

图像都是基于图层来进行处理的，所谓图层就像一层透明的玻璃纸，透过这层纸，可以看到纸后面的内容，而且无论在这层纸上如何涂画都不会影响其他层的内容。

下面打开一个 Photoshop CS 5 合成的图像(多彩童年. psd)，如图 5.70 所示，通过“图层面板”认识图层面板中的工具，如图 5.71 所示。

图 5.70　Photoshop CS 5 作品“多彩童年”

图 5.71　图层面板

 表示：设置图层的混合模式。

分别表示：锁定透明像素、锁定图像像素、锁定位置、锁定全部。

表示：设置图层可见性。

表示：链接图层。

fx 表示：设置图层样式。

表示：添加图层蒙版。

表示：创建新的填充或者调整图层。

表示：创建新组。

表示：新建空白图层。

表示：删除图层。

5.6.1　图层的基本操作

1. 新建图层

一般情况下，创建一个新的图像文件时就会自动创建一个背景图层，但如果一个新的图像文件背景内容为透明时则会创建一个普通图层。

背景图层和普通图层的主要区别在于，背景图层的右侧有一个锁形图标，表示不能更改背景层的叠放次序、混合模式或不透明度等。要创建新的图层，可以单击图层面板下方的“新建图层”按钮，此时面板上会显示新添加的“图层1”，如图5.72所示。

图5.72　图层面板

2. 移动图层

在平面设计过程中，一个综合性的作品往往是由多个图层组成的，通过“图层”调板选择某个图层，可以移动、复制和编辑图层内容。

使用“移动工具”可以移动当前的图层，如果当前的图层中包含选区，则可移动选区内的图像。在该工具的选项栏中可以设置以下属性。

① 自动选择图层：启动该复选框后，单击图像即可自动选择光标下所有包含像素的图层，该项功能对于选择具有清晰边界的图形较为灵活，但在选择设置了羽化的半透明图像时却很难发挥作用。

② 自动选择组：选择了该选项后，单击图像可选择选中图层所在的图层组。

③ 显示变换控件：启动该复选框后，可选中的项目周围的定界框上显示手柄。显示变换控件后，可以直接拖动手柄缩放图像。

3. 复制图层

通过复制图层，可以创建当前图像的副本，通常通过复制背景图层来保护源图像。复制图层的方法有以下几种：

① 选择要复制的图层，执行“图层”→“复制图层”命令，在弹出的“复制图层”对话框中设置图层的名称。

② 选择要复制的图层，用鼠标将该图层拖动到“创建新图层”按钮上即可。

③ 选择快捷键＜Ctrl＋J＞，执行“通过拷贝的图层”命令。

④ 选择“移动工具”的同时按下＜Alt＞键并拖动即可复制选择的图层。

4. 删除图层

删除无用的图层，可以有效的减少文件的大小。选择要删除的图层，单击“删除图层”按钮即可（或将图层拖动到该按钮上）。

5. 调整图层的顺序

在编辑多个图像时，图层的顺序排列也很重要。上面图层的不透明区域可以覆盖下面图层的图像内容。如果要显示覆盖的内容，则需要对该图层的顺序进行调整。调整图层顺序的方法有以下几种：

选择要调整顺序的图层，执行“图层”→“排列”→“前移一层”命令(快捷键<Ctrl+］>)，该图层就可以上移一层，如图5.73所示。要将图层下移一层，执行“图层”→“排列”→“后移一层”命令(快捷键<Ctrl+［>)。

选择要调整顺序的图层，同时拖动鼠标到目标图层上方，然后释放鼠标即可调整该图层顺序。

如果需要将某个图层置顶的话，按快捷键<Ctrl+Shift+］>；如果需要将某个图层置底，按快捷键<Ctrl+Shift+［>。

图5.73　将图层1和图层2交换顺序

6. 锁定图层内容

在“图层”面板的顶端有四个可以锁定图层的按钮，如图5.74所示。

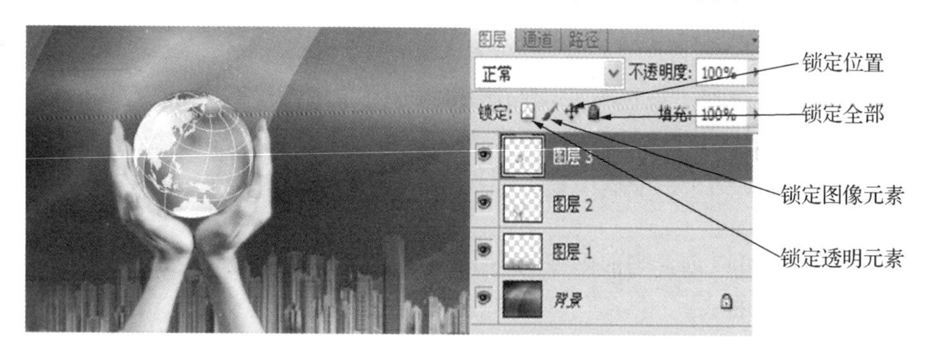

图5.74　锁定图层按钮

使用不同的按钮锁定图层后，可以保护图层的透明区域、图像的像素、位置不会因为误操作而改变。用户可以根据实际需要锁定图层的不同属性。

各个按钮的作用如下所示：

锁定透明像素：单击该按钮后，可将编辑范围限制在图层的不透明部分。

锁定图像像素：单击该按钮后，可防止使用绘画修改该图层的像素，只能对图层进行移动和交换操作，而不能对其进行绘画，擦除或应用滤镜。

锁定位置：单击该按钮后，可以防止图层被移动，对于设置了精确位置的图像，将其锁定后就不必担心被意外移动了。

🔒 锁定全部：单击该按钮后，可锁定以上全部选项。当图层被完全锁定时，“图层”面板中锁定图标显示为实心的；当图层被部分锁定时，锁状图标是空心的。

7. 合并图层

在一幅复杂的图像中，通常有上百个图层，图像文件所占用的磁盘空间也相当大。此时，如果要减少文件所占用的磁盘空间，可以将一些不必要的图层合并。同时，合并图层还可以提高文件的操作速度。

常见的合并方法有以下几种：

① 合并图层：选择两个或多个图层，执行“图层”→“合并图层”命令（快捷键<Ctrl+E>），就可以将选中的图层合并。该命令可以将当前作用图层与其下一图层合并，其他图层保持不变。合并图层时，需要将作用图层的下一图层设为显示状态。

② 合并可见图层：执行“图层”→“合并可见图层”命令（快捷键<Ctrl+Shift+E>），可以将所有可见的图层、图层组合并为一个图层。执行该命令，可以将图像中所有显示的图层合并，而隐藏的图层则保持不变。

③ 拼合图层：执行“图层”→“拼合图像”命令，可以将当前文件的所有图层拼合到背景层中。如果文件中有隐藏图层，则系统会弹出对话框要求用户确认合并操作，拼合图层后，隐藏的图层将被删除。

8. 盖印图层

盖印功能是一种特殊的图层合并方法，它可以将多个图层的内容合并为一个目标图层，同时其他图层保持完好。当需要得到对某些图层的合并效果，而又要保持原图层信息完整的情况下，通过盖印功能合并图层可以达到很好的效果。

盖印功能并不在 Photoshop 菜单中，在“图层”面板中，可以将某一图层中的图像盖印至下面的图层中，而上面的图层的内容保持不变。如图 5.75 所示，首先选择“图层 2”，按快捷键<Ctrl+Alt+E>执行盖印操作，之后会在“图层 1”中发现“图层 2”的内容。

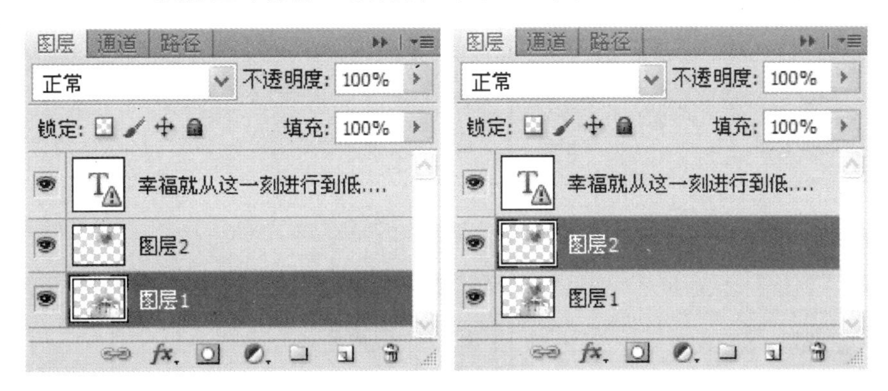

图 5.75　图层盖印功能

此外，盖印功能还可以应用到多个图层，具体方法是：选择多个图层，按快捷键<Ctrl+Alt +E>即可。如果需要将所有图层的信息合并到一个图层，并且保留源图层的内容。首先选择一个可见层，按快捷键<Ctrl+Shift+Alt+E>盖印可见层。执行完操作后，所有可见图层被盖印至一个新建的图层中。

5.6.2　图层样式

使用图层样式可快速为图层添加特殊效果，Photoshop 软件为用户提供了多种效果，如投影、发光、斜面与浮雕等，以便更改图层内容的外观。图层样式是应用于一个图层或图层组的一种或多种效果。图层样式分为自定义样式和预设样式。在图层上应用某些效果，这些效果就会成为图层的自定义样式，并且该样式就会成为预设样式。

1. 样式控制面板

要在图层上使用预设样式，可通过“样式”控制面板实现。在“样式”控制面板中选择要添加的样式，图像添加后的效果如图 5.76 所示。

图 5.76　为图像添加图层样式

2. 自定义图层样式

如果在“样式”控制面板中没有需要的样式，那么可以自己建立新的样式。

执行“图层”→“图层样式”→“混合选项”命令，在对话框中设置需要的特效，单击“新建样式”按钮，弹出“新建样式”对话框，按需要进行设置，如图 5.77 所示。

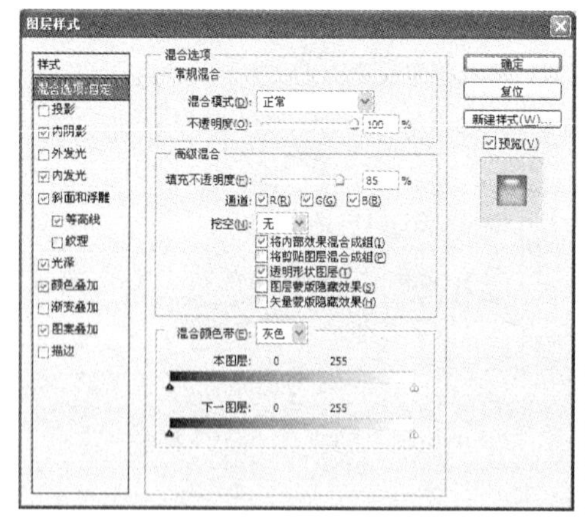

图 5.77　自定义图层样式

单击“确定”按钮，新样式被添加到“样式”控制面板中。

3. 删除样式

删除样式命令用于删除“样式”控制面板中的样式。将要删除的样式直接拖曳到“样式”控制面板下方的“删除样式”按钮上，即可完成删除。

4. 清除样式

当对图像所应用的样式不满意时，可以对应用的样式进行清除。

选中要清除样式的图层，单击“样式”控制面板下方的“清除样式”按钮，即可将图层中添加的样式清除。

5. 制作网页按钮

浏览网页时，我们会经常看到很多漂亮的按钮，例如悬停按钮，在网页中有多种显示状态，正常状态下，按钮中的文字显示白色；当鼠标指针移到该按钮上时，文字显示蓝色，当按下鼠标时，文字显示为红色。按钮制作的方法很多，下面介绍利用 Photoshop CS 5 制作悬停按钮的一般步骤。

第一步，新建文档，单击图层面板按钮创建“图层 1”，重命名为“按钮样式”，使用矩形工具绘制一个圆角矩形，填充蓝色。

第二步，执行菜单“图层|样式” 命令，在样式面板中选择一款样式，可以为按钮填充渐变色，或者填入一些底纹等，也可以利用图层面板中的图层样式自定义设计，如图 5.78 所示。

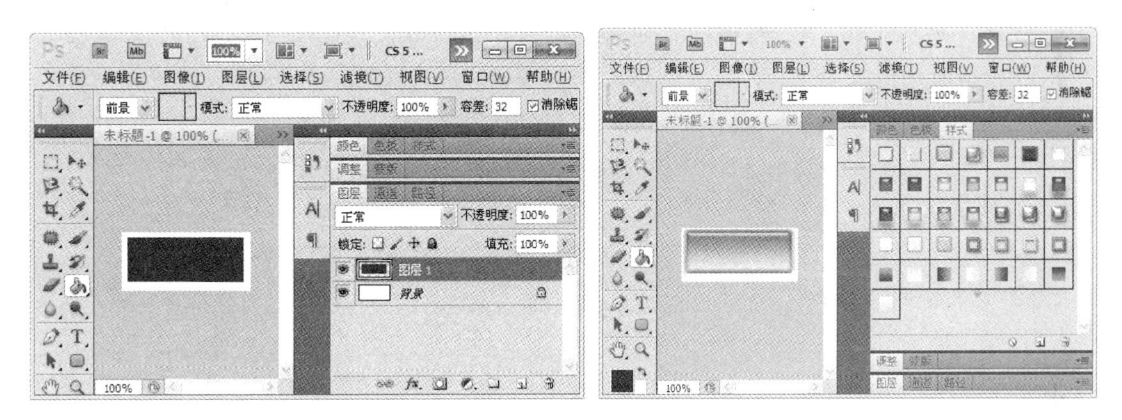

图 5.78 添加图层样式

第三步，创建新图层并命名为“正常”，利用文字工具，在按钮上面输入“下一步”，设置白色。

第四步，按<Ctrl+J>组合键复制图层，命名为“移过”，将文字颜色改为蓝色。

第五步，再次按<Ctrl+J>组合键复制图层，命名为“按下”，将文字颜色改为红色。

按钮的三种状态如图 5.79 所示。

图 5.79 制作按钮的三种状态

第六步，最后使用“图像”→“裁切”命令，打开“裁切”对话框，裁切掉多余的区域，如图 5.80 所示。

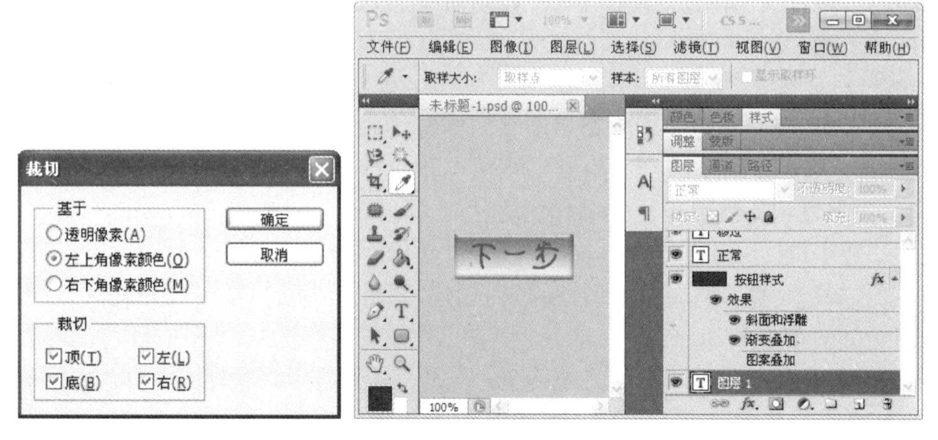

图 5.80 裁切操作

第七步，隐藏“背景”图层，仅显示“正常”图层和“按钮样式”图层，选择“文件”→“存储为 Web 和设备所用格式”命令，在打开的对话框中，单击存储按钮即可。最后以同样方式输出鼠标经过和鼠标按下时的按钮状态图，最终效果如图 5.81 所示。

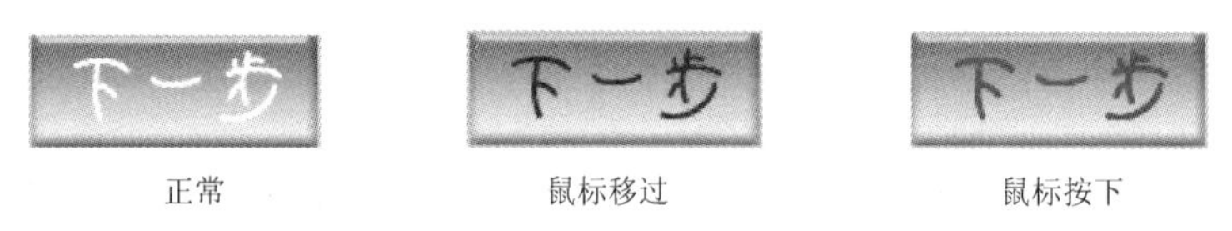

图 5.81 按钮的效果图

5.7 蒙 版

蒙版可以用来将图像的某部分蒙盖起来，起一种保护作用。当基于一个选区创建蒙版时，没有选中的区域成为被蒙版蒙住的区域，防止被编辑或修改。利用蒙版，可以将创建的选区存储起来随时调用，也可以将蒙版用于其他复杂的编辑工作，例如对图像执行颜色变换或滤镜效果等。

蒙版用来控制图像的显示与隐藏区域，是进行图像合成的重要途径。在 Photoshop 中主要包括快速蒙版、剪贴蒙版以及图层蒙版等形式。

5.7.1 快速蒙版

快速蒙版用来创建、编辑和修改选区。它是一种手动间接创建选区的方法，其特点是与绘图工具结合起来创建选区，较适用于对选择区域要求不很高的情况。

创建快速蒙版的方法是单击工具箱中的“以快速蒙版模式编辑”工具，进入快速蒙版，然后选择“画笔”工具在想要选中的区域外单击并且拖动进行涂抹。当使用黑色前景色进行作图时，将在图像中得到红色的区域，也就是退出快速蒙版编辑状态后的非选区区域；反之，当使用白色进行作图时，可以去除红色区域，使用白色绘制的区域，就是退出快速蒙版编辑状态后生成的选区；如果用灰色进行作图的话，生成的选区会有一定的羽化效果。

涂抹完成后，单击工具箱中“以标准模式编辑”工具，返回正常模式，这时画笔没有绘制到的区域形成选区，如图 5.82 所示。

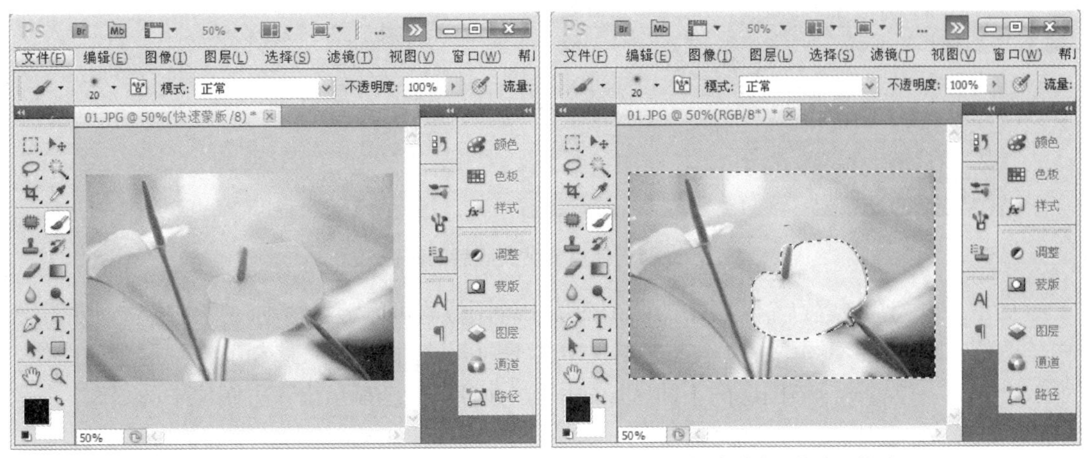

(a) 使用黑色涂抹后的效果　　(b) 标准模式下的选取效果

图 5.82　快速蒙版应用

提示：用笔刷涂抹时可能边缘无法很好的把握，这时可以通过调整画笔大小及形状进行涂抹。

5.7.2　剪贴蒙版

剪贴蒙版是一种常用的、用于混合文字、形状与图像的技术。剪贴蒙版由两个以上图层构成，最底下的图层是基层，基层图像的透明区域将遮住上方各层的该区域。制作剪贴蒙版时，图层之间的实线变为虚线，基层图层名称下有一条下划线。

打开一幅图像，在“图层”控制面板上新建一个图层并将其拖曳到“背景”图层的下面，选择“自定义形状”工具，在“形状”选项中选择需要的形状，在图像窗口中绘制出需要的图形，并填充适当的颜色，“图层”控制面板及图像效果如图 5.83 所示。

图 5.83　原图像

按住 Alt 键，单击两个图层间的实线，就制作出剪贴蒙版了，图层控制面板及图像效果如图 5.84 所示。

图 5.84　使用剪贴蒙版后的图像

提示:创建剪贴蒙版后,蒙版中的两个图层中的图像均可以随意移动。如果移动下方图层中的图像,那么会在不同位置显示上方图层中的不同区域图像;如果移动上方图层中的图像,那么会在同一位置显示该图层的不同区域的图像,并且可能会显示出下方图层中的图像。

5.7.3　图层蒙版

图层蒙版就是在图像前用一块黑色的遮色片进行遮饰。被黑色遮色片所遮到的图像将无法显示,而没有被黑色片遮盖的图像部分(也就是蒙版的白色部分)则清晰可见。也就是说,蒙版可以用来遮盖部分不需要的图像。

图层蒙版的最大优势是在显示或隐藏图像时,所有操作均在蒙版中进行,不会影响图层中的图像。例如,为图 5.85 制作图层蒙版。单击图层面板底部的“添加图层蒙版”按钮,选择渐变工具,设置渐变选项为由黑到白的线性渐变,在图像中由左到右进行渐变填充,最终效果如图 5.86 所示。

图 5.85　使用图层蒙版前的图像

图 5.86　使用图层蒙版后的图像

提示：要想将某一图层的蒙版复制到其他图层，可以结合＜Alt＞键拖动蒙版缩览图到想要复制的图层即可，直接单击并拖动图层蒙版缩览图，可以将该蒙版转移到其他图层。如果结合＜Shift＞键拖动蒙版缩览图，除了将该图蒙版转移到其他图层外，还将转移后的蒙版反相处理，即蒙版与显示的区域相反。

5.8　图像色彩与色彩调整

色彩是人的视觉最敏感的元素，调整色彩和色调是图像处理中非常重要的环节，图像色调的调整是对图像明暗关系以及整体色彩的调整。色彩在图像设计中占有重要的地位。

5.8.1　色彩基础

为了更好地应用色彩来设计图像，一定要先了解一下色彩的一些基本概念。

1. 色相

色相即色的相貌，是色彩的首要特征，是区别各种不同色彩的最准确的标准。人眼所见到的各种色彩是由不同波长引起的，光谱中有红、橙、黄、绿、蓝、紫六种基本色相。

2. 饱和度

饱和度指的是色彩的鲜艳程度，也称为纯度。饱和度取决于该色中含色成分和消色成分(灰色)的比例。含色成分越大，饱和度越大；消色成分越大，饱和度越小。

不同的色相不仅明度不同，纯度也不相同，在所有色相中，红色的饱和度最高，蓝绿色的饱和度最低。任何一种色相加入白色，明度虽有所提高，但纯度都会降低，若加入黑色，色相的纯度和明度都会降低；当两种或两种以上的色相混合时，它们各自的纯度都会降低。

3. 明度

明度指的是色彩的明暗程度或深浅程度，它是色彩中的骨骼，具有一种不依赖于其他性质而单独存在的特性，色相与饱和度脱离了明度就无法显现。

不同明度值的图像效果带给人的心理感受也大有不同，高明度色彩给人以明亮、纯净、唯美等感受；适中的明度色彩给人的以朴素、稳重、亲和的感受；低明度色彩则让人感受压抑、沉重、神秘。其中，黄色是明度最高的颜色，紫色是明度最低的颜色。

4. 相近色与对比色

在介绍相近色与对比色之前，先要了解色环的概念。色环实质上就是在彩色光谱中所见的长条形的色彩序列，如图 5.87 所示。

相近色是指色环中相邻的三种颜色，例如红、橙、黄。相近色的搭配给人的视觉效果非常舒适、自然，所以相近色在图像设计中极为常用。采用相近色配色可以避免图像色彩杂乱，易达到和谐、统一的视觉效果。

对比色也称互补色，在色环上相互正对，例如红和青。对比色可以突出重点，产生强烈的视觉效果，合理使用对比色能使图像特色鲜明、重点突出。在设计图像时一般以某种颜色为主色调，对比色为点缀。

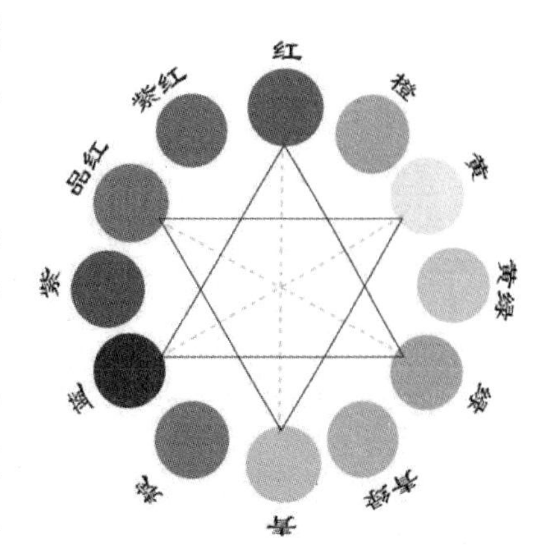

图 5.87　12 色环

色彩应用的原则是“总体协调，局部对比”，即整体的色彩效果和谐、统一，局部区域可以有一些强烈的变化。

5.8.2 图像颜色分布的查看

在对图像色彩调整之前，应该对图像的色彩有一个全面的认识，再根据需要做出正确的调整，以达到一个较为完美的效果。可以从“信息”面板和“直方图”面板中了解图像的颜色分布。

1. “信息”面板

“信息”面板与颜色取样器工具可用来读取图像中一个像素的颜色值，从而客观地分析颜色校正前后图像的状态。在使用各种色彩调整对话框时，“信息”面板会显示像素的两组像素值，即像素原来的颜色值和调整后的颜色值，而且，用户可以使用吸管工具查看单独区域的颜色，如图 5.88 所示。

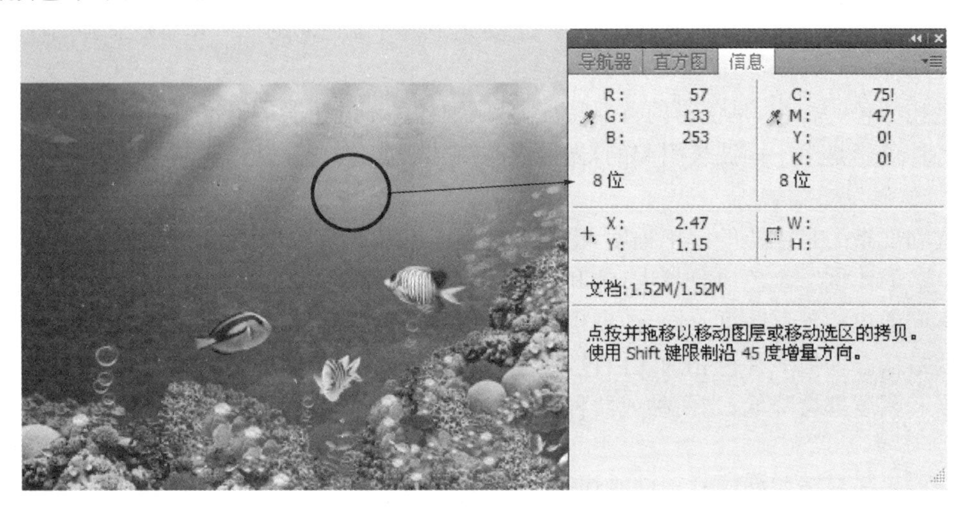

图 5.88 单独区域图像信息

2. “直方图”面板

Photoshop 提供了“直方图”面板用于了解图像颜色的分布情况，以图形的形式表示图像每个亮度级别处的像素的数量，为校正色调和颜色提供依据。在“直方图”面板中，主要包含了平均值、标准偏差、中间值、像素、高速缓存级别、色阶、数量、百分位等信息，如图 5.89 所示。

图 5.89 图像的“直方图”面板

5.8.3　图像色彩的基本调整

图像色彩的调整主要包括调整图像的色相、饱和度和明度等。调整图像色彩的常用方法，主要可以通过“色阶”、“自动色调”、“曲线”、“亮度与对比度”等命令来实现，下面将分别介绍。

1. 运用“色阶”命令调整色彩

“色阶”命令通过将每个通道中最亮和最暗的像素定义为白色和黑色，然后按比例重新分配中间像素值来控制调整图像的色调，从而校正图像的色调范围和色彩平衡。

例如，运用“色阶”命令增加图像亮度，方法如下：

(1) 打开如图 5.90 所示的图像文件。执行“图像”→“调整”→“色阶”命令(快捷键<Ctrl＋L>)，如图 5.91 所示。

图 5.90　图像

图 5.91　单击“色阶”命令

(2) 弹出“色阶”对话框，如图 5.92 所示。设置“输入色阶”的参数依次为 28、1.32、223，单击“确定”按钮，即可运用“色阶”命令调整图像，效果如图 5.93 所示。

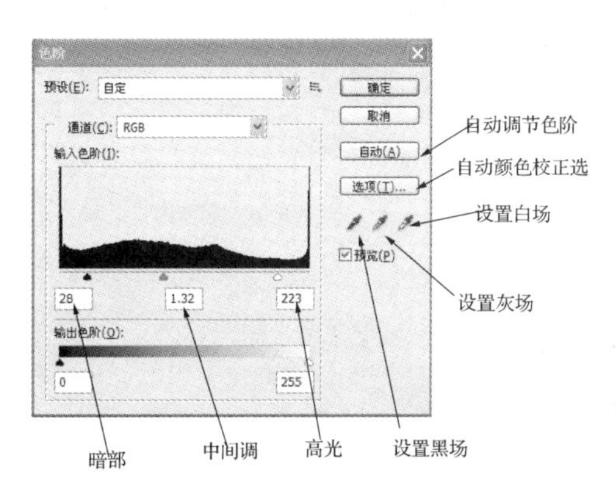

图 5.92　“色阶”对话框

图 5.93　调整色阶后的效果

在“色阶”对话框中，单击“自动调节色阶”按钮系统会自动的调整整个图像的色调。也可以通过设置“暗部”、“中间调”、“高光”三个值来调整整个图像的色调。用“设置黑场”吸管在图像上单击，可以将图像中所有像素的亮度值减去吸管单击处的像素亮度值，从而使图像变暗；用“设置灰场”吸管在图像上单击，将用所单击的像素中的灰点来调整图像的色调分布。用“设置白场”吸管在图像上单击，可以将图像中所有像素的亮度值加上吸管单击处的亮度值，使图像变亮。

2. 使用“曲线”命令调整色彩

使用“曲线”命令调节曲线的方式，可以对图像的亮调、中间调和暗调进行适当调整，其最大的特点是可以对某一范围内的图像进行色调的调整，而不影响其他图像的色调。

例如，打开一幅图像，很显然图片曝光过度，解决办法就是将亮部的游标右移来减少照片的反差。执行“图像”→“曲线”命令(快捷键<Ctrl+M>)，弹出“曲线”对话框，如图 5.94 所示。

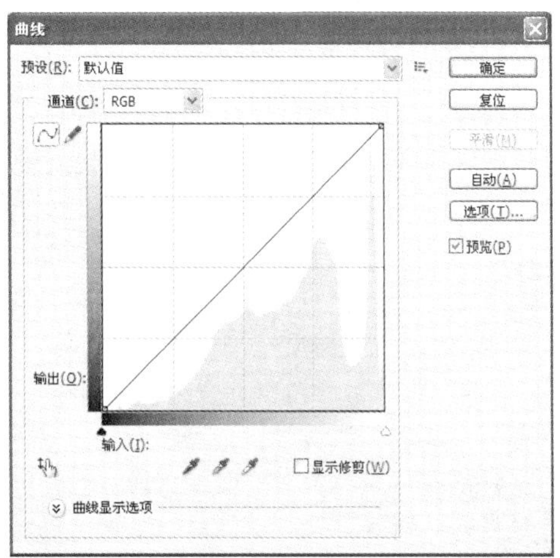

图 5.94　曲线调整

调整后的效果如图 5.95 所示。

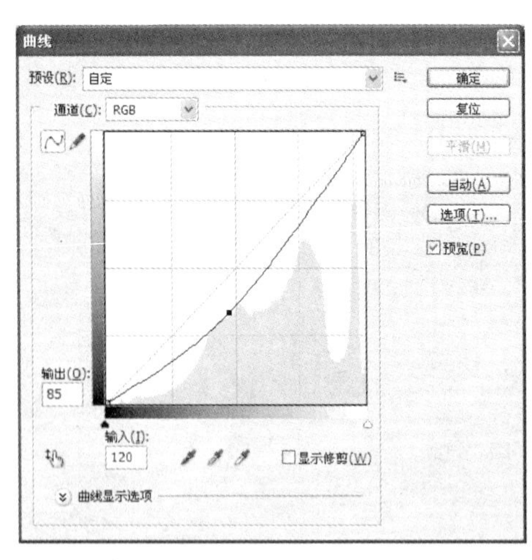

图 5.95　曲线调整后图像效果

提示：在“曲线”对话框中，“通道”选项可以用来选择调整图像的颜色通道；曲线表示输入与输出色阶的关系；输入和输出数值显示的是图表中光标所在位置的亮度值；“自动”按钮可自动调整图像的亮度。

3. 运用“自动色调”命令调整色彩

“自动色调”命令根据图像整体颜色的明暗程度进行自动调整，使亮部与暗部的颜色按一定的比例分布。

例如，打开一幅图像，执行“图像”→“自动色调”命令(快捷键＜Ctrl＋Shift＋L＞)，系统即可自动调整图像明暗，如图 5.96 所示。

图 5.96　自动调整图像色彩

4. 亮度/对比度调整

“亮度/对比度”命令可以调节图像的亮度和对比度。执行“图像”→“调整”→“亮度/对比度”命令，弹出如图 5.97 所示的“亮度/对比度”对话框。

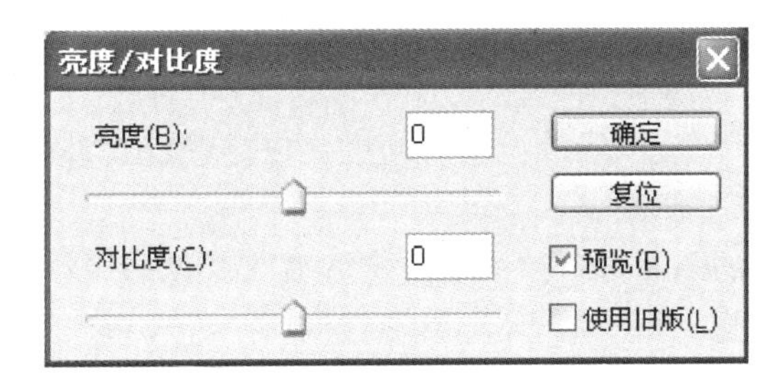

图 5.97　“亮度/对比度”对话框

在对话框中，可以通过拖曳亮度和对比度滑块来调整图像的亮度及对比度，如图 5.98 所示向左拖曳滑块降低亮度和对比度后的效果(亮度－50)，或者向右拖曳滑块增加亮度和对比度后的效果(亮度＋50)。

(a) 原图

(b) 降低亮度

(c) 增加亮度

图 5.98　“亮度/对比度”调整

5. “色相/饱和度”调整

“色相/饱和度”命令可以调整整幅图像的色相、饱和度和明度，或单个颜色成分的色相、饱和度和明度。此命令也可以用于 CMYK 颜色模式的图像中，有利于颜色值处于输出设备的范围中。

例如，打开一幅图像，执行“图像”→“调整”→“色相/饱和度”命令(快捷键<Ctrl+U>)，弹出“色相/饱和度”对话框，设置“色相”为“－180”，设置“饱和度”为“＋50”，单击“确定”按钮，即可调整图像的色相，如图5.99所示。

图5.99　“色相/饱和度”调整

提示：在“色相/饱和度”对话框中，“编辑”选项用于选择要调整的色彩范围；“着色”选项用于在灰度模式转化而来的色彩模式图像中添加需要的颜色。

6. “色彩平衡”调整

“色彩平衡”命令用于调节图像的色彩平衡度。根据颜色互补的原理，通过添加和减少互补色而达到图像的色彩平衡效果。

例如，打开一幅偏色的图像，执行“图像”→“调整”→“色彩平衡”命令，弹出“色彩平衡”对话框，依次设置色阶值为＋7、＋7、－55，单击“确定”按钮，如图5.100所示。

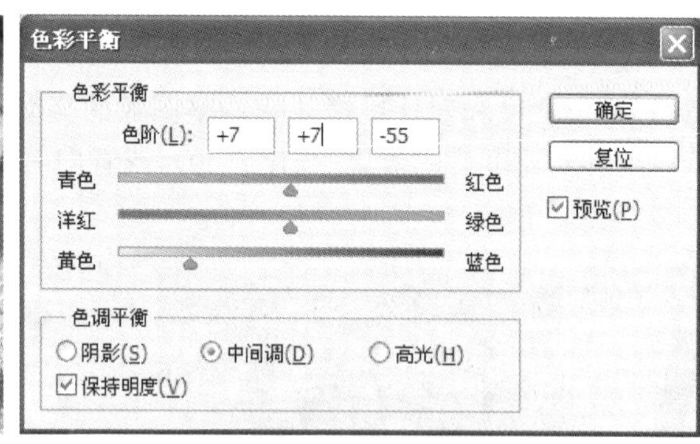

图5.100　“色彩平衡”调整色彩平衡度

5.8.4　图像色彩的高级调整

1. 渐变映射

“渐变映射”命令用于将图像的最暗和最亮色调映射为一组渐变色中的最暗和最亮色调。

例如，打开一幅图像，执行“图像”→“调整”→“渐变映射”命令，弹出“渐变映射”对话框，其中，“灰度映射所用的渐变”选项可以选择不同的渐变形式；“仿色”选项用于为转变色阶后的图像增加仿色；"反向"选项用于将转变色阶后的图像颜色反转。在"渐变映射"对话框中，打开"渐变拾色器"，选择由黑到白的渐变形式，单击"确定"按钮，如图 5.101 所示。

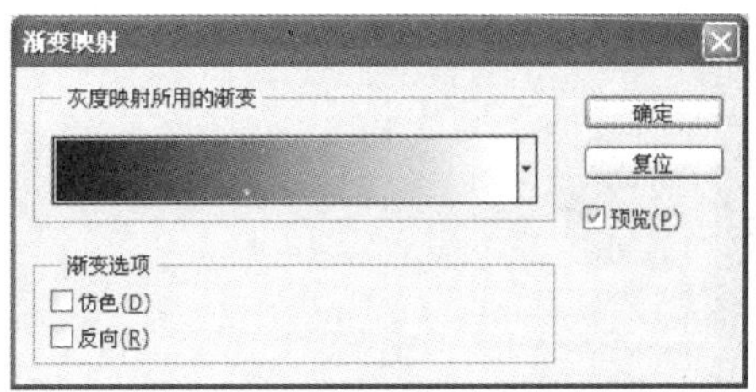

图 5.101　"渐变映射"调整图像色调

2. 照片滤镜

"照片滤镜"命令可以模仿传统相机的滤镜效果处理图像，通过调整镜头传输的色彩平衡和色温，从而使图像产生特定的曝光效果。

例如，打开一幅图像，执行"图像"→"调整"→"照片滤镜"命令，弹出"照片滤镜"对话框，单击"滤镜"右侧的下拉按钮，在弹出的列表中选择"冷却滤镜(80)"选项，设置"浓度"为 25%，单击"确定"按钮，调整后效果如图 5.102 所示。

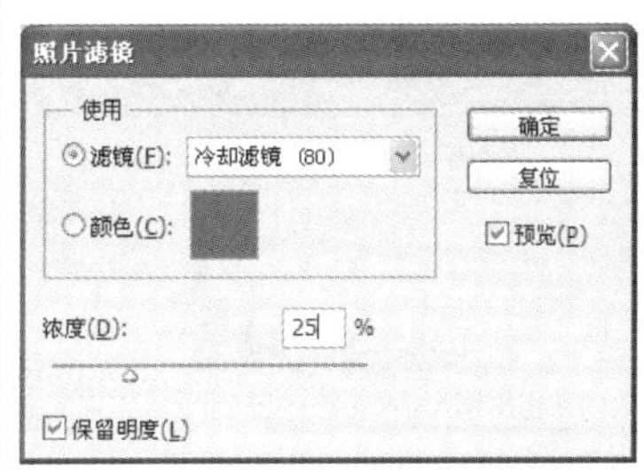

图 5.102　"照片滤镜"调整图像

3. 阴影/高光

"阴影/高光"命令用于快速改善图像中曝光过度或曝光不足区域的对比度，同时保持图片色彩的整体平衡。

例如，打开一幅图像，执行"图像"→"调整"→"阴影/高光"命令，弹出"阴影/高光"对话框，在对话框中，在"阴影"选项中可拖动滑块设置暗部数量的百分比，数值越大，图像越亮；在"高光"选项中可拖动滑块设置高光数量的百分比，数值越大，图像越暗。将阴影数量设置为"80%"，高光数量设置为"50%"，如图 5.103 所示。

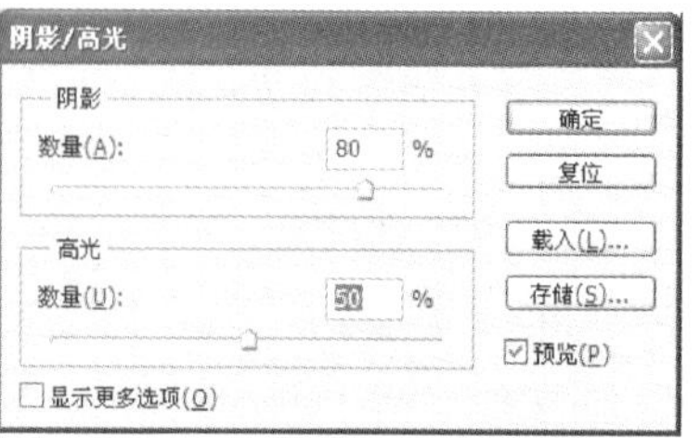

图 5.103　“阴影/高光”调整图像

4. 阈值

“阈值”命令可以提高图像的反差度。

例如，打开一幅图像，执行“图像”→“调整”→“阈值”命令，弹出“阈值”对话框，拖曳滑块或在“阈值色阶”中输入数值，可以改变图像的阈值，系统会使大于阈值的像素变为白色，小于阈值的像素变为黑色，使图像具有高度反差，如图 5.104 所示。

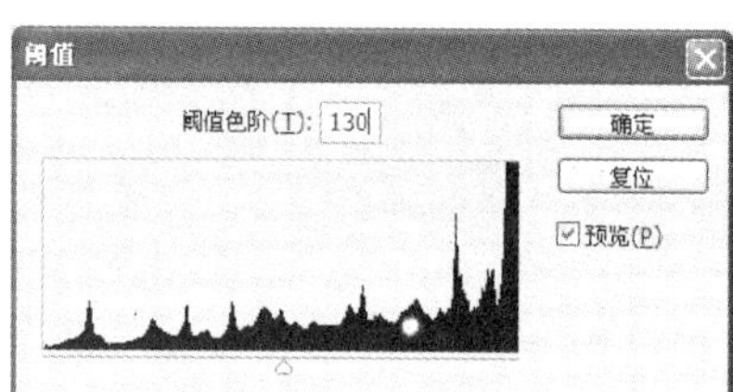

图 5.104　“阈值”调整调整图像

5. 去色

“去色”命令能够去除图像中的颜色，使图像变为灰度图，但图像的原颜色模式保持不变。

例如，打开一幅图像，使用“快速选择”工具创建选区，执行“图像”→“调整”→“去色”命令，系统将选区中的颜色去除，如图 5.105 所示。

图 5.105　“去色”调整

6. 匹配颜色

"匹配颜色"命令用于将一幅或多幅图像之间、多个图层之间或多个选区之间的颜色统一成一种协调的色调，在做图像合成的时候非常方便实用。

打开两幅不同色调的图片，打开两幅不同色调的图片，选择需要调整的图片，执行"图像"→"调整"→"匹配颜色"命令，弹出"匹配颜色" 对话框，设置"源"图片，单击"确定"按钮即可调整图像色调，如图 5.106 所示。

图 5.106 "匹配颜色"调整图像色调

5.9 滤镜技术

"滤镜"这一专业术语源于摄影，通过它可以模拟一些特殊的光照效果，或是带有装饰性的纹理效果。Photoshop CS 5 提供了多种滤镜效果，且功能强大，被广泛应用于各种领域，合理地应用滤镜可以使用户在处理图像时，能轻而易举地制作出绚丽的图像效果。

5.9.1 滤镜使用原则

所有的滤镜效果都有相同之处，用户只有遵守这些基本的使用原则，才能准确有效地使用各种滤镜功能。

掌握滤镜的使用原则是非常必要的，有以下几点：

• 上次使用的滤镜显示在"滤镜"菜单顶部，按<Ctrl+F>组合键，可再次以相同参数应用上一次的滤镜，按<Ctrl+Alt+F>组合键，可再次打开相应的滤镜对话框。

• 滤镜可应用于当前选择范围、当前图层或通道，若需要将滤镜应用于整个图层，则不要选择任何图像区域或图层。

• 了解图像模式和滤镜的关系，有些滤镜只对 RGB 颜色模式图像起作用，而不能应用于位图模式或索引模式图像；有些滤镜不能应用于 CMYK 颜色模式图像及 Lab 颜色模式图像。

• 有些滤镜完全是在内存中进行处理的，因此在处理高分辨率图像时非常消耗内存。

Photoshop CS 5 中的滤镜种类多样，功能和应用也各不相同，掌握并运用好滤镜，除了需要掌握滤镜的使用原则外，更重要的是将滤镜合理、有效地应用于实践中。

5.9.2　常用滤镜技术

1. 滤镜库

滤镜库将常用滤镜集合在一个面板中，以折叠菜单方式显示，并为每一个滤镜提供了一个直观的预览效果，使用非常方便。

打开一幅图像，执行“滤镜”→“滤镜库”命令，弹出“滤镜库”对话框。对话框中列出滤镜列表，单击合适的滤镜，可以浏览其效果，从中选择需要的滤镜，如图 5.107 所示。

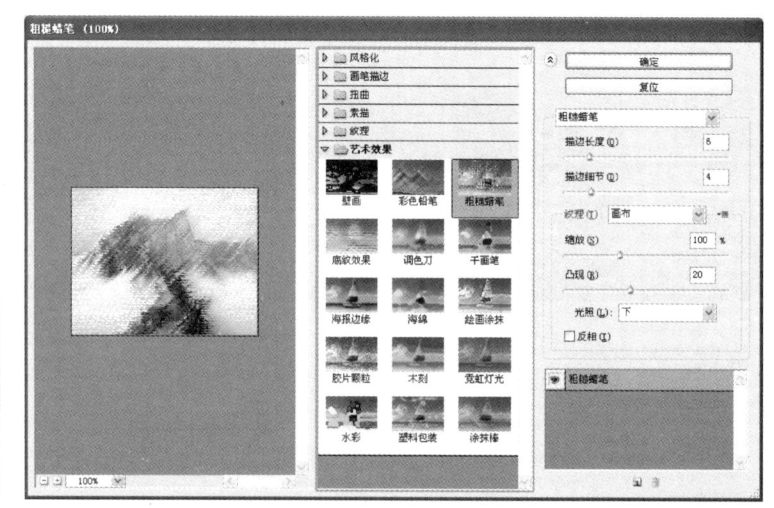

图 5.107　“滤镜库”对话框

“滤镜库”对话框左侧为图像效果预览窗口，单击预览窗口下面的⊞按钮，可以放大预览图像，百分比数值按钮中显示出放大图像的百分比数值；单击预览图下面的⊟按钮，可以缩小预览图像，百分比数值按钮中显示出缩小图像的百分比数值。单击预览窗口下面的百分比数值列表框，可以选择需要的百分比数值来预览图像。

“滤镜库”对话框中间为滤镜的设置区，可以选择需要的滤镜。

“滤镜库”对话框右侧中部为滤镜参数的设置区，可以设置选中的滤镜的各项参数。

“滤镜库”对话框右侧底部为滤镜效果编辑区，单击“新建效果图层”按钮，可以继续对图像应用的滤镜效果。单击“删除效果图层”按钮，可以删除对图像应用的滤镜效果。单击“关闭”按钮，可以显示图像的原始效果。

2. 选区滤镜操作

Photoshop CS 5 会针对选区范围进行滤镜处理，打开一幅图像，选择某一区域，执行“滤镜”→“扭曲”→“玻璃”命令，滤镜效果只对选区起作用，如果没有选区，则对整个图像进行滤镜处理，如图 5.108 所示。

图像选区

(a) 只对选区内的图像起作用 (b) 针对整幅图像起作用

图 5.108 滤镜应用到选区内与整个图像的对比效果

在只对局部图像进行滤镜处理时，可以将选区羽化，使处理的区域与原图像自然的结合，减少突兀的感觉。

在 Photoshop CS 5 的绝大多数滤镜对话框中，都有预览功能，如图 5.109 所示为“添加杂色”对话框。执行滤镜需要花费很长时间，使用预览功能可以在设置滤镜参数的同时预览效果。

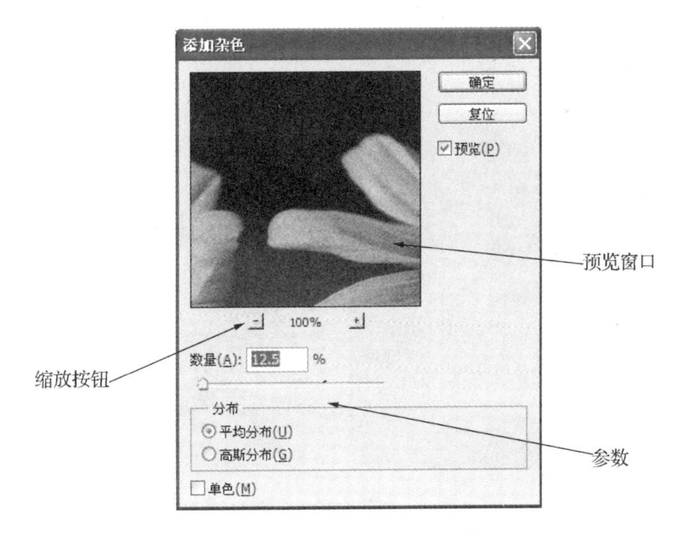

图 5.109 “添加杂色”对话框

将光标指向预览框后，光标变成手形，这时单击并拖动鼠标即可在预览框中移动图像。如果图像尺寸过大，还可以将光标指向图像，当光标变成方框后单击，预览框内立刻显示该图像。

如果对文本图层或者形状图层滤镜执行滤镜，Photoshop CS 5 会提示先转换为普通图层后再执行滤镜命令。

3. “模糊”滤镜

“模糊”滤镜可以使图像中清晰或对比度较强烈的区域产生模糊的效果，也可以用于制作柔和阴影。

例如，打开一幅图像，利用“快速选择”工具创建一个与汽车一样大小的选区，执行“选择”→“反向”命令，将汽车之外的部分作为选区，执行“选择”→“修改”→“羽化”命令，设置

“羽化半径”为10,单击“确定”按钮,羽化选区。执行“滤镜”→“模糊”→“径向模糊”命令,弹出“径向模糊”对话框,设置“数量”为30,选中“缩放”和“最好”单选按钮,单击“确定”按钮,即可将“径向模糊”滤镜应用于图像中。如图5.110所示。

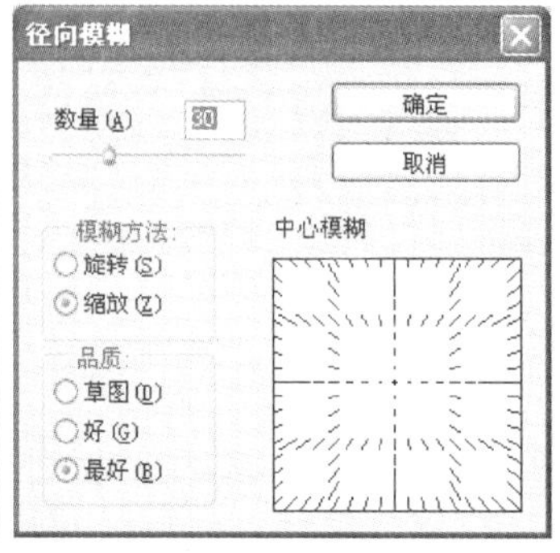

图5.110　“模糊”滤镜的使用

4.“风格化”滤镜

“风格化”滤镜可以产生印象派以及其他风格画派作品的图像效果。

例如,打开一幅图像,执行“滤镜”→“风格化”→“浮雕效果”命令,即可将“浮雕效果”滤镜应用于图像中,如图5.111所示。

图5.111　“风格化”滤镜的使用

5.“镜头校正”滤镜

“镜头校正”滤镜可以用于对失真或倾斜的图像进行校对,还可以对图像调整扭曲、色差、晕影及变换效果,使图像恢复至正常状态。

例如,打开一幅倾斜的图像,执行“滤镜”→“镜头校正”命令,弹出“镜头校正”对话框,在“自定/垂直透视”选项中设置值为−34,如图5.112所示,单击“确定”按钮,即可对图像进行镜头校正。

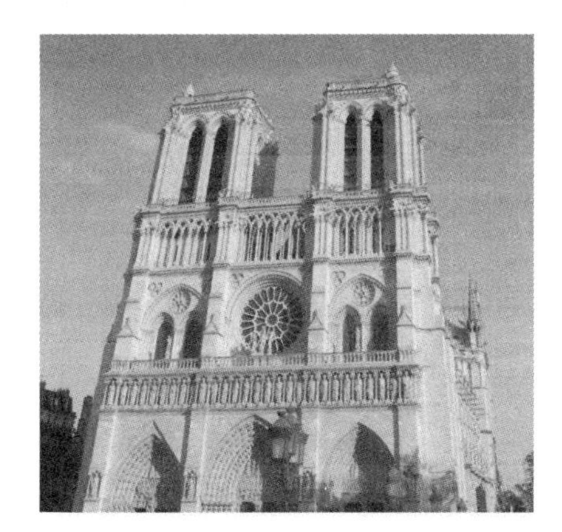
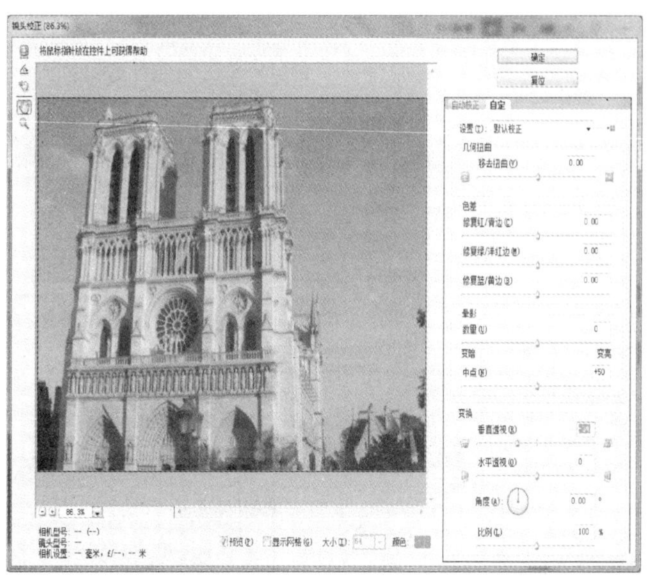

图 5.112 “镜头校正”滤镜的使用

6.“艺术效果”滤镜

“艺术效果”滤镜是模拟素描、蜡笔、水彩、油画，以及木刻石膏等手绘艺术的特殊效果，将不同的滤镜运用于不同的平面作品中，使图像产生不同的艺术效果。

例如，打开一幅图像，执行“滤镜”→“艺术效果”→“粗糙蜡笔”命令，弹出“粗糙蜡笔”对话框，设置各项参数，“色阶数”为5，“边缘简化度”为3，“边缘逼真度”为2。单击“确定”按钮，即可将“粗糙蜡笔”滤镜应用于图像中，如图5.113所示。

图 5.113 “粗糙蜡笔”滤镜后的图像

7.“液化”滤镜

使用“液化”滤镜可以逼真地模拟液体流动的效果，可以对图像实现弯曲、旋转、扩展和收缩等效果，但是该滤镜不能在索引模式、位图模式和多通道色彩模式的图像中使用。

例如，打开一幅图像，执行“滤镜”→“液化”命令，弹出“液化”对话框，选取向前变形工具，将鼠标指针移至图像预览框的合适位置，单击鼠标左键并拖曳，即可使图像变形，单击“确定”按钮，将预览窗口中的液化变形应用到图像编辑窗口的图像上，如图5.114所示。

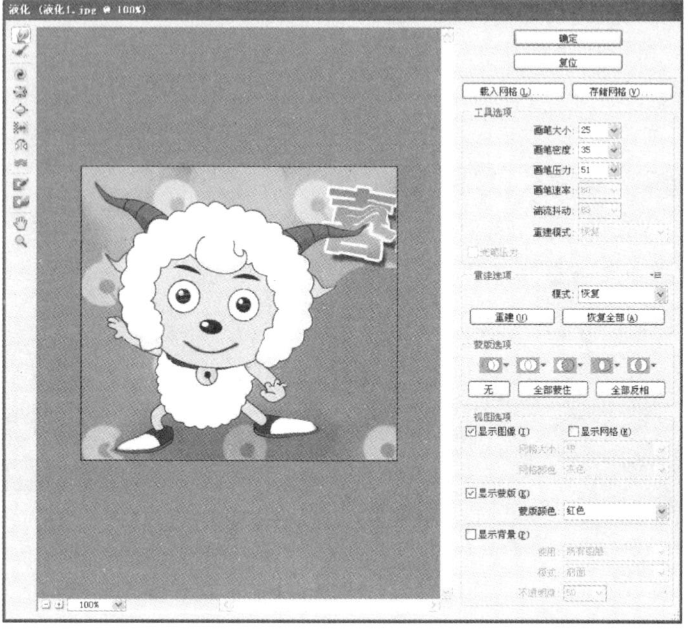

图 5.114　“液化”滤镜的使用

8. “渲染”滤镜

使用“渲染”滤镜组中的滤镜可以制作出照明、云彩图案、折射图案和模拟光的效果，其中，分层云彩和云彩效果的图案是根据前景色和背景色进行变换的。

例如，打开一幅图片，新建图层 1，填充黑色，执行“滤镜”→“渲染”→“镜头光晕”命令，弹出“镜头光晕”对话框，设置“亮度”为 67%，选中“105 毫米聚焦”，单击“确定”按钮，即可将“镜头光晕”滤镜应用于图像中，调整图层 1 至合适位置，如图 5.115 所示。

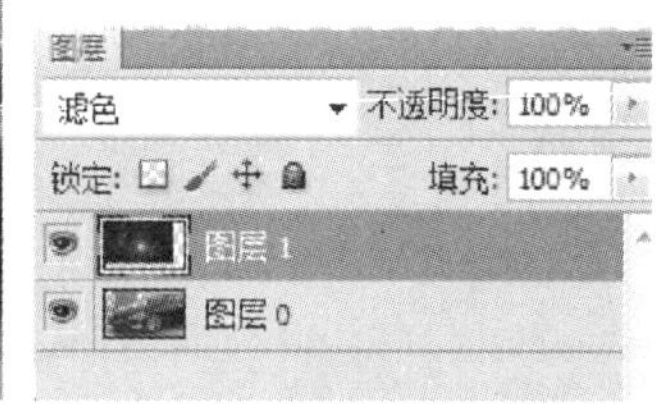

图 5.115　“渲染”滤镜的使用

9. “杂色”滤镜

使用“杂色”滤镜可以增加图像中的杂点，也可以减少杂点，使图像产生色彩漫散的效果。

例如，打开一幅图像，执行“滤镜”→“杂色”→“添加杂色”命令，弹出“添加杂色”对话框，设置“数量”为 20%、“分布”为平均分布、勾选“单色”复选框，单击“确定”按钮，即可将“杂色”滤镜应用于图像中，效果如图 5.116 所示。

图 5.116　“杂色”滤镜的使用

第6章　JavaScript 与 jQuery

6.1　JavaScript

JavaScript 是一种通用的、跨平台的、基于对象和事件驱动的脚本语言。将 JavaScript 脚本嵌入 HTML 页面，不需要单独编译，使用支持 JavaScript 的浏览器打开这个页面时，将读出这个脚本并执行，把静态页面转变成支持用户交互并响应事件的动态页面。通过编写 JavaScript 语句可以实现 Web 页面的菜单设计、幻灯片设计、表格的美化、表单的验证等。

JavaScript 是网页前台编程语言，作为客户端脚本常用于检测浏览器、响应用户动作、验证表单数据及动态改变元素的 HTML 属性或 CSS 属性等。浏览器解释执行客户端脚本，响应动作时不需要与 Web 服务器进行通信，可以降低网络数据的传输量和 Web 服务器的负荷。

JavaScript 的基本特点：

(1) JavaScript 是一种脚本语言，它采用小程序段的方式实现编程。与其他脚本语言一样，JavaScript 也是一种解释性语言，提供了一个简易的开发过程。它的基本结构与 C、C++、VB 相似，但它不需要先编译，而是在程序运行过程中被逐行解释。它与 HTML 标记结合在一起，方便用户使用操作。

(2) JavaScript 不允许访问本地硬盘，也不能将数据直接存入服务器，不允许对网络文档修改或删除，只能通过浏览器实现信息浏览或动态交互，从而有效地防止数据的丢失。

(3) JavaScript 直接对用户的输入做出响应，不需要经过 Web 服务程序。它对用户的响应采用事件驱动的方式。事件是指在页面中执行了某种操作所产生的动作，例如按下鼠标、移动窗口或选择菜单等都是事件，用户执行某一操作触发相应的事件，即事件驱动。

(4) JavaScript 依赖于浏览器本身，与操作环境无关，只要有支持 JavaScript 的浏览器就可以执行。

JavaScript 可以增强站点的动态效果和交互性，例如可实现执行计算、检查表单、编写游戏、添加特殊效果、自定义图形选择以及创建安全密码等。下面介绍几种常见的 JavaScript 应用。

(1) 验证数据：例如，在网页中填写表单信息，若某个字段输入有误，向 Web 服务器提交表单前，经客户端验证发现错误，屏幕上弹出警告信息，可以通过 JavaScript 中的“警告”对话框(如图 6.1 所示)实现。

图 6.1　JavaScript 数据验证提示

（2）动画效果：使用 JavaScript 可以实现动画效果，例如图片遮罩（Lightbox）效果、Tab 面板等效果，如图 6.2 所示为几幅图片的鼠标悬停自动伸缩效果。

图 6.2　图片的动画效果

（3）窗口的应用：可以通过 JavaScript 实现如图 6.3 所示的漂浮广告窗口。

图 6.3　网页中漂浮广告效果

下面通过简单的程序了解 JavaScript 的编辑与运行。

【例 6-1】使用 Dreamweaver、VS. Net 或记事本等编辑器建立一个 HTML 页面，代码如下：

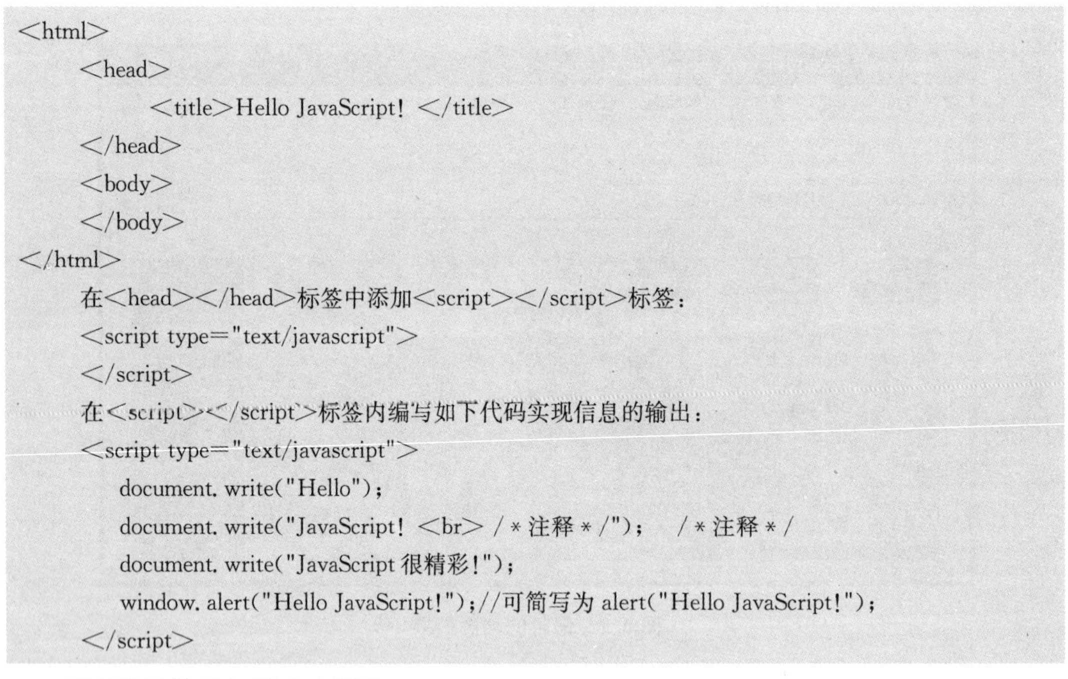

```
<html>
    <head>
        <title>Hello JavaScript! </title>
    </head>
    <body>
    </body>
</html>
    在<head></head>标签中添加<script></script>标签：
    <script type="text/javascript">
    </script>
    在<script></script>标签内编写如下代码实现信息的输出：
    <script type="text/javascript">
      document.write("Hello");
      document.write("JavaScript! <br> /*注释*/");   /*注释*/
      document.write("JavaScript 很精彩!");
      window.alert("Hello JavaScript!");//可简写为 alert("Hello JavaScript!");
    </script>
```

页面显示效果如图 6.4 所示。

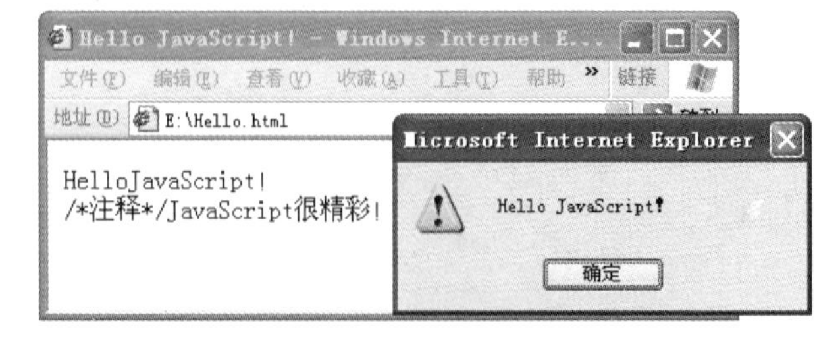

图 6.4　JavaScript 的编辑、调试与运行

说明：document. write 是在文档区输出信息的方法，window. alert 或 alert 则弹出一个窗口显示信息。

JavaScript 的最大特点是与 HTML 结合，JavaScript 需要被嵌入到 HTML 中才能对网页产生作用。就像网页中嵌入 CSS 一样，要将 JavaScript 引入到 HTML 中才能使 JavaScript 脚本正常的工作。

在 HTML 中插入 JavaScript 脚本的方法有三种：

(1) 行内式：直接将脚本嵌入到 HTML 标记的事件中。例如，下面的代码实现当用户单击文本时弹出一个提示对话框，页面显示效果如图 6.5 所示。

```
<html>
    <head>
        <title>行内式引入 JavaScript 脚本</title>
    </head>
    <body>
        <p onClick="JavaScript:alert('Hello');">
            单击我弹出对话框！
        </p>
    </body>
</html>
```

(2) 嵌入式：使用<script></script>标记将脚本嵌入到网页中，页面效果如图 6.5 所示。

图 6.5　单击文本弹出提示对话框

```
<html>
    <head>
        <title>嵌入式引入 JavaScript 脚本</title>
        <script type="text/javascript">
            function msg(){
                alert("Hello"); }
        </script>
    </head>
    <body>
        <p onClick="msg()">
            单击我弹出对话框！
        </p>
    </body>
</html>
```

(3) 链接式:使用 script 标记的 src 属性链接外部脚本文件,页面效果如图 6.5 所示。

```
<html>
    <head>
        <title>链接式引入 JavaScript 脚本</title>
        <script type="text/javascript" src="myJs. js"></script>
    </head>
    <body>
        <p onClick="msg()">单击我弹出对话框! </p>
    </body>
</html>
```

myJs. js 中代码如下:

```
function msg(){
    alert ("Hello");
}
```

文档对象(document)是浏览器窗口(window)对象的一个主要部分,如图 6.6 所示,它包含了网页显示的各个元素对象。

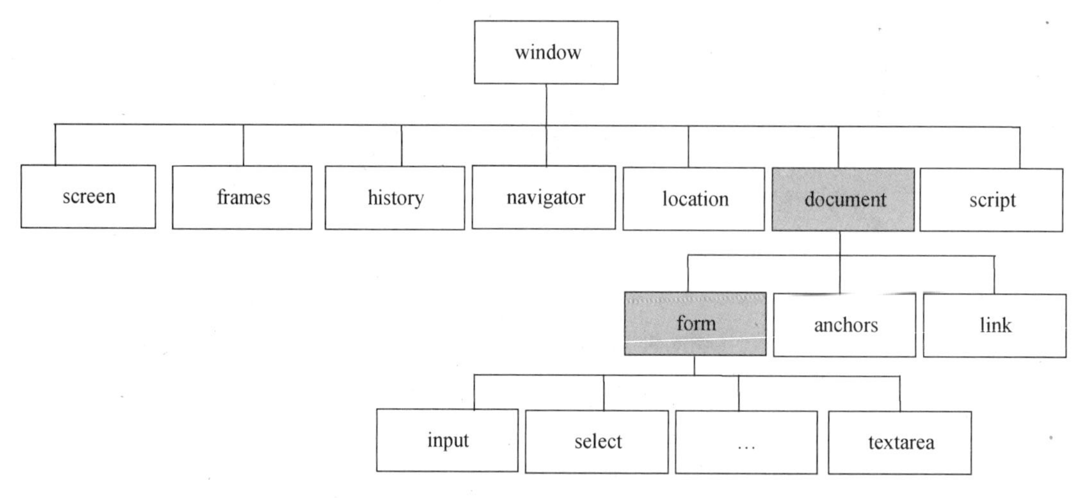

图 6.6　浏览器网页的文档对象模型结构图

HTML 文档中的元素静态地提供了各级文档对象的内容,CSS 设置了网页显示的样式。文档对象及其包含的各种元素对象具有属性和方法,通过 JavaScript 改变网页的内容和样式。可以调用 JavaScript 函数改变文档中各个元素对象的属性值,使用文档对象的方法模仿用户操作的效果。

文档对象中的内容与 HTML 文档中的元素是相对应的。每个 HTML 文档都可以用节点树结构来表现,通过元素、属性和内容描述每个节点。文档对象节点树中的每一个节点代表一个元素对象,通过节点的属性和方法,JavaScript 可以获取每个节点的内容,还可以进行添加、删除节点等操作。表 6.1 和表 6.2 列出了元素节点的常用属性和方法。

表 6.1　文档对象节点的常用属性

属性	意义
body	只能用于 document. body，得到 body 元素
innerHTML	元素节点中的文字内容，可以包括 HTML 元素内容
nodeName	元素节点的名字，是只读的，对于元素节点就是大写的元素名，对于文字内容就是“＃text”，对于 document 就是“＃document”
nodeValue	元素节点的值，对于文字内容的节点，得到的就是文字内容
parentNode	元素节点的父节点
firstChild	第一个子节点
lastChild	最后一个子节点
previousSibling	前一个兄弟节点
nextSibling	后一个兄弟节点
childNodes	元素节点的子节点数组
attributes	元素节点的属性数组

表 6.2　文档对象节点的常用方法

方法	意义
getElementById(id)	通过节点的标识得到元素对象
getElementsByTagName(name)	通过节点的元素名得到元素对象
getElementsByName(name)	通过节点的元素的属性 name 值得到元素对象
appendChild(node)	添加一个子节点
insertBefore(newNode, beforeNode)	在指定的节点前插入一个新节点
removeChild(node)	删除一个子节点
createElement("大写的元素标签名")	新建一个元素节点，只能用于 document. createElement(“大写的元素名”)

使用节点的属性和方法，JavaScript 可以通过下述几种方式获取文档对象中的元素对象。

1. document. getElementById

如果 HTML 元素中设置了标识 id，就可以通过 id 直接获取该元素对象，格式是：

document. getElementById("元素 id")

【例 6－2】文档对象与事件处理的关系，如图 6.7 所示，单击“测试”按钮后，按钮失效；单击“重置”按钮后恢复按钮功能。

图 6.7　网页对象与事件处理

HTML 页面中有两个按钮元素，id 为分别 btnTest 和 btnReset，单击按钮时响应 onClick 事件，调用不同的函数。在函数中，JavaScript 通过按钮的 id 找到按钮对象 document. getElementById("btnTest")，设置对象的

disabled 属性为 true 或 false。

“测试”按钮与“重置”按钮的 HTML 代码如下：

```
<form name="form1">
    <input type="button" id="btnTest" name="btn1" value="测试" onClick="Disable()">
    <input type="button" id="btnReset" name="btn2" value="重置" onClick="Re()">
</form>
```

失效函数与重置函数的代码如下：

```
function Disable(){
    document.getElementById("btnTest").disabled=true;}
function Re(){
    document.getElementById("btnTest").disabled=false;}
```

2. document.getElementsByTagName

通过元素标记名得到一组元素，格式是：

document.getElementsByTagName("元素标记名")

或

节点对象.getElementsByTagName("元素标记名")

例 6－2 中的“测试”按钮也可以通过以下语句得到：

```
document.getElementsByTagName("input")[0]
```

此代码表示“一组 input 中的第一个元素”。

“重置”按钮可以使用 document.getElementsByTagName("input")[1]来获取。

【例 6－3】使用 JavaScript 实现表格隔行变色，鼠标悬停时动态变色，代码如下，效果如图 6.8 所示。

公司销售统计表 2011～2013

	2011	2012	2013
硬盘(Hard Disk)	$3,000	$4,300	$6,200
主板(Mainboard)	$21,000	$34,000	$18,000
内存条(Memory Disk)	$6,000	$4,560	$2,020
总计(Total)	$30,000	$42,860	$26,220

图 6.8　隔行变色和动态变色表格

```
<style>
    .datalist{
        border:1px solid #0058a3;           /* 表格边框 */
        border-collapse:collapse;           /* 边框重叠 */
        background-color:#eaf5ff;           /* 表格背景色 */
```

```
            font-size:14px;}
        .datalist th,.datalist td{
            border:1px solid #0058a3;                         /* 单元格边框 */
            padding:4px 12px;}
        .datalist tr.altrow{
            background-color:#c7e5ff;                         /* 隔行变色 */}
        .datalist tr:hover, .datalist tr.overrow{
            background-color:#f9fcc4;                         /* 动态变色 */}
</style>
<script language="javascript">
    window.onload = function(){
        var oTable = document.getElementById("datalist");
        for(var i=0;i<oTable.rows.length;i++){
            if(i%2==0)                                        //偶数行时
                oTable.rows[i].className = "altrow";
        }
    }
    var rows = document.getElementsByTagName('tr');           //获取tr元素
    for (var i=0;i<rows.length;i++){
        rows[i].onmouseover = function(){                     //鼠标悬停在行上时
        this.className += 'overrow';
        }
    rows[i].onmouseout = function(){                          //鼠标离开时
    this.className = this.className.replace('overrow','');
        }
    }
</script>
```

3. document.getElementsByName

通过元素名(name)得到一组元素,格式是:

document.getElementsByName("元素名")

或

节点对象.getElementsByName("元素名")

此方法一般用于节点具有name属性的元素,大部分的表单及其控件元素都具有name属性,例4-2中的“测试”按钮元素对象也可以通过以下语句获取:

```
document.getElementsByName("btn1")
```

4. 节点关系

通过节点的关系属性parentNode、firstChild、lastChild、previousSibling、nextSibling、childNode[0]等,也可以得到元素节点。

【例6-4】使用div结合JavaScript代码实现漂浮广告效果,如图6.3所示。

首先设置div放置漂浮图片,代码如下:

```
<div id="Ad" style="position:absolute;z-index:10;">
    <a href="#">
        <img src="images/card.gif" border="0">
    </a>
    <div onClick="hideAd();" style="font-size:9px;cursor:pointer;" align="right">
        关闭×
    </div>
</div>
```

设置漂浮函数，使用 setInterval()函数定期调用漂浮函数。

```
<script type="text/javascript">
    //设置初始变量，setp 为移动步长，delay 为延迟时间
    var x=50,y=60;
    var xin=true, yin=true;
    var step=1;
    var delay=20;
    var obj=document.getElementById("Ad");                    //获取漂浮元素
    function floatAd(){                                       //漂浮广告函数
        var L=T=0;
        var R=document.body.clientWidth-obj.offsetWidth ;
        var B=document.body.clientHeight-obj.offsetHeight;
        obj.style.left=x+document.body.scrollLeft;
        obj.style.top=y+document.body.scrollTop;
        x=x+step*(xin? 1:-1);
        if(x<L){ xin=true; x=L;}
        if(x>R){ xin=false; x=R;}
        y=y+step*(yin? 1:-1);
        if(y<T){ yin=true; y=T; }
        if(y>B){ yin=false; y=B; }
    }
    var itl= setInterval("floatAd()", delay);                 //按照指定的周期(毫秒)调用函数
    //鼠标悬停，图片停止漂浮
    obj.onmouseover=function(){clearInterval(itl);}
    //鼠标移出，图片漂浮
    obj.onmouseout=function(){itl=setInterval("floatAd()", delay);}
    function hideAd(){
    document.getElementById("Ad").style.display="none";} //隐藏漂浮广告
</script>
```

【例 6－5】使用 JavaScript 设计横向导航的二级菜单。在 CSS 一章的例题中使用伪类 li:hover 实现弹出二级菜单，由于 IE 6 只支持 a 的伪类，不支持 li 的伪类，因此要实现浏览器的兼容，使其在 IE 6 中也可以显示二级菜单，可以编写 JavaScript 脚本使得每个第一级 li

在鼠标移入或移出时添加或移除sfhover样式类。代码如下：

```
<script type="text/javascript">
    function windowLoad(){
        var lis = document.getElementById("nav").getElementsByTagName("li");
        for(var i=0; i<lis.length; i++){
            lis[i].onmouseover = function(){
                this.className+=(this.className.length > 0 ? " " : "") + "sfhover";
            }
            lis[i].onmouseout=function(){
                this.className=this.className.replace("sfhover", " ");
            }
        }
    }
    window.onload = windowLoad;    //窗口加载成功后执行windowLoad函数
</script>
```

添加CSS代码：

```
#nav ul li.sfhover ul{
    display: block;}
```

6.2　jQuery框架的使用

随着JavaScript、CSS以及Ajax技术的发展，开发人员将很多可以实现网页特效的程序功能进行封装，使用者只需调用这些封装好的程序组件，不需要自己完成很多代码就可以制作出页面效果丰富的网页，显著提高了开发效率。

6.2.1　jQuery框架的功能

常见的JavaScript框架有jQuery、Asp.net Ajax、ExtJs、Dojo以及Prototype等。jQuery发布于2006年，由于其使用简单、功能强大、插件丰富、兼容性好而深受Web开发人员的青睐，使其在众多的JavaScript框架中脱颖而出。jQuery是集JavaScript、CSS、DOM、Ajax于一体的框架体系，它的宗旨是：以更少的代码实现更多的功能。

jQuery是一个JavaScript函数库，jQuery的基本功能有：

(1) HTML元素的访问和操作

使用jQuery库可以很方便地获取、修改、复制或删除页面中的某个元素，既减少了代码的编写，又大大提高了用户对页面的体验度。

(2) CSS操作

使用jQuery控制页面的样式可以很好地兼容各种浏览器。

(3) jQuery插件在页面中的应用

有大量的jQuery插件(例如UI插件、表单插件)可以用于完善页面功能和效果，jQuery库提供了大量可自定义参数的动画效果。

（4）与 Ajax 技术结合

jQuery 提供了很多与 Ajax 相关的操作，通过其内部对象或函数，加上几行代码就可以实现复杂的功能。

6.2.2 下载并使用 jQuery

jQuery 官方网站（http://jquery.com/）提供了最新的 jQuery 框架下载，通常只需要下载最小的 jQuery 包即可。目前（2014 年 1 月）最新的版本为 jquery－2.1.0.min.js，文件只有 82KB。

jQuery 框架文件下载后不需要安装，只需要使用<script></script>标记将 jQuery 框架文件 jquery－2.1.0.min.js 导入到页面中即可。例如该文件若保存在项目文件夹 Scripts 中，则在<head></head>之间加入如下代码：

```
<script src="Scripts/jquery-2.1.0.min.js" type="text/javascript"></script>
```

提示：Google 和 Microsoft 对 jQuery 的支持都很好，若不在本地计算机上存放 jQuery 库，那么可以从 Google 或 Microsoft 加载 CDN jQuery 核心文件。

（1）使用 Google 的 CDN

```
  <script type="text/javascript"
src="http://ajax.googleapis.com/ajax/libs/jquery/2.0.3/jquery.min.js">
  </script>
```

（2）使用 Microsoft 的 CDN

```
  <script type="text/javascript"
src="http://ajax.microsoft.com/ajax/jquery/jquery-1.7.min.js">
   </script>
```

下面开始编写第一个简单的 jQuery 程序，jQuery 语句写在 document ready 函数中，格式如下：

```
$(document).ready(function(){
    …
});
```

【例 6－6】要求页面加载时弹出一个对话框，显示"Hello World!"，单击"确定"按钮后关闭该窗口。

新建一个 HTML 文件，在<head></head>之间添加如下代码，页面显示效果如图 6.9 所示。

```
<head>
     <script src="Scripts/jquery-2.1.0.js" type="text/javascript"></script>
     <script type="text/javascript">
          $(document).ready(function(){
               alert("Hello World!");
```

```
        })
    </script>
</head>
```

图 6.9　页面运行效果

其中：

```
$(document).ready(function(){
        alert("Hello World!");
    })
```

等价于：

```
$(function(){
        alert("Hello World!");
    })
```

6.2.3　jQuery 的语法

在 jQuery 程序中，使用最多的是“$”符号，它是 jQuery 程序的标志，在选择页面元素或使用功能函数时都要使用“$”符号。

通过 jQuery 可以选取 HTML 元素，并对元素执行“操作”。

基础语法：

$(selector).action()

即　$(选择器).操作()

其中，选择器(selector)用于“查询”和“查找”HTML 元素；jQuery 的 action()执行对元素的操作。例如：

$(this).hide()：隐藏当前元素；

$("p").hide()：隐藏所有段落；

$("p.test").hide()：隐藏所有 class="test" 的段落；

$("#test").hide()：隐藏所有 id="test" 的元素。

jQuery 程序使用链接式的方式编写元素的事件，下面的例子说明了链接式的写法。

【例 6-7】在图 6.10 中单击“单击我”，则响应标记 a 的 click 事件，隐藏 p 标记中的内容,同时 a 标记中的文本改为“p 元素隐藏了!”并斜体显示。页面显示效果如图 6.10 和 6.11所示。

```
<head>
    <script type="text/javascript" src=" Scripts/jquery-2.1.0.js "></script>
    <script type="text/javascript">
        $(function(){
            $("a").click(function(){
                $("p").hide();
                $("a").text("p 元素隐藏了!").css("font-style","italic");
            });
        })
    </script>
</head>
<body>
    <h2>计算机工程学院</h2>
    <p>软件工程专业</p>
    <p>Web 开发技术</p>
    <a href="#">单击我</a>
</body>
```

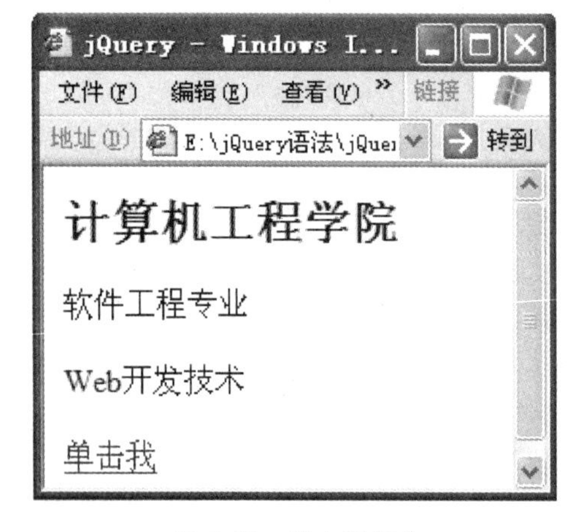

图 6.10 单击链接前

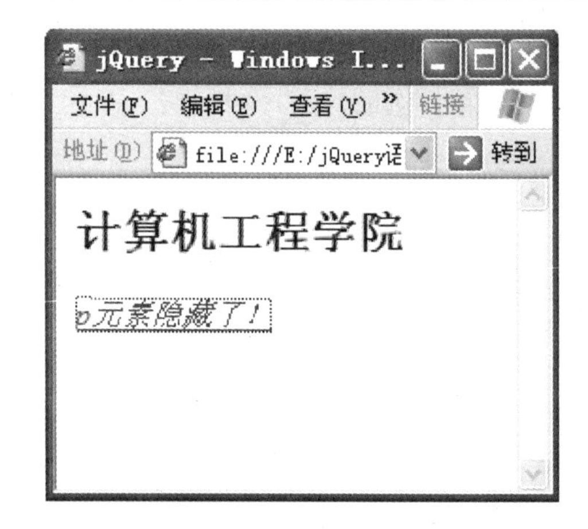

图 6.11 单击链接后

其中,$("a").text("p 元素隐藏了!").css("font-style","italic");是链接式写法,当用户单击链接“单击我”时,改变链接显示的文本内容,同时将文本设为斜体显示。两个功能的实现通过“.”符号链接在一起。jQuery 的 hide()函数用于隐藏 HTML 文档中的元素。

6.3 jQuery 选择器

在页面中为某个元素添加属性或事件时,必须准确地找到该元素,在 jQuery 中通过选择器快速定位页面元素,再对元素组或单个元素进行操作。

在jQuery库中封装了很多可以通过选择器直接调用的方法或函数，只要编写很少的代码就可以实现比较复杂的功能，即以更少的代码实现更多的功能。

根据获取页面元素的不同，jQuery选择器一般分为：基本选择器、层次选择器、过滤选择器和表单选择器四类。其中，过滤选择器有：简单过滤选择器、内容过滤选择器、可见性过滤选择器、属性过滤选择器、子元素过滤选择器和表单对象属性过滤选择器。下面介绍常用的选择器应用。

6.3.1 基本选择器

基本选择器可以查找大多数页面元素，是jQuery中使用最多的选择器，基本选择器由id、class、元素名或多个选择器组成，使用CSS选择器来选取HTML元素。例如：

$("p") 选取所有p元素；

$("p.one") 选取所有class="one"的p元素；

$("p#two") 选取id="two"的p元素；

$("div#three .box") 选取id="three"的div元素中的所有class="box"的元素；

$(this) 选取当前HTML元素，注意：this不能加双引号。

可以通过选择器选中页面元素，对元素的属性、内容、值和CSS进行设置。

【例6-8】调用css(name,value)方法直接设置元素的值，单击页面元素改变相应元素的样式，代码如下：

```
<head>
    <script src="Scripts/jquery-2.1.0.js" type="text/javascript"></script>
    <script type="text/javascript">
        $(function(){
            $("p").click(function(){                         //标记名匹配元素
                $(this).css("font-weight","bold");           //单击某个p元素即将其字体加粗
            })
            $("#one").click(function(){                      //id匹配元素
                $(this).css("font-style","italic");          //将第二行文本设为斜体
            })
            $(".two").click(function(){                      //类匹配元素
                $(this).css("background-color","#F00");      //为第三行文本设置背景色
            })
            $("p span").click(function(){//
                $(this).css("background-color","#00F");
                //span标记之间文本设置背景色
            })
            $("*").click(function(){                         //匹配所有元素
                $(this).css("font-size","14");
                //单击页面任何元素都将其字号设置为14号
            })
            $("#one,.two").click(function(){                 //合并匹配元素
```

```
                $(this).css("text-decoration","underline");
                //第二行及第三行 p 元素增加下划线
            })
        })
    </script>
</head>
<body>
    <p>C++程序设计</p>
    <p id="one">Web 开发技术</p>
    <p class="two">ASP.NET 程序设计</p>
    <p>PhotoShop<span>图像处理技术</span></p>
</body>
```

单击每个 p 元素，页面效果如图 6.12 所示。

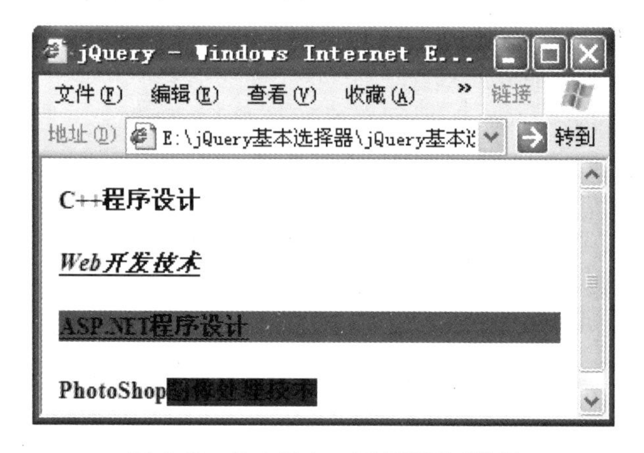

图 6.12　单击每个 p 元素后页面效果

其中，css("font-weight","bold")用于为指定的元素设置样式值。

设置元素样式有四种方式：直接设置样式、增加 CSS 类别、类别切换和删除类别。

(1) 直接设置元素样式值

在 jQuery 中通过 css()方法为某个指定的元素设置样式值，语法如下：

css(name,value)

其中，例 6－8 使用的是直接设置样式方式。

(2) 增加 CSS 类别

使用 addClass()方法增加元素类别的名称，语法如下：

addClass(类名 1　类名 2　…)

可以为元素添加一个类的应用，也可以添加多个类名，类名之间使用空格隔开。

【例 6－9】使用 addClass()方法设置元素样式，设置两个样式类 one 和 two，当单击页面中 p 元素时，增加这两个样式类别，页面效果如图 6.13 所示。代码如下：

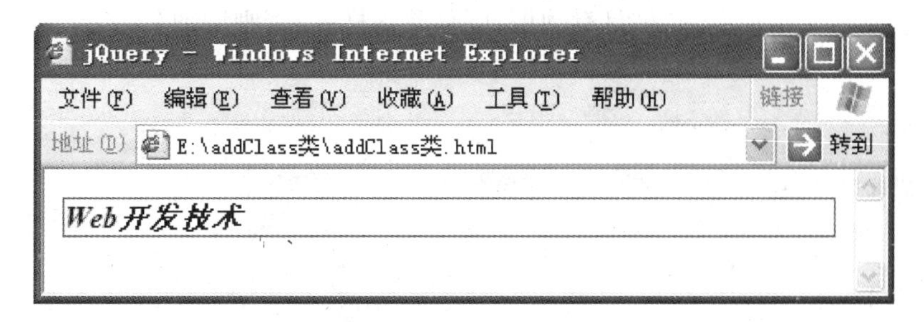

图 6.13　单击 p 元素页面效果

```
<head>
    <script type="text/javascript" src="Scripts/jquery-2.1.0.js "></script>
    <style type="text/css">
        .one{
            font-weight:bold;
            font-style:italic;}
        .two{
            border:1px solid #f00;}
    </style>
    <script type="text/javascript">
        $(function(){
            $("p").click(function(){
                $(this).addClass("one two");
                //同时增加两个样式类别,p元素文本加粗、斜体同时加边框
            });
        });
    </script>
</head>
<body>
    <p>Web开发技术</p>
</body>
```

提示：使用 addClass()方法是追加样式，同时保存原有的类别样式。例如，原有标记为<p class="one">，执行$("p").addClass("two three")后，其元素类别为<p class="one two three">

(3) 类别切换

使用 addClass()方法可以为元素增加类别，而使用 toggleClass()方法可以使元素在两种类别之间切换显示，语法如下：

toggleClass(class)

当元素中有名称为 class 的 CSS 样式则删除该类别，否则增加一个名为 class 的 CSS 类别。

【例 6-10】使用 toggleClass()方法实现单击页面元素时切换元素的 CSS 类别，单击 p

元素时，若 p 元素文本加粗、斜体且有边框，则移除该样式，否则增加名为 one 的样式。代码如下：

```
<head>
    <script type="text/javascript" src="Scripts/jquery-2.1.0.js"></script>
    <style type="text/css">
        .one{
            font-weight:bold;
            font-style:italic;
            border:1px solid #f00;}
    </style>
    <script type="text/javascript">
        $(function(){
            $("p").click(function(){
                $(this).toggleClass("one");//切换样式类别
            });
        });
    </script>
</head>
<body>
    <p>Web 开发技术</p>
</body>
```

（4）删除类别

与 addClass()方法对应，removeClass()方法用于删除类别，语法如下：

removeClass([class])

其中的参数为可选参数，若缺省参数则删除元素中的所有类别；若参数不缺省则删除名称为 class 的类别；若删除多个类别，类名之间用空格隔开。例如，删除标记 p 中名为 one 的类别：

```
$("p").removeClass("one");
```

6.3.2 层次选择器

层次选择器通过 DOM 元素间的层次关系获取元素：

ancestor descendant：根据祖先元素匹配所有后代元素，其用法与 CSS 选择器中的后代选择器用法相同；

parent>child：根据父元素匹配所有子元素；

prev+next 或.next()：匹配所有紧邻在 prev 元素后的相邻元素；

prev~siblings 或.nextAll()：匹配 prev 元素之后的所有兄弟元素。

【例 6-11】使用 jQuery 层次选择器获取相邻元素，并设置其样式。单击“专业分类”时，当前 div 增加名称为 hcolor 的样式，同时，显示其后面相邻的元素（即设置相邻元素的 display 属性为 block），页面效果如图 6.14 所示。代码如下：

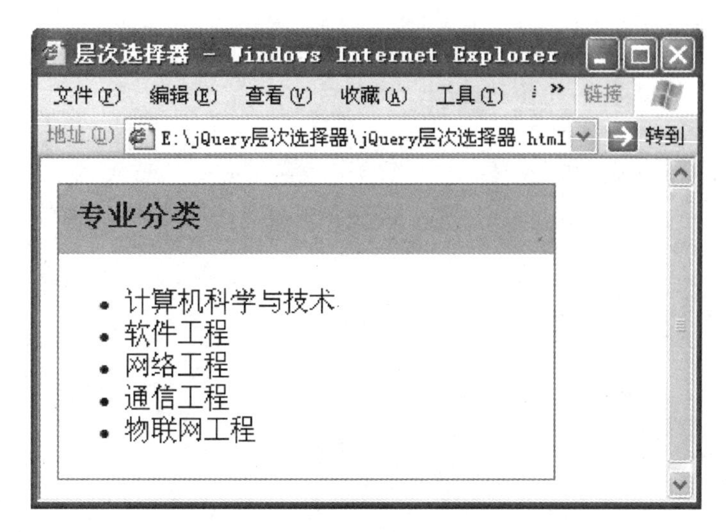

图 6.14　单击"专业分类"后增加样式并显示相邻元素

```
<head>
    <script type="text/javascript"src=" Scripts/jquery-2.1.0.js"></script>
    <style type="text/css">
        #main{
            border:solid 1px #666;
            width:300px;}
        .header{
            padding:10px;
            cursor: pointer;
            font-size:18px;
            font-weight:bold;}
        .content{
            display:none;}
        .hcolor{
            background-color:#aaa;}
    </style>
    <script type="text/javascript">
        $(function(){                                //页面加载事件
            $(".header").click(function(){
                $(this).addClass("hcolor").next(".content").css("display","block");
            });
        });
    </script>
</head>
```

```
<body>
    <div id="main">
        <div class="header">
            专业分类
        </div>
        <div class="content">
            <ul>
                <li>计算机科学与技术</li>
                <li>软件工程</li>
                <li>网络工程</li>
                <li>通信工程</li>
                <li>物联网工程</li>
            </ul>
        </div>
    </div>
</body>
```

6.3.3 简单过滤选择器

简单过滤选择器是过滤器中使用最多的一种，一般以冒号开头。

first()或:first:获取第一个元素，例如：$("ul li:first")获取每个 ul 中的第一个 li 元素；

last()或:last:获取一组元素中的最后一个元素；

:not(selector):获取除给定选择器外的所有元素；

:even:获取所有索引值为偶数的元素，索引值从 0 开始；

:odd:获取所有索引值为奇数的元素，索引值从 0 开始；

:eq(index):获取指定索引值的元素，索引值从 0 开始；

:gt(index):获取所有大于给定索引值的元素，索引值从 0 开始；

:lt(index):获取所有小于给定索引值的元素，索引值从 0 开始；

:animated:获取正在执行动画效果的元素。

【例 6-12】使用 jQuery 简单过滤选择器实现内容的查看或隐藏，单击链接“更多”后可以查看更多内容，页面效果如图 6.15 所示，单击“简化”后页面效果如图 6.16 所示。代码如下：

```
<head>
    <script type="text/javascript" src="Scripts/jquery-2.1.0.js"></script>
    <style type="text/css">
        #main{
            width:200px;}
        #news{
            float:left;}
        #more{
```

```
            float:right;}
        #content{
            clear:both;}
        .getfocus{
            background-color: #aaa;}
    </style>
    <script type="text/javascript">
        $(function(){                                           //页面加载事件
            $("#more > a").click(function(){                    //链接点击事件
                if ($("#more > a").text() == "简化") {  //如果链接文本内容为'简化'字样
                    $("ul li:gt(2)").hide();
                    //隐藏 index 值大于 2 的元素,index 值从 0 开始
                    $("#more > a").text("更多");        //将文本内容更改为"更多"
                }
                else {
                    $("ul li:gt(2)").show().addClass("getfocus");
                    //显示 index 值大于 2 的元素且增加样式.getfocus
                    $("#more > a").text("简化");        //将文本内容更改为"简化"
                }
            });
        });
    </script>
</head>
<body>
    <div id="main">
        <div id="news">专业</div>
        <div id="more"><a href="#">简化</a></div>
        <div id="content">
            <ul>
                <li>计算机科学与技术</li>
                <li>软件工程</li>
                ...
            </ul>
        </div>
    </div>
</body>
```

图 6.15　单击“更多”后页面效果

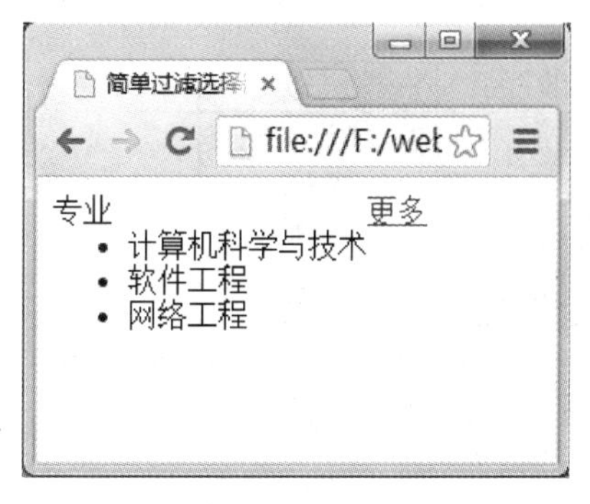

图 6.16　单击“简化”后页面效果

【例 6－13】使用 jQuery 简单过滤选择器实现表格隔行变色，页面效果如图 6.17 所示。代码如下：

```
<head>
    <script type="text/javascript" src="Scripts/jquery-2.1.0.js"></script>
    <style type="text/css">
        table,td{
            border:1px solid #000;
            border-collapse:collapse;}
        .trColor{
            background-color:#aaa;}
    </style>
    <script type="text/javascript">
        $(function(){
            $("tr:odd").addClass("trColor");
        });
    </script>
</head>
<body>
    <table>
        <tr>
            <td>学号</td>
            <td>姓名</td>
            <td>性别</td>
            <td>班级</td>
        </tr>
        ...
    </table>
</body>
```

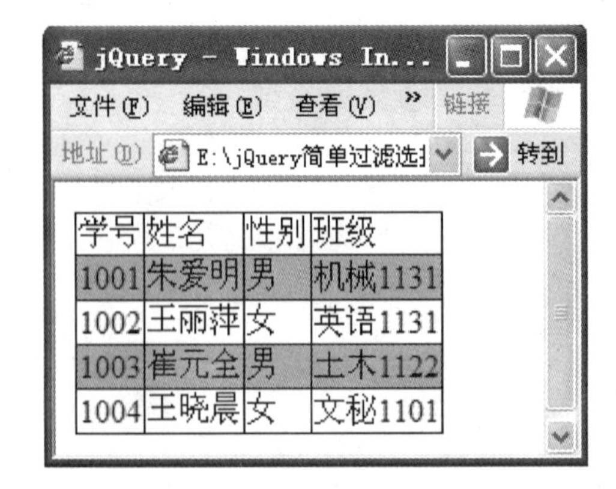

图 6.17　表格奇数行变色(索引值从 0 开始)

图 6.18　表格偶数行变色(索引值从 0 开始)

其中，使用 $("tr:odd")获取所有奇数行(索引值从 0 开始)，并使用 addClass()方法增加选中元素类别的名称 trColor，即设置表格中奇数行的背景色为 #aaa。若将语句改为 $("tr:even").addClass("trColor")，则页面运行效果如图 6.18 所示。

6.3.4　内容过滤选择器

内容过滤选择器根据元素中的内容或包含的子元素的特点获取元素：

contains(text)：获取包含给定文本的元素；

:empty：获取所有不包含子元素或不包含文本的空元素；

:has(selector)：获取含有选择器 selector 的元素；

:parent：获取含有子元素或文本的元素。

例如：

```
<script type="text/javascript">
    $(function(){
        $("div:contains('A')").css('display','block');        //显示包含字母 A 的 div
    })
    $(function(){
        $('div:empty').css('display','block');
        //显示所有不包含子元素或者文本的空元素
    })
    $(function(){
        $('div:has(span)').css('display', 'block');           //显示含有 span 标记的元素
    })
    $(function(){
        $('div:parent').css('display', 'block');              //显示含有子元素或者文本的元素
    })
</script>
```

6.3.5　可见性过滤选择器

可见性过滤选择器根据元素是否可见来获取元素：

:hidden：获取所有不可见元素；

:visible：获取所有可见元素。

【例 6－14】使用 jQuery 可见性过滤选择器实现第 6.2.3 节中【例 6－7】的效果，代码如下：

```
<head>
    <script type="text/javascript" src="Scripts/jquery-2.1.0.js"></script>
    <style type="text/css">
        #main{
            border:solid 1px #666;
            width:300px;}
        .header {
            background-color:#aaa;
```

```
                padding:10px;
                cursor:pointer;
                font-size:18px;
                font-weight:bold;}
    </style>
    <script type="text/javascript">
        $(function(){//页面加载事件
            $(".header").click(function(){
                if ($(".content").is(":visible")) {                //如果内容可见
                    $(".content").css("display", "none");          //隐藏内容
                }
                else {
                    $(".content").css("display", "block");         //显示内容
                }
            });
        });
    </script>
</head>
<body>
    <div id="main">
        <div class="header">专业分类</div>
        <div class="content">
            <ul>
                <li>计算机科学与技术</li>
                <li>软件工程</li>
                ...
            </ul>
        </div>
    </div>
</body>
```

6.3.6 属性过滤选择器

属性过滤选择器根据元素的某个属性获取元素，以“[”开始，以“]”结束。

[attribute]：获取包含给定属性的元素，例如：$("[href]")获取所有带有 href 属性的元素；

[attribute=value]：获取给定的属性是某个值的元素，例如：$("[href='#']") 获取所有 href 值为"#"的元素；

[attribute!=value]：获取给定属性不是某个值的元素，例如：$("[href!='#']") 获取所有 href 值不为"#"的元素；

[attribute^=value]：获取给定的属性是以某些值开始的元素；

[attribute$=value]：获取给定的属性是以某些值结尾的元素，例如：$("[href$=

'.jpg']") 获取所有 href 值以 ".jpg" 结尾的元素；

[attribute *=value]：获取给定的属性是包含某些值的元素；

[选择器 1][选择器 2][选择器 n]：获取满足多个条件的复合属性的元素。

【例 6-15】单击"隐藏"按钮，则一秒内将 title 属性值为"jQuery logo"的图片隐藏。

```
<head>
    <script type="text/javascript" src=" Scripts/jquery-2.1.0.js "></script>
    <script type="text/javascript">
        $(function(){
            $('#btnHide').click(function(){
                $('img[title=jQuery logo]').hide(1000);
            })
        })
    </script>
</head>
<body>
    <input id="btnHide" type="button" value="隐藏" />
    <div>
        <img src="Images/logo1.jpg" alt="" title="CSS logo" />
        <img src="Images/logo2.jpg" alt="" title="HTML5 logo" />
        <img src="Images/logo3.jpg" alt="" title="jQuery logo" />
    </div>
</body>
```

6.3.7　子元素过滤选择器

子元素过滤选择器常用于获取父元素中指定的某些元素，主要用于选取大量数据和表格中的某些元素。

:nth-child(eq|even|odd|index)：获取每个父元素下的特定位置元素，索引值从 1 开始；

:first-child：获取每个父元素下的第一个子元素；

:last-child：获取每个父元素下的最后一个子元素；

:only-child：获取每个父元素下仅有一个子元素的类别。

【例 6-16】使用 jQuery 子元素过滤选择器实现表格隔行变色，页面效果见第 6.3.3 节中图 6.17 所示。代码如下：

```
<head>
    <script type="text/javascript" src=" Scripts/jquery-2.1.0.js "></script>
    <style type="text/css">
        table,td{
            border:1px solid #000;
            border-collapse:collapse;}
        .trColor{
            background-color:#aaa;}
```

```
    </style>
    <script type="text/javascript">
            $(function(){
                    $("table tr:nth-child(even)").addClass("trColor");
            });
    </script>
</head>
<body>
    <table>
        <tr>
            <td>学号</td>
            <td>姓名</td>
            <td>性别</td>
            <td>班级</td>
        </tr>
        ...
    </table>
</body>
```

其中,使用$("table tr:nth-child(even)")获取表格中所有偶数行(索引值从1开始),并使用addClass()方法为选中元素添加名为trColor的样式,即设置表格中偶数行的背景色为#aaa。

6.3.8 表单对象属性过滤选择器

表单对象属性过滤选择器通过表单中对象的属性获取某些元素:

:enabled:获取表单中所有属性为可用的元素;

:disabled:获取表单中所有属性为不可用的元素;

:checked:获取表单中所有被选中的元素。

6.3.9 表单选择器

可以通过表单选择器快速选中表单中的对象:

:input:获取所有input、textarea、select;

:text:获取所有单行文本框;

:password:获取所有密码框;

:radio:获取所有单选按钮;

:checkbox:获取所有复选框;

:submit:获取所有提交按钮;

:image:获取所有图像域;

:reset:获取所有重置按钮;

:file:获取所有文件域。

【例 6 - 17】使用表单选择器和表单对象属性过滤选择器设置全选复选框，并控制其他复选框选中状态，页面效果如图 6.19 所示。代码如下：

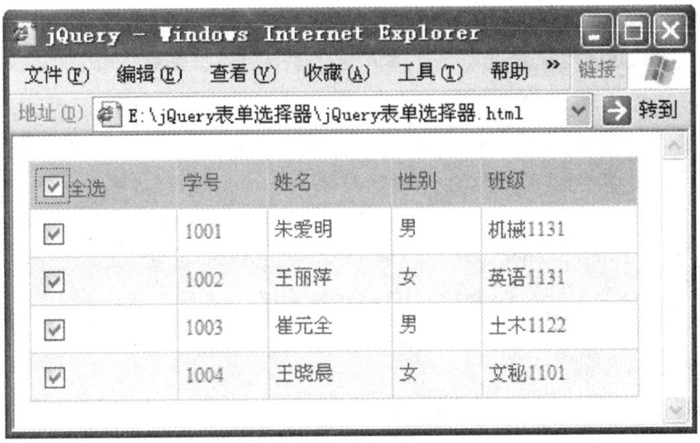

图 6.19　页面运行效果

```
<head>
    <script type="text/javascript"src=" Scripts/jquery-2.1.0.js"></script>
    <style type="text/css">
        body{
            font-size:12px; color:#366;}
        table{
            border:none; background:#fefefe;
            width:380px; border-collapse:collapse;}
        th{
            background:#CFDEC6; padding:4px; color:#000;}
        td{
            border:#cfdec6 solid 1px; padding:4px; background:fefefe;}
        .tdOdd{
            background:#f1fefa;}
        .tdOver{
            background:#F5FAF7;}
</style>
<script type="text/javascript">
    $(function(){
        $("table tr:even").addClass("tdOdd");
          $("tr:first").css("background","#B4C6C1");
          //设置首个 tr 标记的背景颜色
          $("table tr").mouseover(function(){          //设置鼠标悬停变色
              $(this).addClass("tdOver");}).mouseout(function(){
                  $(this).removeClass("tdOver");
              })
```

```
            $("input:checkbox:first").click(function(){
            //设置使用全选复选框控制其他复选框的选中状态
              $("input:checkbox:not(input:checkbox:first)").each(function(){
                  $(this).attr("checked",$("input:checkbox:first").attr("checked"));
              })
            })
            $("input:checkbox:not(input:checkbox:first)").click(function(){
                  var flag=true;
                  $("input:checkbox:not(input:checkbox:first)").each(function(){
                        if(! this.checked){flag=false;}
                  });
                  $("input:checkbox:first").attr("checked",flag);
              })
          });
    </script>
</head>
<body>
      <table>
            <tr>
                  <td><input type="checkbox" value="" />全选</td>
                  <td>学号</td>
                  <td>姓名</td>
                  <td>性别</td>
                  <td>班级</td>
            </tr>
            ...
      </table>
</body>
```

6.4 jQuery 事件

jQuery 的事件处理方法是 jQuery 中的核心函数。事件处理方法是当 HTML 中发生某些事件时调用的方法。

使用如下代码绑定按钮的单击事件：

```
$(function(){
      $("btnClick").click(function(){
            //执行代码
      });
});
```

例如：

```
<html>
    <head>
        <script type="text/javascript" src=" Scripts/jquery-2.1.0.js "></script>
        <script type="text/javascript">
            $(function(){
                $("btnClick").click(function(){ $("p").hide(); });
            });
        </script>
    </head>
    <body>
        <b>淮阴工学院</b>
        <p>计算机工程学院</p>
        <p>Web 开发技术</p>
        <input type="button" id="btnClick">单击我</input>
    </body>
</html>
```

在上面的例子中，当按钮的单击事件被触发时调用以下函数：

$("btnClick").click(function(){ $("p").hide(); });

在 jQuery 中，常用的事件有：

$(document).ready(function)：将函数绑定到文档的就绪事件（当文档完成加载时）；

$(selector).click(function)：触发或将函数绑定到被选元素的单击事件；

$(selector).dblclick(function)：触发或将函数绑定到被选元素的双击事件；

$(selector).focus(function)：触发或将函数绑定到被选元素的获得焦点事件；

在 jQuery 中，方法 hover()与方法 toggle()用于切换事件：

(1) hover()方法

调用 jQuery 中的 hover()方法可以使元素在鼠标悬停与鼠标移出的事件中进行切换，当鼠标移到所选元素上时，执行指定的第一个函数，当鼠标移出这个元素时，执行指定的第二个函数，语法格式如下：

```
$("a").hover(function(){
    //执行代码：鼠标移到元素时触发的函数
    },function(){
    //执行代码：鼠标移出元素时触发的函数
});
```

【例 6－18】调用 hover()方法，鼠标移到标题 div 时，显示内容 div；鼠标移出标题 div 时，隐藏显示的内容。

```
<html>
    <head>
        <script type="text/javascript" src="Scripts/jquery-2.1.0.js "></script>
        <script type="text/javascript">
            $(function(){
                $(".title").hover(function(){
                    $(".content").show();        //显示类名为 content 的 div
                },function(){
                    $(".content").hide();        //隐藏类名为 content 的 div
                })
            })
        </script>
    </head>
    <body>
        <div class="title">
            jQuery 简介
        </div>
        <div class="content">
            常见的 JavaScript 框架有…更多的功能。
        </div>
    </body>
</html>
```

其中，show()方法用于显示页面中的元素，等同于下面的语句：

$(".content").css("display","block");

hide()方法用于隐藏页面中的元素，等同于下面的语句：

$(".content").css("display","none");

（2）toggle 方法

使用 toggle()方法依次调用(不是随机调用)n 个指定的函数，直到最后一个函数，再重复对这些函数轮流调用，语法格式如下：

toggle(f1,f2[,f3,f4,…])

【例 6-19】在页面中添加一个 img 标记，当用户第一次单击该图片时，设置为另一幅图片；第二次单击图片时，设置为第三幅图片；第三次单击显示初始图片；依次轮流显示。

```
<html>
    <head>
        <script type="text/javascript" src="Scripts/jquery-2.1.0.js "></script>
        <script type="text/javascript">
            $(function(){
                $("img").toggle(function(){
                    $("img").attr("src","images/img1.jpg");
```

```
                        $("img").attr("title",this.src);
                    },function(){
                        $("img").attr("src","images/img2.jpg");
                        $("img").attr("title",this.src);
                    },function(){
                        $("img").attr("src","images/img3.jpg");
                        $("img").attr("title",this.src);
                    })
                })
            </script>
        </head>
        <body>
            <img title="单击我" alt="一幅画" />
        </body>
</html>
```

其中，attr()方法可以用来获取或设置元素的属性。

(1) 获取元素属性的语法格式：attr(name)

参数 name 是属性的名称，可以获取元素的属性。

(2) 设置属性的语法格式：attr(key,value)

参数 key 表示属性的名称，value 表示属性的值，若要设置多个属性，语法格式如下：attr({key0:value0,key1:value1})

例如：

```
$("img").attr({src:"images/img1",title:"这是一幅画!"});
```

(3) 使用 removeAttr()方法删除元素的属性，语法格式：removeAttr(name)

例如：删除标记 img 的 src 属性，代码如下：

```
$("img").removeAttr("srcs");
```

6.5 jQuery 实现动画效果

jQuery 中有一些方法可以实现元素的动态效果，下面介绍常用的实现元素动态效果的方法。

1. show()与 hide()方法

使用 show()方法与 hide()方法实现动画效果，语法格式：

show(speed[,fun])

hide(speed[,fun])

参数 speed 表示执行动画时的速度，值：slow(0.6 秒)、normal(0.4 秒)和 fast(0.2 秒)，若 speed 值为数字，如 3000，表示动画执行的速度是 3000 毫秒。

【例 6-20】在页面中单击“显示”链接，使用 show()方法以动画的方式显示一幅图片，同时改变图片的边框样式；单击已显示的图片，使用 hide()方法以动画的方式隐藏该图片，页面运行效果如图 6.20 和图 6.21 所示。

```
<html>
    <head>
        <style type="text/css">
            img{display:none;}
        </style>
        <script type="text/javascript" src="Scripts/jquery-2.1.0.js "></script>
        <script type="text/javascript">
            $(function(){
                $("a").click(function(){                    //单击"显示"超链接
                    $("img").show(3000,function(){ //图片显示完成时执行的函数
                        $(this).css("border","2px solid #f00");
                    })
                })
                $("img").click(function(){                  //单击图片事件
                    $(this).hide(3000);
                    //图片隐藏动画效果,注意:this不能加双引号
                })
            })
        </script>
    </head>
    <body>
        <a href="#">显示</a>
        <img src="images/pic.jpg" alt="" />
    </body>
</html>
```

图 6.20　单击“显示”按钮后页面效果

图 6.21　单击图像图片渐进隐藏

在页面中单击“显示”超链接,3 秒内显示一幅图片,同时改变图片边框样式;单击图片后,3 秒内图片隐藏。

2. toggle()方法

在使用 show()或 hide()方法时，通常需要检测当前元素的显示状态，再根据状态决定元素显示或隐藏。而 toggle()方法的功能是自动切换元素的可见状态，如果是显示状态则切换为隐藏状态；如果是隐藏状态则切换为显示状态。动画效果的调用格式与 show()方法类似，参数的含义也一样：toggle(speed[,fun])

例如：

```
$(function(){
    $("input").click(function(){    //单击切换按钮事件
        $("img").toggle(3000,function(){
            $(this).css("border","1px solid #f00");
        })
    })
})
```

3. slideDown()与 slideUp()方法

slideDown()与 slideUp()方法可以实现改变元素高度的动画效果，即“拉窗帘”的滑动效果。slideDown()是以动画的效果将所选元素的高度向下增大，使其呈现一种“滑动”的效果；slideUp()是以动画的效果将所选元素的高度向上减小(仅改变高度属性)。语法格式与 show()方法相同，调用格式如下：

slideDown(speed[,fun])

slideUp(speed[,fun])

【例 6-21】综合使用 jQuery 选择器及方法实现滑动下拉的竖向菜单，页面运行效果如图 6.22 所示。

```
<html>
    <head>
        <style type="text/css">
            ul{
                list-style:none;
                margin:0;
                padding:0;                  /*以上三条为无序列表的通用设置*/}
            #accordion {
                width:200px;                /*设置折叠式菜单内容的宽度为 200px*/}
            #accordion li {
                border-bottom:1px solid #ED9F9F;}
            #accordion a {
                font-size: 14px;
                color: #ffffff;
                text-decoration: none;
                display:block;              /* 区块显示 */
                padding:5px 5px 5px 0.5em;
```

```
            border-left:12px solid #711515;      /* 左边的粗暗红色边框 */
            border-right:1px solid #711515;
            background-color:#c11136;
            height:1em;                           /* 此条为解决 IE 6 的 bug */}
        #accordion a:hover {
            background-color:#990020;             /* 改变背景色 */
            color:#ffff00;                        /* 改变文字颜色为黄色 */}
        #accordion li ul li {                     /* 子菜单项的样式设置 */
            border-top:1px solid #ED9F9F;}
        #accordion li ul li a{                    /* 子菜单项的样式设置 */
            padding:3px 3px 3px 0.5em;
            border-left:28px solid #a71f1f;
            border-right:1px solid #711515;
            background-color:#e85070;}
        #accordion li ul li a:hover{              /* 改变子菜单项的背景色和前景色 */
            background-color:#c2425d;
            color:#ffff00;}
    </style>
    <script type="text/javascript" src="Scripts/jquery-2.1.0.js"></script>
    <script type="text/javascript">
        $(function(){
            //下面的语句:页面载入时隐蔽除第一个元素外的所有元素
            $("#accordion > li > a + *:not(:first)").hide();
            //下面的语句:对所有元素的标题绑定点击动作
            $("#accordion > li > a").click(function(){
                $(this).parent().parent().each(function(){
                    $("> li > a + *",this).slideUp();   //隐蔽所有元素
                });
                $("+ *",this).slideDown();               //展开当前点击的元素
            });
        })
    </script>
</head>
<body>
    <ul id="accordion">
        <li>
            <a href="#">学院简介</a>
            <ul>
                <li><a href="">学院概况</a></li>
                <li><a href="">历史沿革</a></li>
                <li><a href="">校训示意</a></li>
                <li><a href="">现任领导</a></li>
```

```
                    <li><a href="">特色专业</a></li>
                    <li><a href="">校园漫步</a></li>
                    <li><a href="">学院宣传片</a></li>
                </ul>
            </li>
            <li>
                <a href="#">本 科 教 学</a>
                <ul>
                    <li><a href="">专业介绍</a></li>
                    <li><a href="">精品课程</a></li>
                    <li><a href="">网络课堂</a></li>
                    <li><a href="">成绩查询</a></li>
                    <li><a href="">网上选课</a></li>
                    <li><a href="">教育技术</a></li>
                    <li><a href="">教学研究</a></li>
                </ul>
            </li>
           ...
        </ul>
    </body>
</html>
```

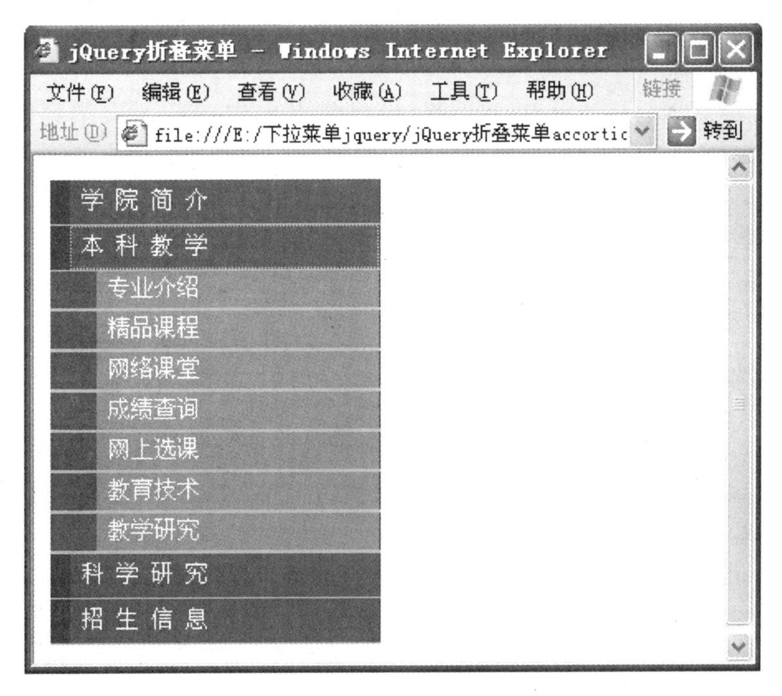

图 6.22　单击“显示”按钮后页面效果

4. slideToggle()方法

slideToggle()方法可以根据当前元素的显示状态自动将高度向上减小或向下增大,语法格式如下:slideToggle(speed[,fun])

5. fadeIn()与 fadeOut()方法

fadeIn()与 fadeOut()方法通过逐渐改变元素的透明度显示或隐藏元素,即淡入淡出效果,语法格式如下:

fadeIn(speed[,fun])

fadeOut(speed[,fun])

show()、hide()方法与 fadeIn()、fadeOut()方法的相同之处是都切换元素的显示状态;不同之处在于,前者的动画效果使元素的 width 与 height 属性都发生变化,而后者仅改变元素的透明度,不修改其他属性。

6. fadeTo()方法

fadeTo()方法是将元素的透明度指定为某个值,语法格式如下:

fadeTo(speed,opacity[,fun])

该方法的功能是将所选元素的不透明度以动画的效果调整到指定的不透明度值,参数 opacity 为指定的不透明度值,取值范围是 0.0～1.0。

6.6 jQuery 常用插件的应用

jQuery 插件丰富了 jQuery 库中的功能,插件的使用简单灵活,目前已有许多成熟的插件可供选择。学会使用 jQuery 插件可以方便、快速地设计出各种用户视觉及体验感较强的网页效果。

插件是以 jQuery 的核心代码为基础,编写符合一定规范的应用程序。使用某个 jQuery 插件时,只需要在网页头部包含打包后的 js 文件即可。最新的插件可以从 jQuery 官方网站(http://plugins.jquery.com)中下载,也可以在百度或其他搜索引擎中搜索。jQuery 插件一般分为以下几类:图形图像、导航菜单、页面窗口、界面 UI 以及日期时间等。

本节实例在 Visual Studio 2010 中实现 jQuery 插件的应用,下面介绍常用 jQuery 插件的应用。

6.6.1 图片放大镜插件

在网页设计中图片处理的应用较多,可以在百度等搜索引擎中搜索到很多关于图片展示的 jQuery 插件,在网页中调用 jQuery 插件的方法类似,下面以 jqzoom 插件的使用为例介绍。

jqzoom 是基于 jQuery 库的图片放大镜插件,在页面中实现图片放大的方法是:准备两张像素大小不同(一大一小)的两张图片,页面打开后,当鼠标在小图片上面移动时调用 jQuery 插件中的 jqzoom()方法,绑定另外一张相同的大图片,在指定位置显示与小图片所选区域相同的大图片区域,从而实现放大效果,此插件适合在产品展示时使用。

按下列步骤实现插件的调用:

(1) 在页面中导入包含放大镜插件的 css 文件以及 js 文件,并确定放大镜插件的 js 位于主 jQuery 库之后,代码如下:

```
<head>
    <link href="Styles/jqzoom.css" rel="stylesheet" type="text/css" />
    <script src="Scripts/jquery-2.1.0.js" type="text/javascript"></script>
    <script src="Scripts/jquery.jqzoom.js" type="text/javascript"></script>
</head>
```

(2) 在 js 文件或页面 js 代码中，添加如下代码，即可完成插件的调用：

```
$(function(){
    $("#jqzoom").jqueryzoom({          //绑定图片放大插件
        xzoom:500,                     //放大图的宽度
        yzoom:500,                     //放大图的高度
        offset:30,                     //放大图距离原图的位置
        position:'right'               //放大图在原图的右边(默认为 right)
    });
})
```

【例 6-22】使用 jqzoom 插件实现图片放大效果，如图 6.23 所示，其代码如下：

图 6.23　jqzoom 插件实现图片放大效果

```
<html xmlns="http://www.w3.org/1999/xhtml">
    <head runat="server">
        <title></title>
        <link href="Styles/jqzoom.css" rel="stylesheet" type="text/css" />
        <script src="Scripts/jquery-2.1.0.js" type="text/javascript"></script>
        <script src="Scripts/jquery.jqzoom.js" type="text/javascript"></script>
        <script type="text/javascript">
```

```
            $(function () {
                $("#jqzoom").jqueryzoom({              /绑定图片放大插件
                    xzoom: 500,                        //放大图的宽度
                    yzoom: 500,                        //放大图的高度
                    offset: 30,                        //放大图距离原图的位置
                    position: 'right'                  //放大图在原图的右边(默认为 right)
                });
            });
    </script>
    </head>
    <body>
        <form id="form1" runat="server">
        <div id="jqzoom">
                <img src="images/small.jpg" jqimg="images/big.jpg" alt="" />
            </div>
        </form>
    </body>
</html>
```

若要对右侧放大图的容器进行修改，可以修改 jqzoom.css 文件中相关的 CSS 样式。

6.6.2 图片旋转展示插件

图片旋转展示是图片展示的一种方式，可以访问如下网址来下载图片旋转插件，在该网站中列出了关于插件的使用方法和参数说明。

插件下载地址：http://fredhq.com/projects/roundabout/

【例 6-23】图片旋转展示插件效果如图 6.24 所示，代码如下：

图 6.24 图片旋转插件浏览效果

```
<head>
    <link href="Styles/css.css" rel="stylesheet" type="text/css" />
    <script type="text/javascript" src="Scripts/jquery-2.1.0.js"></script>
    <script type="text/javascript" src="Scripts/jquery.easing.1.3.js"></script>
    <script type="text/javascript" src="Scripts/jquery.roundabout-1.0.js">
    </script>
    <script type="text/javascript">
        $(function(){
            $('#area ul').roundabout({
                duration: 600        //切换到另一幅图片的时间,单位为毫秒
            });
        })
    </script>
</head>
<body>
    <form id="form1" runat="server">
        <div id="area">
            <ul>
                <li><a href="#"><span>素材 1</span>
                    <img src="images/pic1.jpg" alt="素材 1" /></a>
                </li>
                <li><a href="#"><span>素材 2</span>
                    <img src="images/pic2.jpg" alt="素材 2" /></a>
                </li>
                ...
            </ul>
        </div>
    </form>
</body>
```

除了上面介绍的图片旋转展示插件,还有很多成熟的 jQuery 图片插件,例如具有图片切换特效的相册插件、各种 Lightbox 效果(如图 6.25 所示)的图片浏览插件以及具有 3D 图片滑动效果的图片轮播插件。

其中 Lightbox 是常用的图片浏览插件,一般具有以下功能:自动根据窗口的大小缩放图片、模式窗口、以幻灯片方式播放、内容预加载以及渐变等效果。

另外,菜单的设计在网页中必不可少,目前网上提供了很多 jQuery 菜单插件,使用方法类似。

图 6.25　Lightbox 插件浏览效果

6.6.3　漂浮广告插件

漂浮广告是漂浮在网页中的广告或网站通知，不被任何网页元素遮挡，一般可以支持多个图片漂浮。

【例 6－24】使用 jQuery 插件在网页中的插入漂浮广告，仅需在<head></head>标签内添加以下引用，如图 6.26 所示将漂浮广告应用于第 3 章设计的财务网站页面中。

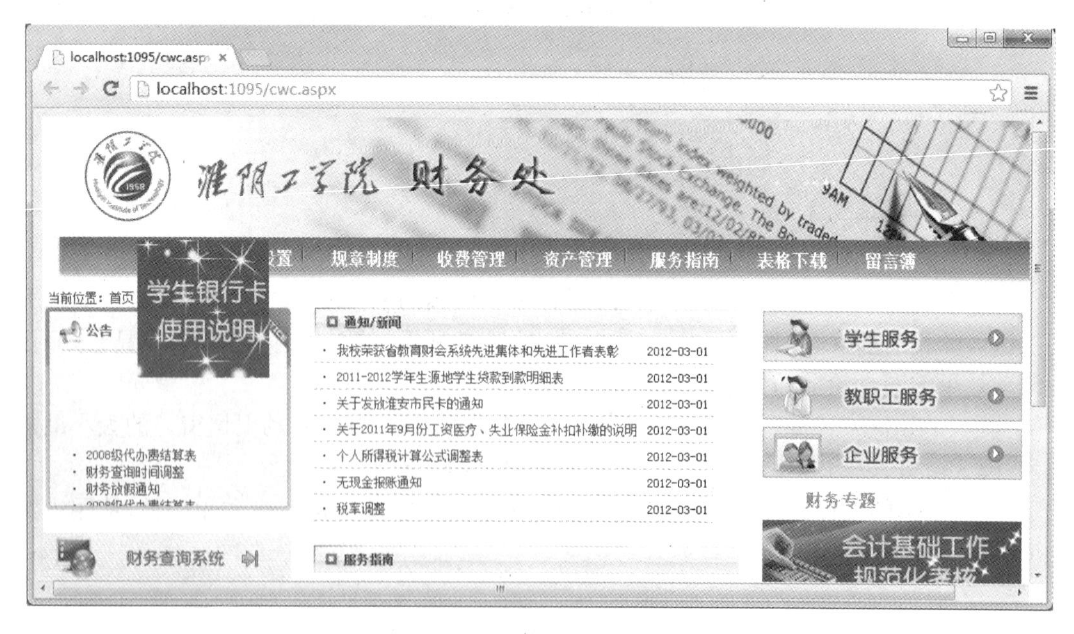

图 6.26　漂浮广告插件效果

```
<head>
    <link href="Styles/ad.css" rel="stylesheet" type="text/css" />
    <link href="Styles/controls-apple.css" rel="stylesheet" type="text/css">
    <script type="text/javascript" src="Scripts/jquery-2.1.0.js"></script>
    <script type="text/javascript" src="Scripts/floatingAd.js"></script>
    <script type="text/javascript">
        $(function(){
            $.floatingAd({
                delay: 60,                              //频率
                isLinkClosed: true,                     //超链接后是否关闭漂浮
                ad:[{                                   //漂浮内容
                    headFilter: 0.3,                    //关闭区域背景透明度(0.1-1)
                    'img': 'images/card.jpg',           //漂浮图片
                    'imgHeight': 220,                   //图片高度
                    'imgWidth': 176,                    //图片宽度
                    'linkUrl': 'http://www.baidu.com/', //图片链接
                    'z-index': 100,                     //浮动层级别
                    'title': '说明'                      //标题
                    'closed-icon': 'images/close.png'   //关闭按键图片
                }],
                onClose: function(elem){               //关闭事件
                    alert('关闭');}
            });
        })
    </script>
</head>
```

6.7 jQuery UI插件的简单应用

jQuery库侧重于后台，没有美观的前台界面。而jQuery UI弥补了jQuery的不足，侧重于用户界面的体验，是一个以jQuery为基础的插件代码库。jQuery UI主要有以下三部分：

(1) 可以增加用户体验度的小控件，例如折叠面板(Accordion)、日历(Datepicker)、对话框(Dialog)、进度条(Progressbar)、滑块(Slider)以及标签页(Tabs)等。

(2) 与鼠标操作相关的插件，例如拖动(Draggable)、放置(Droppable)、缩放(Resizable)、复选(Selectable)、排序(Sortable)等。

(3) 动画效果插件

最新的jQuery UI版本可以在地址http://jqueryui.com/download中下载，目前最新的jQuery UI库jquery-ui-1.10.4.custom.rar压缩包文件，包括最新的jQuery UI库文件和demos、themes以及docs等文件包，用户可以选择性解压缩。

6.7.1　选项卡插件

由于选项卡(tabs)形式实现了用少量的空间展示更多的内容,因此在页面中的使用非常广泛,多用于网站首页的布局。

使用选项卡插件所需要的 js 文件有:

jquery. ui. core. js

jquery. ui. widget. js

jquery. ui. tabs. js

调用格式为:

```
$(document). ready(function(){
    $("#example > ul"). tabs(参数列表);
});
```

【例 6-25】选项卡插件的实现效果如图 6.27 所示,代码如下:

图 6.27　选项卡插件应用

```
<head>
    <link href="Styles/jquery. ui. all. css" rel="stylesheet" type="text/css" />
    <link href="Styles/demos. css" rel="stylesheet" type="text/css" />
    <script type="text/javascript" src="Scripts/jquery-2. 1. 0. js"></script>
    <script src="Scripts/jquery. ui. core. js" type="text/javascript"></script>
    <script src="Scripts/jquery. ui. widget. js" type="text/javascript"></script>
    <script src="Scripts/jquery. ui. tabs. js" type="text/javascript">
    </script>
    <script type="text/javascript">
        $(function(){
            $("#tabs"). tabs({
                fx:{opacity:"toggle",height:"toggle"},    //设置各选项卡切换时的动画效果
                event: "mouseover",    //通过移动鼠标切换选项卡
                selected:1//设置默认被选中选项卡的 Index,第一个选项卡的 Index 值为 0
```

```
            });
        })
    </script>
</head>
<body>
    <div id="tabs">
        <ul>
            <li><a href="#tabs-1">选项卡一</a></li>
            <li><a href="#tabs-2">选项卡二</a></li>
            <li><a href="#tabs-3">选项卡三</a></li>
        </ul>
        <div id="tabs-1">
            <p>选项卡一的内容</p>
        </div>
        <div id="tabs-2">
            <p>选项卡二的内容</p>
        </div>
        <div id="tabs-3">
            <p>选项卡三的内容</p>
        </div>
    </div>
</body>
```

其中，event参数用于设置触发切换选项卡的事件，默认值为“click”，即单击时切换不同的选项卡；也可以设置为“mouseover”，即鼠标移到选项卡上时切换不同的选项卡。

6.7.2 折叠面板插件

jQuery UI插件折叠面板(accordion)可以实现页面中指定区域的折叠效果，单击面板中的标题栏，就会展开与标题相应的内容，当单击其他面板标题栏时，已展开的内容会自动关闭，通过这种方式，可以实现多个面板数据在一个页面中有序展示。

使用折叠面板插件所需要的js文件有：

jquery.ui.core.js

jquery.ui.widget.js

jquery.ui.accordion.js

调用格式为：

```
$(document).ready(function(){
    $("#example").accordion(参数列表);
});
```

【例6-26】折叠面板插件的实现效果如图6.28所示，代码如下：

```
<head>
    <link href="Styles/jquery.ui.all.css" rel="stylesheet" type="text/css" />
    <link href="Styles/demos.css" rel="stylesheet" type="text/css" />
    <script type="text/javascript" src="Scripts/jquery-2.1.0.js"></script>
    <script src="Scripts/jquery.ui.core.js" type="text/javascript"></script>
    <script src="Scripts/jquery.ui.widget.js" type="text/javascript"></script>
    <script src="Scripts/jquery.ui.accordion.js" type="text/javascript">
    </script>
    <script type="text/javascript">
        $(function(){
                event: "mouseover",
                //设置展开面板的事件为鼠标滑过,默认值是"click",
                //也可以设置为双击事件
                autoHeight:true         //默认值为 true,表示内容的高度自动增高
        })
    </script>
</head>
<body>
    <div id="accordion">
        <h3><a href="#">Section 1</a></h3>
        <div><p>面板一的内容</p></div>
        <h3><a href="#">Section 2</a></h3>
        <div><p>面板二的内容</p></div>
        ...
    </div>
</body>
```

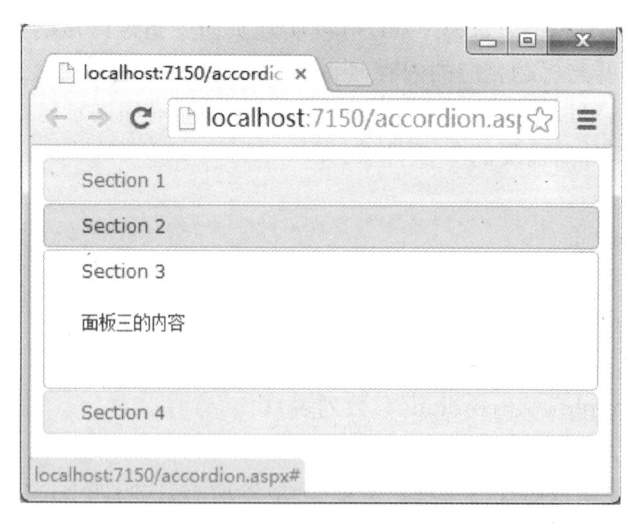

图 6.28　折叠面板插件效果

6.7.3　选择日期插件

在页面设计中经常需要用户输入日期，使用 jQuery UI 中的选择日期（datepicker）插件可以方便的插入日期。日期插件一般与文本框绑定，选中的日期在文本框中显示。

使用日期插件所需要的 js 文件有：

jquery. ui. core. js

jquery. ui. widget. js

jquery. ui. datepicker. js

调用格式为：

```
$(document).ready(function(){
    $("#example").datepicker(参数列表);
});
```

【例 6 - 27】日期插件效果如图 6.29 所示，代码如下：

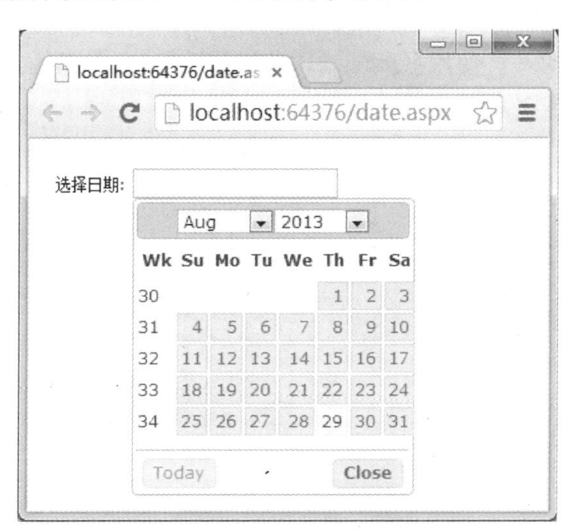

图 6.29　日期插件效果

```
<head>
    <link href="Styles/jquery.ui.all.css" rel="stylesheet" type="text/css" />
    <link href="Styles/demos.css" rel="stylesheet" type="text/css" />
    <script type="text/javascript" src="Scripts/jquery-2.1.0.js"></script>
    <script src="Scripts/jquery.ui.core.js" type="text/javascript"></script>
    <script src="Scripts/jquery.ui.widget.js" type="text/javascript"></script>
    <script src="Scripts/jquery.ui.datepicker.js" type="text/javascript">
    </script>
    <script type="text/javascript">
        $(function(){
            $("#datepicker").datepicker({
                changeMonth: true,          //显示下拉列表月份
```

```
                changeYear: true,         //显示下拉列表年份
                showWeek: true,           //显示日期对应的星期
                showButtonPanel: true,         //显示"关闭"按钮面板
                closeText: 'Close'        //设置关闭按钮的文本
            });
        })
    </script>
</head>
<body>
    <input type="text" name="date" id="datepicker" />
</body>
```

6.7.4 对话框插件

在页面设计中需要与用户交互时常需要弹出提示窗口，alert()与confirm()函数可以弹出提示窗口，但是功能单一。使用jQuery UI中的对话框(dialog)插件不但可以实现上述功能，而且界面美观、功能丰富。

使用对话框插件所需要的js文件有：

jquery.ui.core.js
jquery.ui.widget.js
jquery.ui.mouse.js
jquery.ui.draggable.js
jquery.ui.position.js
jquery.ui.resizable.js
jquery.ui.dialog.js

调用格式为：

```
$(document).ready(function(){
    $("#example").dialog(参数列表);
});
```

【例6-28】对话框插件效果如图6.30所示，代码如下：

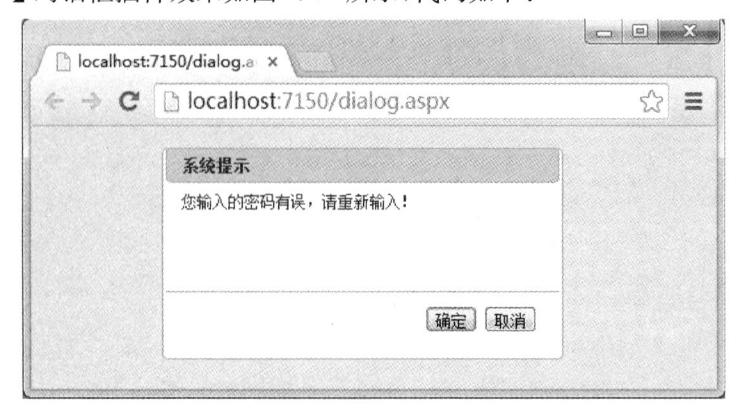

图6.30 对话框插件效果

```
<head>
    <link href="Styles/jquery.ui.all.css" rel="stylesheet" type="text/css" />
    <link href="Styles/demos.css" rel="stylesheet" type="text/css" />
    <script type="text/javascript" src="Scripts/jquery-2.1.0.js"></script>
    <script src="Scripts/jquery.ui.core.js" type="text/javascript"></script>
    <script src="Scripts/jquery.ui.widget.js" type="text/javascript"></script>
    <script src="Scripts/jquery.ui.datepicker.js" type="text/javascript">
    </script>
    <script type="text/javascript">
        $(function(){
                $("#dialog").dialog({
                        title:"系统提示",          //设置对话框中主题部分的文字,默认值为空
                        autoOpen:true,
                        //设置对话框的打开方式,若设置为 false 则对话框不自动打开
                        show:"blind",             //设置对话框打开时的动画效果,默认值为 null
                        hide:"explode",           //对话框关闭时的动画效果
                        modal:true,
                //设置对话框是否为遮罩效果,遮罩效果是指焦点锁定对话框,其他位置不允许操作
                        draggable:true,           //设置对话框是否可以被拖动,默认值为 true
                        width: 300,               //对话框的宽度
                        height: 150,
                        position:"center",          //设置对话框弹出时在页面中的位置
                //可以设置为"top"、"center"、"bottom"、"left"以及"right",默认值为"center"
        buttons: {                  //添加对话框中的按钮
            "确定": function () {
                    $(this).dialog("close");        //关闭对话框
            },
            "取消": function () {
                    alert("取消的操作");
            } }   }); })
    </script>
</head>
<body>
    <div id="dialog">
            您输入的密码有误,请重新输入!
    </div>
</body>
```

第 7 章　CSS3 与 HTML5

7.1　CSS3

CSS(级联样式表)是一种定义样式(如字体、颜色和位置)的语言,用于描述如何格式化和显示网页中的信息。目前使用最多的是 CSS 2.0 标准,CSS 新标准 CSS 3.0 的出现使代码更简洁、页面结构更合理,性能和效果得到兼顾。

现在所有主流浏览器都兼容 CSS2,但不是所有浏览器都支持 CSS3 样式,不过新版本的谷歌 Chrome、火狐 Firefox 等浏览器支持 CSS3 的绝大多数属性,IE9、IE10 只支持 CSS3 中少部分属性,IE8 及以下版本的 IE 基本不支持 CSS3。目前还有很多低版本浏览器的用户,考虑到浏览器的兼容性,使用 CSS3 标准开发的网站不是很多,但却是发展必然的趋势。

CSS3 加强了 CSS2 的功能,增加了新的属性和新的标签,删除了一些冗余的标签,在布局方面减少了代码量。在 CSS2 中比较复杂的布局,在 CSS3 中一般只需要设置一个属性即可。在效果方面加入了更多的效果,在盒子模型和列表模块都进行了改进,比如定义圆角、背景颜色渐变、背景图片大小控制和定义多个背景图片等。CSS3 数据更精简,请求服务器次数明显低于 CSS2,因此性能更好。

CSS3 的开发是朝着模块化发展的,包括文本效果、背景和边框、盒子模型、2D/3D 转换、动画、多列布局以及用户界面等。下面介绍常用的 CSS3 属性。

7.1.1　CSS3 文本、边框属性

CSS3 设置文本的效果主要有 text-shadow 属性。

1. text-shadow:设置文本的阴影。语法如下:

text-shadow:h-shadow v-shadow [blur] [color];

其中,加中括号的参数为可选参数,四个参数分别表示水平阴影的位置(允许负值)、垂直阴影的位置(允许负值)、模糊距离以及阴影的颜色。下面代码的页面效果如图 7.1 所示。

```
h1{
    text-shadow:2px 2px 8px #FF0000;}
```

模糊效果的文本阴影!

图 7.1　文本阴影效果

不需使用图像处理软件,使用 CSS3 可以为元素添加阴影、创建圆角边框等。

注意：为了兼容老版本的浏览器，一般会在属性之前添加便于不同浏览器识别的语句，以设置元素的 text-shadow 属性为例，需要添加以下语句，后面讲到的属性同样需要添加类似的浏览器兼容语句。

```
div{
    text-shadow:2px 2px 8px #FF0;
    -ms-text-shadow:2px 2px 8px #FF0;        /* 支持 IE 9 浏览器 */
    -webkit-text-shadow:2px 2px 8px #FF0;
    /* 支持 Safari 以及 Chrome 浏览器 */
    -o-text-shadow:2px 2px 8px #FF0;         /* 支持 Opera 浏览器 */
    -moz-text-shadow:2px 2px 8px #FF0;       /* 支持火狐 Firefox 浏览器 */}
```

2. box-shadow：为块级元素添加阴影，语法如下：

box-shadow：h-shadow v-shadow [blur] [spread] [color] [inset]；

其中，参数分别表示水平阴影的位置（允许负值）、垂直阴影的位置（允许负值）、模糊距离、阴影的尺寸、阴影的颜色、将外部阴影改为内部阴影。下面代码的页面效果如图 7.2 所示。

```
div{
    width:200px; height:100px; background-color:#56990c;
    box-shadow:10px 10px 15px #888888;}
```

图 7.2　阴影效果

3. border-radius：是一个简写属性，为元素添加圆角边框，语法如下：

border-radius：水平半径值|% [垂直半径值|%]

其中，第一个值是水平半径；如果第二个值省略，它等于第一个值，此时这个角是一个四分之一圆角；如果任意一个值为 0，则这个角是直角；其值不允许是负值。

圆角效果

图 7.3　圆角效果边框

border-radius 是一个简写属性，因此以下两段代码等价，页面效果如图 7.3 所示。

```
border-radius:12em;
border-top-left-radius:12em;
border-top-right-radius:12em;
border-bottom-right-radius:12em;
border-bottom-left-radius:12em;
```

也可以从左上角开始按顺时针顺序设置圆角半径，若省略 bottom-left，则与 top-right 相同；省略 bottom-right，则与 top-left 相同；省略 top-right，则与 top-left 相同。例如，

```
border-radius:2em 1em 4em / 0.5em 3em;
```

等价于：

```
border-top-left-radius:2em 0.5em;
border-top-right-radius:1em 3em;
border-bottom-right-radius:4em 0.5em;
border-bottom-left-radius:1em 3em;
```

4. border-image：是一个简写属性，用于设置以下属性 border-image-source、border-image-slice、border-image-width、border-image-outset、border-image-repeat。

如果省略值，会设置其默认值。

border-image-source：边框图片的路径；

border-image-slice：图片边框向内偏移；

border-image-width：图片边框的宽度；

border-image-outset：边框图像区域超出边框的量；

border-image-repeat：图像边框是否应平铺(repeated)、铺满(round)或拉伸(stretch)。

例如，设置 div 的样式如下，将图 7.4 所示图片应用于 div，round 边框效果如图 7.5 所示，stretch 边框效果如图 7.6 所示。

```
div{
    border:45px solid transparent;
    width:200px; height:126px; padding:10px 20px;
    border-image:url(images/bg.jpg) 50 90 round;}
```

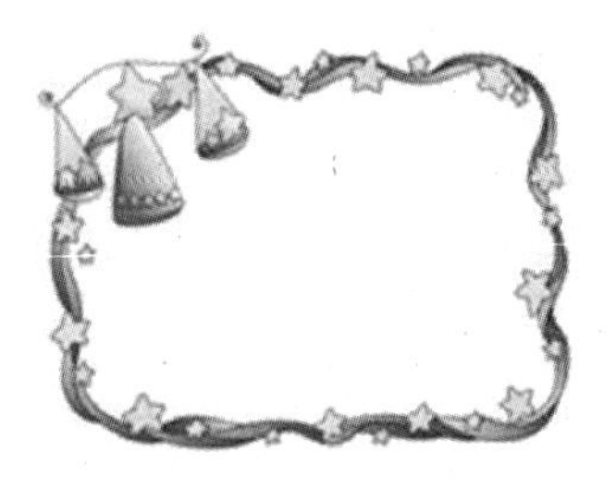

图 7.4 边框素材图片

图 7.5 round 边框效果

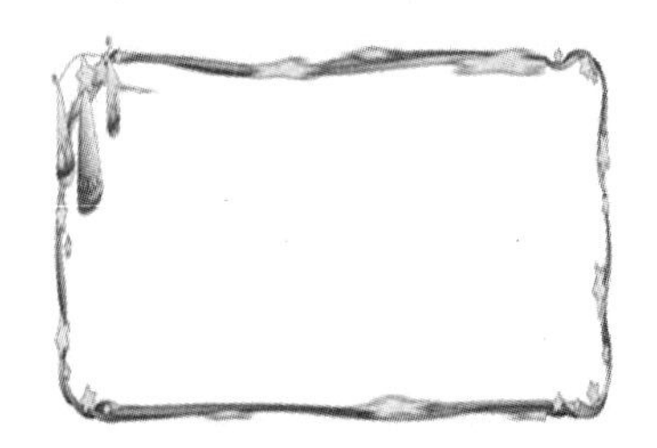

图 7.6 stretch 边框效果

7.1.2 CSS3 背景属性

CSS3 新增了一些背景属性，提供了对背景更强大的控制。

1. background-size：设置背景图片的尺寸。在 CSS2 中背景图片的尺寸是由图片的实际尺寸决定的，在 CSS3 中则可以设置背景图片的尺寸。语法如下：

background-size：length|percentage|cover|contain;

其中，length 设置背景图像的高度和宽度，第一个值设置宽度，第二个值设置高度。如果只设置一个值，则第二个值会被设置为 "auto"。

percentage 以父元素的百分比来设置背景图像的宽度和高度。第一个值设置宽度，第二个值设置高度。如果只设置一个值，则第二个值会被设置为 "auto"。

cover 把背景图像扩展至足够大，以使背景图像完全覆盖背景区域。背景图像的某些部分也许无法显示在背景定位区域中。

contain 把图像扩展至最大尺寸，以使其宽度和高度完全适应内容区域。

例如，以下代码设置 div 的背景图片的宽度为 60px，高度为 100px。

```
div{
    background:url(images/bg.gif) no-repeat;
    background-size:60px 100px; }
```

2. background-origin：将背景图片定位于某一区域。

背景图片可以放置于块级元素的 content-box、padding-box 或 border-box 区域内，如图 7.7 所示。

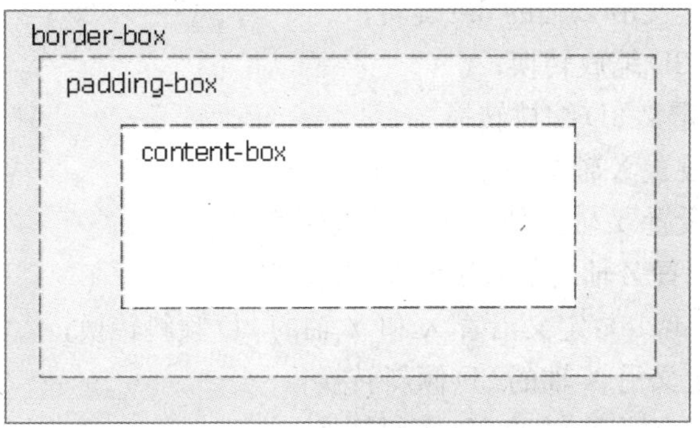

图 7.7　定位区域

例如下列语句可以将背景图片定位于块级元素的内容区域。

```
div{
    background:url(images/bg.gif) no-repeat;
    background-size:100px 100px;
    background-origin:content-box;}
```

另外，可以使用 background-image 属性为元素设置多个背景图片。例如，下面代码为页面设置两个背景图片，默认情况下，两个背景图片以元素的左上角为基准显示。

```
body{
    background-image:url(images/bg.jpg),url(images/center.gif);
    background-repeat:no-repeat;}
```

7.1.3　CSS3 2D、3D 转换属性

转换是使元素改变形状、尺寸和位置的一种效果。通过 CSS3 转换，可以对元素进行移动、缩放、转动、拉长或拉伸。也可以对元素设置 2D 或 3D 的转换效果。

实现元素的 2D 或 3D 转换效果的属性是 transform，语法如下：

transform：none|转换函数；

转换函数的取值主要有：

none：定义不进行转换；

translate(x,y)：定义2D转换；

translate3d(x,y,z)：定义3D转换；

translateX(x)：定义X轴转换；

translateY(y)：定义Y轴转换；

translateZ(z)：定义3D转换，只使用Z轴的值；

rotate(angle)：定义2D旋转，在参数中规定角度；

rotate3d(x,y,z,angle)：定义3D旋转；

rotateX(angle)：定义沿X轴的3D旋转；

rotateY(angle)：定义沿Y轴的3D旋转；

rotateZ(angle)：定义沿Z轴的3D旋转；

scale(x,y)：定义2D缩放转换；

scale3d(x,y,z)：定义3D缩放转换；

scaleX(x)：通过设置X轴的值来定义缩放转换；

scaleY(y)：通过设置Y轴的值来定义缩放转换；

scaleZ(z)：通过设置Z轴的值来定义3D缩放转换；

skew(x-angle,y-angle)：定义沿着X和Y轴的2D倾斜转换；

skewX(angle)：定义沿X轴的2D倾斜转换；

skewY(angle)：定义沿Y轴的2D倾斜转换；

matrix(n,n,n,n,n,n)：定义2D转换，使用六个值的矩阵；

matrix3d(n,n,n,n,n,n,n,n,n,n,n,n,n,n,n,n)：定义3D转换，使用16个值的4×4矩阵；

perspective(n)：为3D转换元素定义透视视图。

1. translate()函数：根据给定的位置参数(x,y)移动指定的元素。

例如，语句 transform: translate(50px, 100px)可以将元素向右移动50px，向下移动100px，样式代码如下，效果如图7.8所示。

图7.8 移动对象

图7.9 旋转对象

```
div{
    background:url(images/pic.jpg) no-repeat; width:200px; height:200px;
    background-size:200px 200px;
    -webkit-transform:translate(100px,50px); /* 支持Safari、Chrome浏览器 */}
```

2. rotate()函数：元素顺时针旋转给定的角度，可以取负值，元素将逆时针旋转。

例如，语句 transform: rotate(30deg)；可以将元素顺时针旋转 30 度，效果如图 7.9 所示。

3. scale()函数：根据给定的宽度和高度参数改变元素的尺寸。

例如，语句 transform: scale(2,4)；将元素的宽度变为原来的 2 倍，高度变为原来的 4 倍。

4. skew()函数：根据水平和垂直参数将元素翻转给定的角度。

例如，语句 div{transform: skew(30deg,20deg);}将元素围绕 X 轴翻转 30 度，围绕 Y 轴翻转 20 度，如图 7.10 所示。

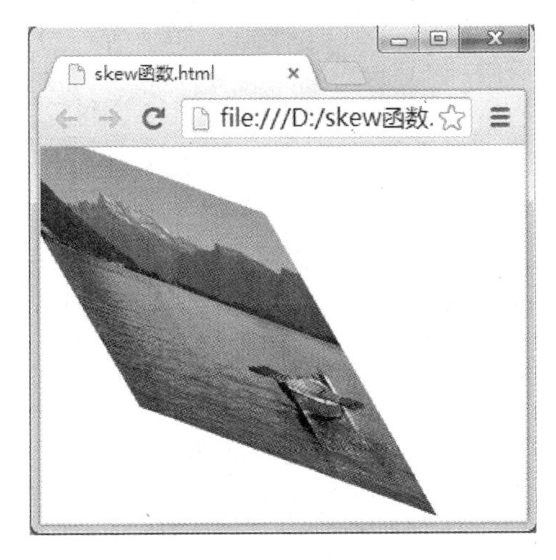

图 7.10　翻转效果

5. matrix()函数将 2D 转换方法组合在一起，有六个参数，可以旋转、缩放、移动以及倾斜元素。

7.1.4　CSS3 过渡属性

使用 CSS3 的过渡属性，可以在不使用 Flash 或 JavaScript 的情况下，为元素转变样式时添加效果。语法如下：

transition:property duration timing-function delay;

其中，transition-property 规定设置过渡效果的 CSS 属性的名称；transition-duration 规定完成过渡效果需要的时间；transition-timing-function 规定过渡效果的速度曲线；transition-delay 定义过渡效果开始的时间。

例如，下面的代码设置鼠标悬停在 div 元素时，元素宽度和高度 2 秒内都变为 200px，同时顺时针翻转 180 度，鼠标悬停前后效果分别如图 7.11 和图 7.12 所示。

```
div{
    width:120px; height:100px; background: #0ff;
    -webkit-transition:width 2s,height 2s;}
div:hover{
    width:150px; height:150px;
    -webkit-transform:rotate(180deg);}
```

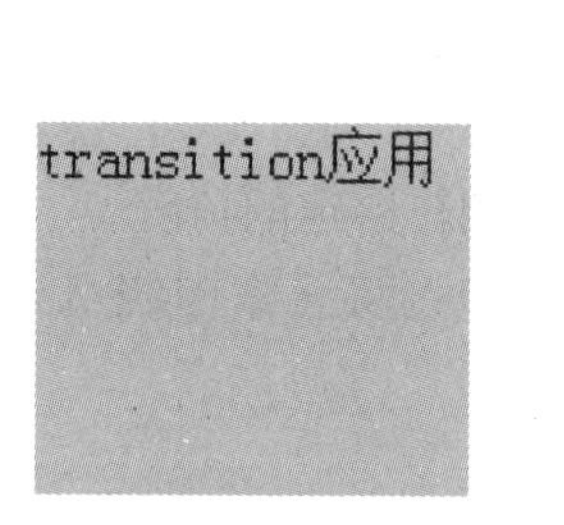

图 7.11　初始状态

图 7.12　鼠标悬停 div 效果

7.1.5　CSS3 多列属性

使用 CSS3 多列属性可以实现类似于 word 分栏的功能。多列属性主要有 column-count、column-gap 和 column-rule，分别用于设置元素被分隔的列数、列之间的间隔以及分隔线的宽度、样式和颜色规则。

例如，以下代码将 div 分为 3 列，每列间隔 40px，蓝色分隔线，宽度为 4px，页面效果如图 7.13 所示。

```
div{
    -webkit-column-count:3; -webkit-column-gap:40px;
    -webkit-column-rule:4px outset #00f; }
```

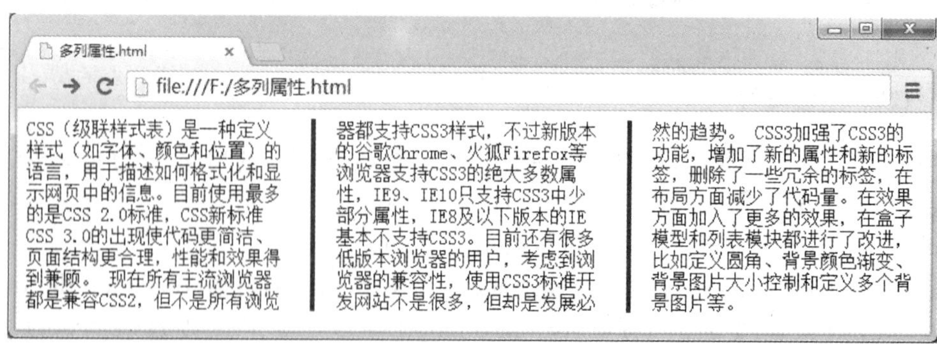

图 7.13　3 列显示

【例 7－1】使用 CSS3 实现图片旋转，如图 7.14 所示，鼠标悬停时，图片水平显示如图 7.15 所示。

图7.14　旋转图片

图7.15　鼠标悬停效果

HTML代码：

```
<div class="box">
        <a href="#">
                <img src="images/pic.jpg" />鼠标悬停
        </a>
</div>
```

CSS代码：

```
body{
    background-color:#E9E9E9; color:#333333; padding:25px;}
a,img{
    border:0;}
a,a:hover{
    color:#333333; text-decoration:none;}
.box a{
    display:block; width:256px;
    margin:60px 0 0 0; padding:10px 10px 15px;
    text-align:center; background:#fff; border:1px solid #bfbfbf;
    transform:rotate(10deg);                    /*设置图片旋转*/
    -webkit-transform:rotate(10deg);            /*支持Safari以及Chrome浏览器*/
    -moz-transform:rotate(10deg);               /* 支持火狐Firefox浏览器 */

    box-shadow:2px 2px 3px rgba(135, 139, 144, 0.4);  /*设置元素阴影*/
    -webkit-box-shadow:2px 2px 3px rgba(135, 139, 144, 0.4);
    -moz-box-shadow:2px 2px 3px rgba(135, 139, 144, 0.4);
    -webkit-transition:all 0.5s ease-in;        /*设置样式过渡时间*/}
.box img{
    display:block; width:256px; height:192px; margin-bottom:10px;}
```

```
.box a:hover{
    border-color:#9a9a9a;
    transform:rotate(0deg);        /* 鼠标悬停时设置旋转角度为0,即图片水平显示 */
    -webkit-transform:rotate(0deg);        /* 支持Safari以及Chrome浏览器 */
    -moz-transform:rotate(0deg);        /* 支持火狐Firefox浏览器 */ }
```

【例7-2】使用CSS3实现鼠标悬停图片自动伸缩效果,类似于手风琴图片滑动效果,如图7.16所示。

图7.16　鼠标悬停效果图

HTML代码:

```
<div class="accordion">
    <ul>
        <li>
            <div class="title">
                <a href="#">第一幅图</a>
            </div>
            <a href="#"><img src="images/1.jpg"></a>
        </li>
        <li>
            <div class="title">
                <a href="#">第二幅图</a>
            </div>
            <a href="#"><img src="images/2.jpg"></a>
        </li>
        ...
    </ul>
</div>
```

CSS代码:

```
*{
    margin:0; padding:0; list-style:none;}
body{
    background:#ccc;}
a{
    text-decoration:none;}
img{
    border:none;}
.accordion{
    width:505px; height:200px;
    margin:10px auto;                          /*设置盒子居中*/
    box-shadow:0 0 10px 2px rgba(0,0,0,0.4);   /*设置盒子的阴影,透明度为0.4*/}
.accordion li{
    width:100px; height:200px;
    overflow:hidden;                           /*设置li的显示不超出505px范围*/
    position:relative;                         /*设为相对定位,便于.title相对于li定位*/
    float:left;                                /*设置浮动,li在浏览器中同一行显示*/
    border-left:1px solid #aaa;
    box-shadow:0 0 25px 10px rgba(0,0,0,0.4);  /*设置每个li有阴影*/
    -webkit-transition:all 0.5s;               /*设置样式过渡时间为0.5秒*/
    -moz-transition:all 0.5s;
    -ms-transition:all 0.5s;
    -o-transition:all 0.5s;
    transition:all 0.5s;}
.accordion ul:hover li{
    width:45px; }
    /*设置鼠标悬停li初始宽度为45px,0.5秒宽度过渡为320px*/
.accordion ul li:hover{
    width:320px;}
.accordion .title{                             /*设置.title相对定位于li的底部*/
    position:absolute; left:0; bottom:0; width:320px;
    background:rgba(0,0,0,0.5);                /*设置.title的透明度为0.5*/}
.accordion .title a{
    display:block; color:#fff; font-size:16px; padding:20px;}
```

7.2　HTML5 新特性简介

HTML5 是 HTML 下一个主要的修订版本,目标是取代 HTML 4.01 和 XHTML 1.0 标准,以期能在互联网应用迅速发展的时候,使网络标准符合当代的网络需求。广义地讨论 HTML5 时,实际指的是包括 HTML、CSS 和 JavaScript 在内的一套技术组合。它希望能够减少浏览器对于需要插件的丰富性网络应用服务的需求,并且提供更多的、能有效增强网络应用的标准集。

在学习 HTML5 之前，需要了解各主流浏览器对 HTML5 的支持情况。

支持 HTML5 的浏览器主要有：Firefox（火狐浏览器），IE9 及其更高版本，Chrome（谷歌浏览器），Safari（苹果公司浏览器）以及 Opera（欧朋浏览器）等浏览器；另外，Maxthon（傲游浏览器），以及基于 IE 或 Chromium（Chrome 的工程版或称实验版）推出的 360 浏览器、搜狗浏览器、QQ 浏览器、猎豹浏览器等国产浏览器同样具备支持 HTML5 的能力。尽管目前不是所有浏览器都可以很好地支持 HTML5，但是随着 HTML5 的快速发展，不久的将来 HTML5 一定会得到所有常用浏览器的支持。

7.2.1 HTML5 的新特性

在 HTML5 标准中，加入了很多新的、多样的内容描述标记，直接支持表单验证、视频音频标签、网页元素的拖拽、离线存储和工作线程等功能。新增了新的标记用来更加细致的描述页面、文档结构，使用这些元素可以使文档页面语义明确，更加易读，也可以使搜索引擎更好的理解页面中的内容和各部分之间的关系，应用 API 也能更容易、更精确地访问文档对象。

HTML5 的目标是简单化，其口号是“简单至上，尽可能简化”。因此，HTML5 的新特性主要有以下几点：

（1）取消了一些过时的 HTML4 标记

例如，font、center、u、strike 等效果标记被完全去掉了，被 CSS 完全取代。

HTML5 中不支持 frame 框架，只支持 iframe 框架，不再使用如 frameset、frame、noframes 等标记。

（2）去掉了 JavaScript 和 CSS 标签中的 type 属性

在 HTML5 之前，通常会在<link>和<script>标签中添加 type 属性，例如：

```
<link rel="stylesheet" type="text/css href"="stylesheet.css">
<script type="text/javascript"></script>
```

在 HTML5 中，不再使用 type 属性，这样可以使代码更为简洁，例如：

```
<link rel="stylesheet"   href=" stylesheet.css">
<script></script>
```

（3）将内容和展示分离

标记 b 和 i 依然保留，但它们的意义与之前有所不同，这些标记只是为了将一段文字标识出来，而不是为了用它们设置粗体或斜体样式，其具体的样式需要在 CSS 代码中进行设置。

（4）HTML5 简化了文档类型和字符编码：

• 新的 DOCTYPE

HTML5 之前的 DOCTYPE 代码冗长：

```
<! DOCTYPE html PUBLIC "-//W3C//DTD XHTML 1.0 Transitional//EN"
"http://www.w3.org/TR/xhtml1/DTD/xhtml1-transitional.dtd">
```

而在 HTML5 中的 DOCTYPE 语法如下：

```
<! DOCTYPE html>
```

这样的 DOCTYPE 简单、美观、书写方便。

- 新的字符集

在 HTML5 之前，通过 http-equiv 和 content 属性来设置页面的字符集代码：

```
<meta http-equiv="Content-Type" content="text/html; charset=utf-8" />
```

在 HTML5 中，可以简化字符集代码的设置，只需写为：

```
<meta charset="utf-8" />
```

7.2.2　HTML5 新的语义化标记

我们一般使用 DIV+CSS 的页面布局方式，搜索引擎在搜索页面内容的时候，它只能猜测某个 div 中的内容是内容容器，还是导航模块的容器，或者是作者介绍的容器等。也就是说整个 HTML 文档结构定义不清晰，HTML5 为了解决这个问题，专门添加了页眉、页脚、导航和文章内容等跟结构相关的结构元素标签，目前在一些主流浏览器中已经可以使用。

表 7.1 列出了 HTML 新增加的较常用的语义化标记元素。

表 7.1　HTML5 的语义化标记

元素名	描述
header	标记头部区域内容
footer	标记脚部区域内容
article	独立的文章内容
aside	相关内容或引文
nav	导航类辅助内容

例如，下面的代码使用了表 7.1 中的部分标记，代码显示效果如图 7.17 所示。

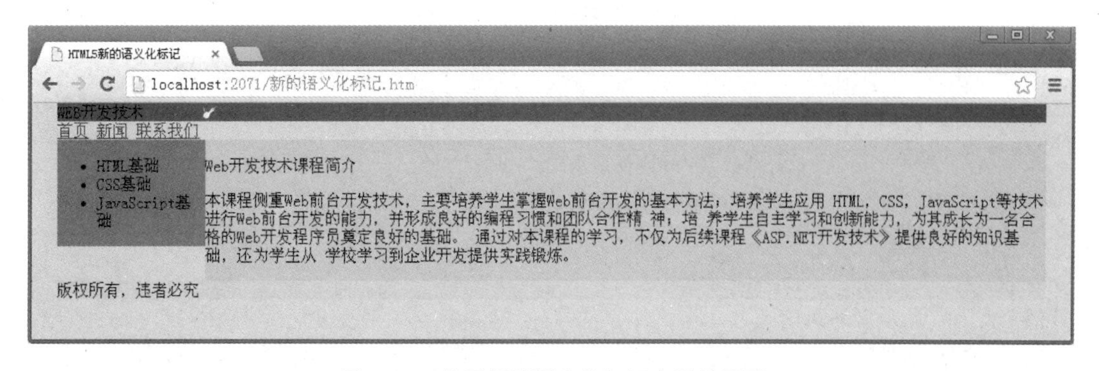

图 7.17　使用新的语义化标记布局的页面

```
<! DOCTYPE html>
    <html>
        <head>
            <meta charset="utf-8" />
            <title>HTML5 新的语义化标记</title>
            <style>
                    body{
                        width:1000px;
                        margin:0 auto;
                        background-color: #ddd;}
                    header{
                        background-color: #345678;}
                    aside{
                        float:left;
                        width:150px;
                        background-color: #777;}
                    article{
                        width:850px;
                        float:left;
                        background-color: #ccc;}
                    footer{
                        background-color: #ccddee;
                        clear:both;
                        width:100%}
            </style>
        </head>
        <body>
            <header>WEB 开发技术</header>
            <nav>
                <a href="#">首页</a>
                <a href="#">新闻</a>
                <a href="#">联系我们</a>
            </nav>
            <aside>
                <ul>
                    <li>HTML 基础</li>
                    <li>CSS 基础</li>
                    <li>JavaScript 基础</li>
                </ul>
            </aside>
            <article>
                <p>Web 开发技术课程简介</p>
```

```
            <p>本课程侧重 Web 前台开发技术，主要培养学生掌握 Web 前台开发的基
               本方法；培养学生应用 HTML，CSS，JavaScript 等技术进行 Web 前台开
               发的能力，并形成良好的编程习惯和团队合作精神；培 养学生自主学习
               和创新能力，为其成长为一名合格的 Web 开发程序员奠定良好的基础。
               通过对本课程的学习，不仅为后续课程《ASP. NET 开发技术》提供良好
               的知识基础，还为学生从学校学习到企业开发提供实践锻炼。</p>
        </article>
        <footer>版权所有，违者必究</footer>
    </body>
</html>
```

7.2.3　HTML5 音频及视频

目前，在网页中显示音频或视频大多是通过插件(例如 Flash 插件)来显示的，然而，并非所有浏览器都支持该插件。而音频和视频文件在页面中应用较多，对于如何在页面中嵌入音频和视频，HTML5 规定了一种通过<audio>…</audio>和<video>…</video>标记来嵌入音频和视频的方法。我们只需要提供音频及视频文件，再通过<audio>和<video>标记将文件插入到网页中即可。在不要任何插件的情况下，大部分浏览器都可以播放音视频文件。

(1) HTML5 音频

不同浏览器对音频格式的支持情况见表 7.2 所示。

表 7.2　不同浏览器对于音频格式的支持

audio 格式	IE	Firefox	Chrome	Opera	Safari
Ogg	不支持	版本 3.5 以上	支持	版本 10.5 以上	不支持
MP3	版本 9.0 以上	版本 3.5 以上	支持	版本 10.5 以上	版本 3.0 以上
Wav	不支持	版本 3.5 以上	支持	不支持	版本 3.0 以上

<audio>…</audio>标记的常用属性见表 7.3 所示。

表 7.3　<audio>标记的常用属性

属性	描述
autoplay	如果出现该属性，则音频在就绪后马上播放。
controls	如果出现该属性，则向用户显示控件，比如播放按钮。
loop	如果出现该属性，则当媒介文件完成播放后再次开始播放。
preload	如果出现该属性，则音频在页面加载时进行加载，并预备播放。如果使用"autoplay"，则忽略该属性。
src	要播放的音频的 URL。

使用<audio>标记在网页中插入音频文件，代码如下所示。在下面的例子中，若浏览

器不支持 <audio>标记,在浏览器中将显示标记<p>中的提示文本。

代码运行效果如图 7.18 所示。单击“播放”按钮,开始播放音乐。

```
<audio src="media/audio1.mp3" controls="controls">
        <p>您的浏览器不支持此标记! </p>
</audio>
```

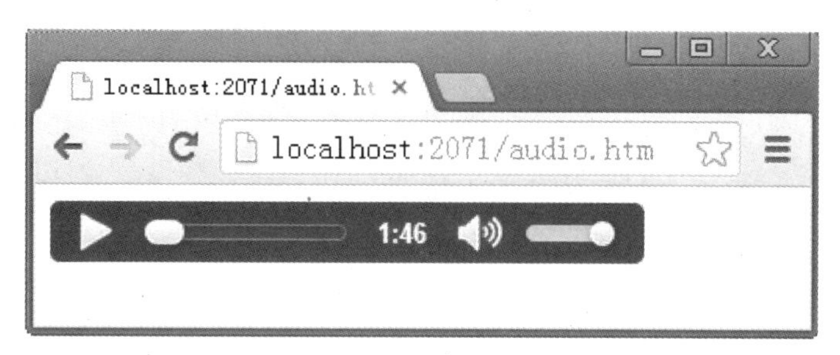

图 7.18　audio 标记

(2) HTML5 视频

不同浏览器对视频格式的支持情况见表 7.4 所示。

表 7.4　不同浏览器对于视频格式的支持

video 格式	IE	Firefox	Chrome	Opera	Safari
Ogg	不支持	版本 3.5 以上	版本 5.0 以上	版本 10.5 以上	不支持
MPEG 4	版本 9.0 以上	不支持	版本 5.0 以上	不支持	版本 3.0 以上
WebM	不支持	版本 4.0 以上	版本 6.0 以上	版本 10.6 以上	不支持

<video>…</video>标记的常用属性见表 7.5 所示。

表 7.5　<video>标记的常用属性

属性	描述
autoplay	如果出现该属性,则视频在就绪后马上播放。
controls	如果出现该属性,则向用户显示控件,比如播放按钮。
height	设置视频播放器的高度。
loop	如果出现该属性,则当媒介文件完成播放后再次开始播放。
preload	如果出现该属性,则视频在页面加载时进行加载,并预备播放。如果使用 "autoplay",则忽略该属性。
src	要播放的视频的 URL。
width	设置视频播放器的宽度。

使用<video>标记在网页中插入视频文件的代码如下所示,运行效果如图 7.19 所示。

图 7.19　video 标记

```
<video src="media/movie.ogg" controls="controls">
    <p>您的浏览器不支持此标记！</p>
</video>
```

7.2.4　HTML5 画布

一直以来，HTML 页面的动态表现能力都是比较弱的。但是，在 HTML5 中借助 canvas 标记，开发人员可以使用 JavaScript 在浏览器中以编程的方式创建图片和动画。不论是简单还是复杂的图形，都可以通过 canvas 创建出来。

canvas 的概念最初由苹果公司提出的，canvas 本质上是一个画布，画布是一个矩形区域，可以控制页面中的每一个像素。canvas 拥有多种绘制路径、矩形、圆形、字符以及添加图像的方法，其中，绘制的图形是不可缩放的。

作为一个容器元素，canvas 只是一块提供给开发人员在其中绘画的白板，如不设置属性值，其默认的宽度是 300，高度是 150。

基本 canvas 标记的使用方法如下，页面显示效果如图 7.20 所示。

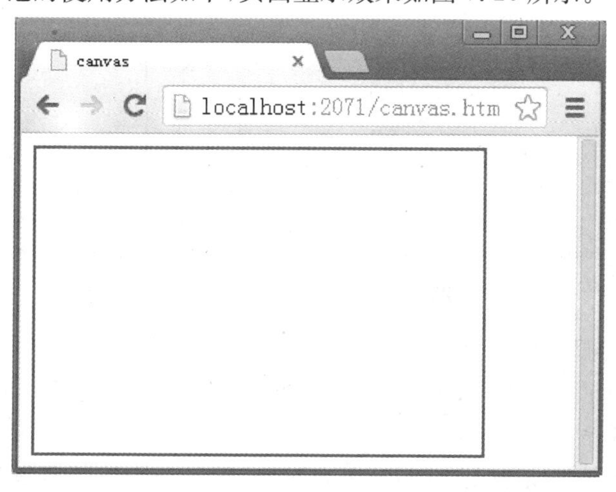

图 7.20　canvas 标记

```
<canvas id="mc" width="260" height="200" style="border:2px solid #FF0000;">
    <p>您的浏览器不支持此标记！</p>
</canvas>
```

上例中的主要代码解释如下：

在页面使用 canvas 标记，规定宽度、高度以及边框的样式，同时设定其 id；当浏览器不支持 canvas 标记时，在浏览器中显示标记 p 中的提示文本。

下例创建了一个 300 像素 * 200 像素的画布，通过 JavaScript 在浏览器中以编程的方式在画布上绘制一个 100 * 100 的正方形，填充色为绿色，显示效果如图 7.21 所示。

```
<html>
    <body>
        <canvas id="mc" width="300" height="200" style="border:2px solid #FF0000;">
            <p>您的浏览器不支持此标记！</p>
        </canvas>
        <script type="text/javascript">
            var c=document.getElementById("mc");
            var cxt=c.getContext("2d");
            cxt.fillStyle="#00FF00";
            cxt.fillRect(50,50,100,100);
        </script>
    </body>
</html>
```

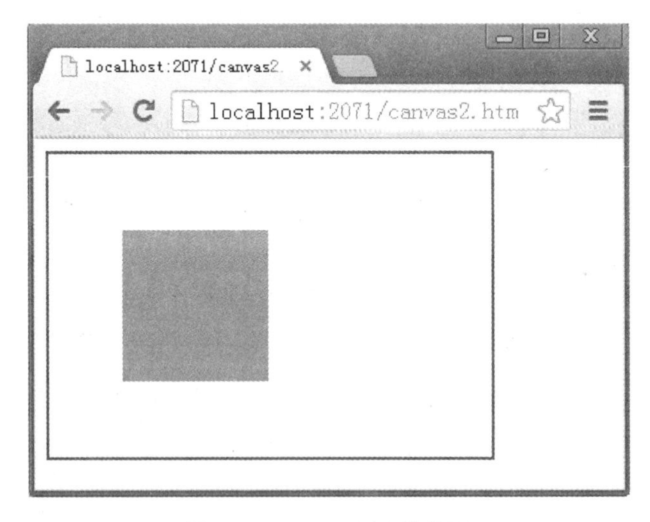

图 7.21　canvas 画布的使用

上例中的主要代码解释如下：

- 通过 canvas 元素对象的 getContext 方法来获取上下文对象，同时得到的还有一些画图需要调用的函数；
- getContext("2d")是内建的 HTML5 对象，接受一个用于描述其类型的值作为参数，即括号内的“2d”或者“3d”(目前不支持 3d)，注意 3d 要写为小写字母，写为大写可能会出错；

- cxt. fillStyle = "＃00FF00"语句设置填充颜色为绿色；
- cxt. fillRect(50，50，100，100)语句可以绘制带填充颜色的矩形；
- cxt. fillRect(x,y,width,height)语句中前两个参数(x,y)用于设定矩形左上角的坐标，后两个参数设置矩形的高度和宽度。

7.2.5　HTML5 拖放

页面的拖放操作能够帮助开发者创建更为直观、易于操作的页面。拖放是一种常见的操作，即抓取对象以后拖到另一个位置。

在 HTML5 中，拖放是标准的一部分，图片、列表、超链接、文件等元素都能够实现拖放，能够接收源对象的元素可以作为拖放的目标，而图片无法接收源对象。拖放操作的过程是首先设置元素的 draggable 属性为 true，通过此项操作使对象具有被拖放的功能，然后指定另外一个对象来允许源对象释放，最后在有对象释放时再执行一段代码完成释放。

HTML5 中规定了不同的拖放事件，见表 7.6 所示。

表 7.6　HTML5 中的拖放事件

事件	描述
ondragstart	被拖动对象拖动时触发
ondragend	被拖动对象停止拖动时触发
ondragenter	被拖动对象移动到目的地时触发
ondragover	被拖动对象拖动到目的地时触发
ondragleave	被拖动对象拖出目的地时触发
ondrop	拖动对象成功至目的地并释放时触发
ondrag	拖动对象时触发，可持续发生

例如，下面的代码可以实现对象的简单拖放，代码显示效果如图 7.22 和图 7.23 所示。

图 7.22　拖放操作之前

图 7.23　拖放操作完成

```
<html>
    <head>
    <style type="text/css">
                #box{
                        width:500px;
                        height:70px;
                        border:1px solid #ccc;}
    </style>
    <script type="text/javascript">
            function aldrop(ev){
                    ev.preventDefault(); }
            function drag(ev){
                    ev.dataTransfer.setData("Text", ev.target.id); }
            function drop(ev) {
                    ev.preventDefault();
                    var data=ev.dataTransfer.getData("Text");
                    ev.target.appendChild(document.getElementById(data));}
    </script>
</head>
<body>
    <div id="box" ondrop="drop(event)"ondragover="aldrop(event)">
                </div>
    <img id="drag" src="logo.gif" draggable="true" ondragstart="drag(event)"
                    width="200" height="50" />
    </body>
</html>
```

上例中的主要代码解释如下：

允许拖放：draggable 属性设置为 true，使该元素可以被拖动。

```
<img draggable="true" />
```

拖放对象时：当拖放动作开始后，ondragstart 是产生的第一个事件。ondragstart 调用一个函数 drag(event)，规定了被拖动的数据，dataTransfer. setData()方法设置被拖动数据的数据类型和值：数据类型是"Text"，值是可拖动元素的 id("drag")。

```
function drag(ev) { ev. dataTransfer. setData("Text",ev. target. id); }
```

拖放的目的地：ondragover 事件规定在何处放置被拖动的数据。默认情况下，无法将元素放置到其他元素中。如果需要设置允许放置，必须阻止对元素的默认处理方式。这时，需要调用 ondragover 事件的 event. preventDefault()方法：

```
event. preventDefault()
```

在目的地进行放置：当放置被拖数据时，会触发 drop 事件。

```
function drop(ev){
        ev. preventDefault();
        var data=ev. dataTransfer. getData("Text");
        ev. target. appendChild(document. getElementById(data)); }
```

调用 preventDefault()方法避免浏览器对数据的默认处理(drop 事件的默认行为是以链接形式打开)；通过 dataTransfer. getData("Text")方法获取被拖的数据。该方法将返回在 setData()方法中设置为相同类型的任何数据。

7.2.6　HTML5 地理定位

geolocation(地理信息)API(Application Programming Interface，应用程序编程接口)用于获得用户的地理位置。

由于该 API 可能侵犯用户的隐私，一般在用户同意的情况下才可以使用用户位置信息。

下面的例子通过地理信息 API 来显示用户当前所在地理位置的经度和纬度，代码运行后页面效果如图 7. 24 和图 7. 25 所示。

图 7. 24　地理定位

图 7.25 显示您的位置

```
<html>
    <body>
            <p id="ex">单击此按钮,得到您的位置</p>
            <button onclick="gn()">请单击</button>
            <script type="text/javascript">
                var x = document.getElementById("ex");
                function gn(){
                  if (navigator.geolocation) {
                      navigator.geolocation.getCurrentPosition(sp);}
                  else{
                                  x.innerHTML="您的浏览器不支持";}
                  }
            function sp(position){
    x.innerHTML = "经度:" + position.coords.latitude + "<br />纬度:" +
              position.coords.longitude;
            }
            </script>
    </body>
</html>
```

上例中的主要代码解释如下:

- gn()函数检测是否支持地理定位;
- if (navigator.geolocation)语句表示如果支持,则执行 getCurrentPosition()方法;
- getCurrentPosition()方法用于获取用户当前所在的地理位置,若定位成功,则会返回 latitude 和 longitude 属性;
- sp()函数用于获取并显示经度和纬度。

7.2.7 HTML5 表单的新输入类型

HTML5 丰富了表单输入元素的类型与属性。HTML5 中新增了电子邮件、网址、数字、日期、颜色等多种输入元素。

HTML5 新增的输入类型见表 7.7 所示。

表 7.7　新的输入类型

输入类型	描述
<input type="email">	应该包含 e-mail 地址的输入域
<input type="url">	网站文本框
<input type="search">	查询文本框
<input type="number">	数字文本框
<input type="range">	滑动条
<input type="color">	颜色文本框
<input type="date">	选取日、月、年
<input type="month">	选取月、年
<input type="week">	选取周和年
<input type="time">	选取时间(小时和分钟)
<input type="datetime">	选取时间、日、月、年(UTC 时间)
<input type="datetime-local">	选取时间、日、月、年(本地时间)

新增的输入类型解释如下：

- email 类型用于 e-mail 地址的输入;在提交表单时会自动验证 email 域的值。
- url 类型是一种专门用来输入 url 地址的文本框,若输入一个不是 URL 的字符串,则在前面自动补充“http://”。
- search 类型是一种专门用来输入搜索关键词的文本框。
- number 类型用于数值的输入,还能够设定对所接受的数值的限定,min 为最小值,max 为最大值。
- range 类型可以使数据按范围输入,range 类型显示为滑动条,step 指明每次滑动的步长。
- color 类型用来选取颜色,它提供了一个颜色选取器,value 值为颜色的初始值,若不设定,默认值为黑色。
- date 类型用来从日历中选取一个日期,value 为该控件的初始值。

下面的例子综合使用 HTML5 表单的新的输入类型,代码如下,页面显示效果如图 7.26 所示。

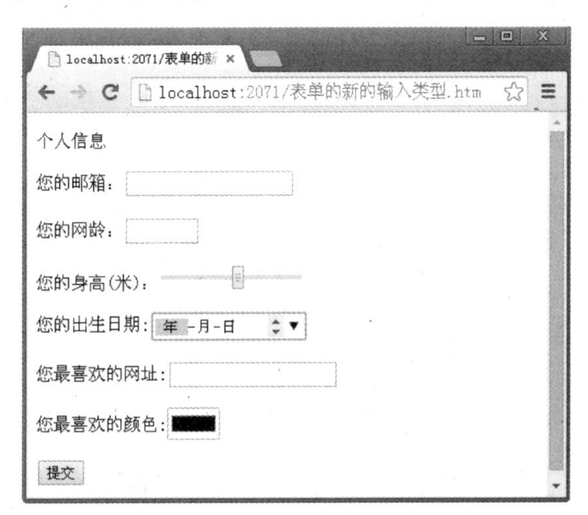

图 7.26　表单标记新的输入类型

```
<body>
    <form action="yz.asp">
        <p>个人信息</p>
        <p>
            您的邮箱:<input type="email"  name="el"/><br /></p>
        <p>
            您的网龄:<input type="number" name="wl"  min="1"/ max="150"></p>
        <p>
            您的身高(米):<input type="range"  name="rg" min="0.5" max="2.5" step="
0.01"
        value="1.60"/></p>
        <p>
            您的出生日期:<input type="date" name="bd"  value="1990-01-01"/></p>
        <p>
            您最喜欢的网址:<input type="url" name="ul" /></p>
        <p>
            您最喜欢的颜色:<input type="color" name="cl" /></p>
        <input type="submit" value="提交" /></p>
    </form>
</body>
```

若个人邮箱输入格式错误,单击"提交"按钮后,则弹出如图 7.27 所示的提示。

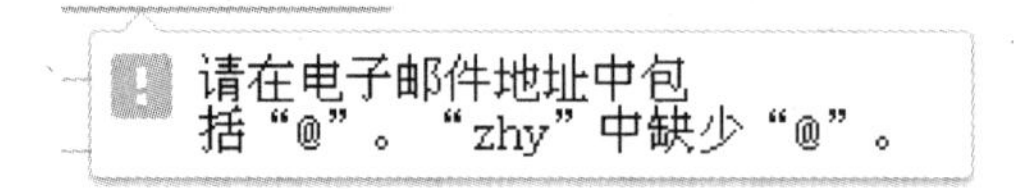

图 7.27　电子邮件格式检查

输入出生日期时单击"▼",则弹出如图 7.28 所示的日期输入框。

图 7.28　日期输入格式

"您最喜欢的颜色"对话框中默认值为黑色,单击输入框,则弹出如图 7.29 所示的颜色选择框。

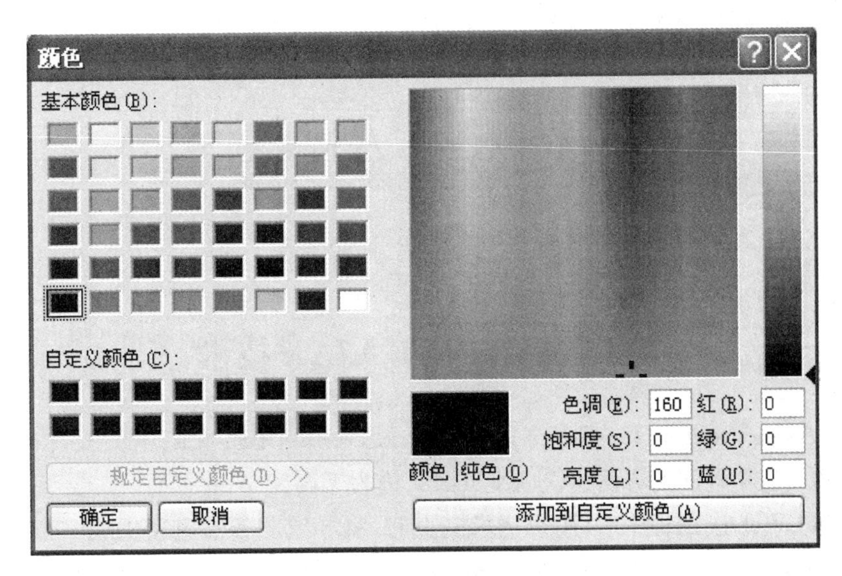

图 7.29　颜色选择框

另外，HTML5 中还增加了其他的特性，完整内容可参考 HTML5 的官方网站，网址是：http://www.w3c.org/TR/html5。

第8章　AJAX

8.1　ASP.NET AJAX 技术

AJAX(Asynchronous JavaScript and XML)是一种利用已经成熟的技术构建具有良好交互性的 Web 应用程序的方法。AJAX 页面又称为无刷新 Web 页面。

在传统的 Web 应用程序中,用户请求网页时,将导致服务器重新生成一个 Web 页面,不管内容是否重复,这个新的网页将覆盖原来的网页内容,即刷新整个页面。运行 AJAX 技术后,它将在网页中嵌入一层 AJAX 引擎。当客户端请求网页时,由 AJAX 引擎向服务器端异步地发出请求。服务器端将收到的请求处理后传回 XML 格式数据到 AJAX 引擎,最后部分更新客户端页面。这个过程由 AJAX 引擎异步完成,客户端不需要刷新整个页面,即只刷新已发生更改的部分网页。目前大部分浏览器都支持 AJAX 技术。

ASP.NET AJAX 是 AJAX 的实现方式,对 AJAX 的使用以控件形式提供,从而提高了易用性。Visual Studio 中的 AJAX 控件工具栏如图 8.1 所示,这些控件的使用方法与其他控件类似。

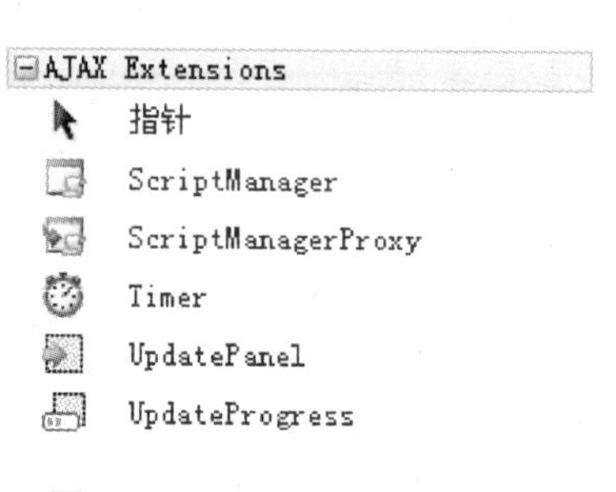

图 8.1　AJAX Extensions 工具

ScriptManager 控件是 ASP.NET 中 AJAX 功能的核心,它管理页面中的 AJAX 资源,负责将 AJAX 库中的 JavaScript 脚本下载到浏览器,并协调通过使用控件 UpdatePanel 启用的局部页面刷新。每个实现 AJAX 功能的页面都需要添加一个 ScriptManager 控件。定义的语法格式如下:

```
<asp:ScriptManager ID="ScriptManager1" runat="server">
</asp:ScriptManager>
```

UpdatePanel 控件是一个容器控件,该控件自身不会在页面上显示任何内容,主要作用是放置在其中的控件将具有局部刷新的功能。通过使用 UpdatePanel 控件,减少了整个页面回发时的屏幕闪烁并提高了网页的交互性，改善了用户体验，同时减少了在客户端和服务器端之间传输的数据量。

在一个页面上可以放置多个 UpdatePanel 控件。每个 UpdatePanel 控件可以指定独立的页面区域，实现独立的局部刷新功能。将需要局部刷新的控件放在 UpdatePanel 控件内部的<ContentTemplate>子元素中。

【例 8-1】本例创建了一个 AJAX Web 页面，在页面中添加了普通控件和使用 AJAX 的控件，用来比较两者的差别。如图 8.2 所示，单击“没有使用 AJAX”按钮，则刷新这个页面，两个标签中显示的时间均发生改变。若单击“使用 AJAX”按钮，则只刷新页面的局部，只有下面的标签中的显示内容发生改变。页面设计视图如图 8.3 所示。

图 8.2　页面局部刷新

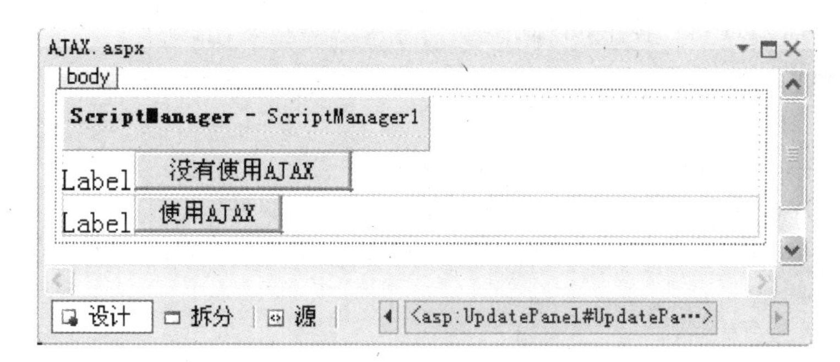

图 8.3　页面设计视图

页面 AJAX.aspx 的源代码如下，其中<ContentTemplate>子元素标识需要刷新的区域。

```
<body>
    <form id="form1" runat="server">
    <div>
    <asp:ScriptManager ID="ScriptManager1" runat="server">
        </asp:ScriptManager>
        <asp:Label ID="lblNoAjax" runat="server" Text="Label"></asp:Label>
        <asp:Button ID="btnNoAjax" runat="server" OnClick="btnNoAjax_Click" Text="没有
使用 AJAX" />
```

```
        <br />
        <asp:UpdatePanel ID="UpdatePanel1" runat="server">
            <ContentTemplate>
                <asp:Label ID="lblUseAjax" runat="server" Text="Label"></asp:Label>
                <asp:Button ID="btnUseAjax" runat="server" OnClick="btnUseAjax_Click"
Text="使用 AJAX" />
            </ContentTemplate>
        </asp:UpdatePanel>
    </div>
    </form>
</body>
```

AJAX.aspx.cs 中的源代码如下：

```
//刷新整个页面
protected void btnNoAjax_Click(object sender, EventArgs e)
{
    lblNoAjax.Text = DateTime.Now.ToString();
    lblUseAjax.Text = DateTime.Now.ToString();
}
//刷新整个页面 UpdatePanel1 控件中的部分
protected void btnUseAjax_Click(object sender, EventArgs e)
{
    lblNoAjax.Text = DateTime.Now.ToString();
    lblUseAjax.Text = DateTime.Now.ToString();
    btnUseAjax.Text = "使用 AJAX,刷新时间:" + DateTime.Now.ToLongTimeString();
}
```

8.2 ASP.NET AJAX Control Toolkit

Microsoft 一直在开发一些支持 AJAX 并可以在 ASP.NET 程序中使用的扩展 AJAX 控件，这些控件称为 ASP.NET AJAX Control Toolkit。默认情况下，这些扩展的 AJAX 控件没有安装到 Visual Studio 2010 中，要获取这些扩展控件，可以访问网站 http://www.asp.net/ajax，找到最新版本下载，如图 8.4 所示。

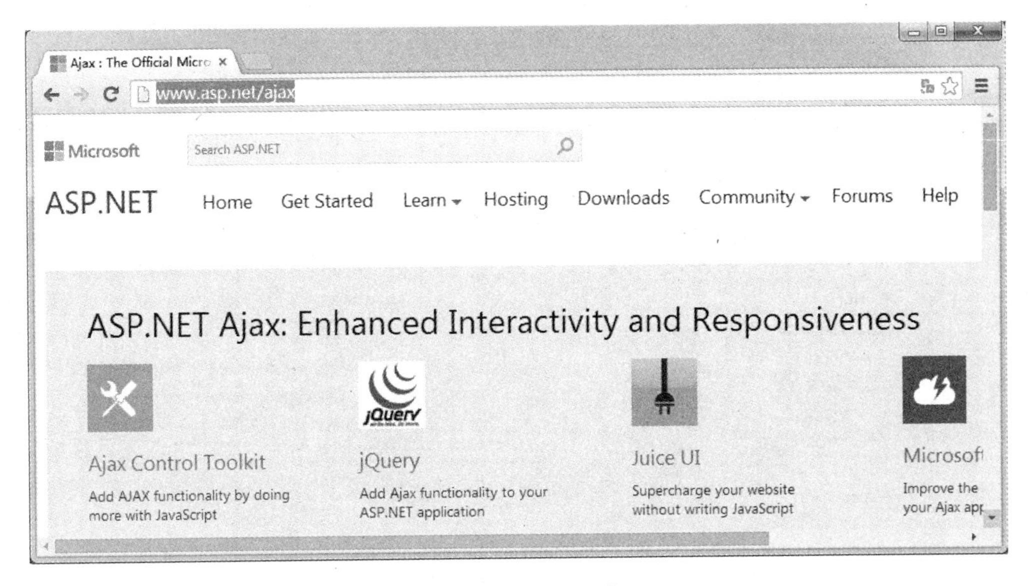

图 8.4　AJAX 网站

扩展控件下载后，需要手工添加到 Visual Studio 2010 工具箱中：

(1) 右击“工具箱”，在弹出的快捷菜单中选择“添加选项卡”命令，可以重新命名选项卡名，例如重命名为：AJAX 扩展控件。

(2) 右击“AJAX 扩展控件”选项卡，在弹出的快捷菜单中选择“选择项”命令，如图 8.5 所示。

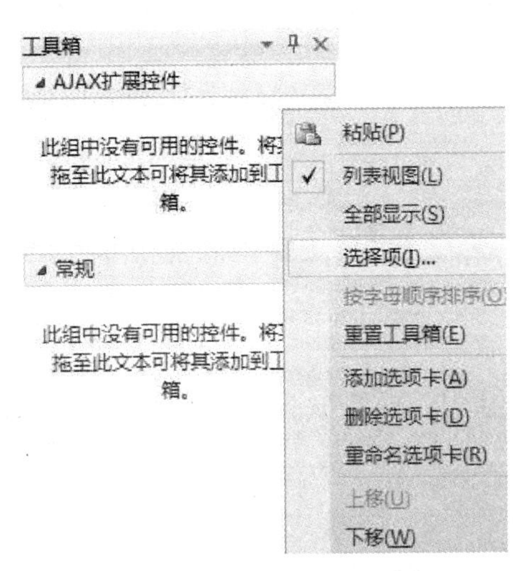

图 8.5　“选择项”界面

(3) 打开“选择工具箱项”对话框，单击“浏览”按钮，选择下载的 AJAX 扩展控件的解压文件路径中的 AjaxControlToolkit.dll，如图 8.6 所示。

图 8.6　选择 AjaxControlToolkit.dll 文件

单击“打开”后弹出如图 8.7 所示的“选择工具箱项”对话框，单击“确定”后，将扩展 AJAX 控件添加到了“AJAX 扩展控件”工具箱中，如图 8.8 所示。

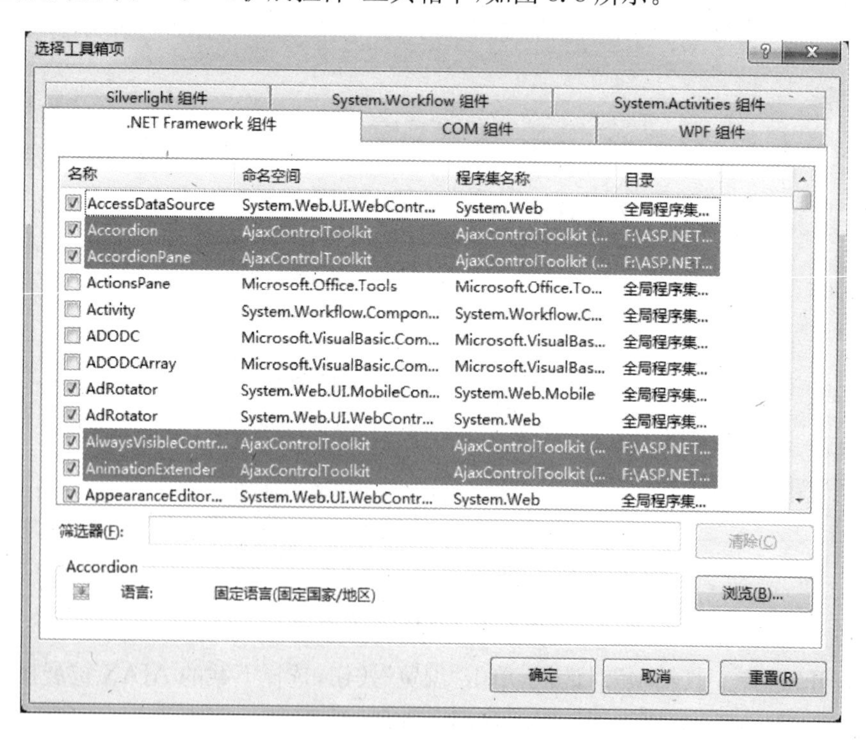

图 8.7　选择工具箱项界面

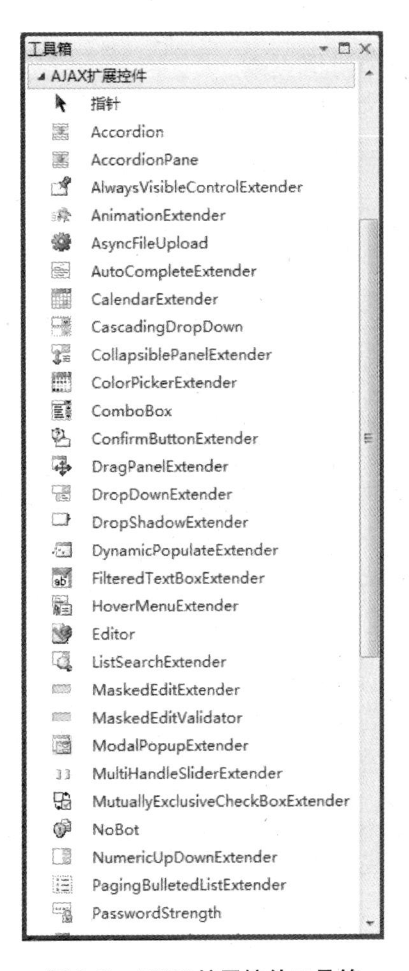

图 8.8　AJAX 扩展控件工具箱

AJAX 扩展控件的使用与其他控件的使用方式相同，在页面中添加了 AJAX 扩展控件后，AjaxControlToolkit.dll 文件将自动添加到网站的 Bin 文件夹中。

AJAX Control Toolkit 中的常用 AJAX 控件和说明见表 8.1 所示。

表 8.1　常用扩展 AJAX 控件

控 件 名	说　明
Accordion	用来实现菜单折叠效果的控件
AccordionPane	
AlwaysVisibleControlExtender	始终显示的控件:类似于悬浮窗口
AnimationExtender	实现控件中内容的动画效果(移动、变化大小、淡如淡出、变颜色等)
AutoCompleteExtender	实现智能提示功能，根据用户输入的前几个字母或汉字给出相应提示
CalendarExtender	日历控件
CascadingDropDown	级联下拉菜单

续表

控件名	说　明
CollapsiblePanelExtender	可折叠面板
ConfirmButtonExtender	弹出一个确认按钮对话框
DragPanelExtender	可自由拖动的面板
DropDownExtender	给任意控件添加下拉菜单
DropShadowExtender	实现各种阴影效果
DynamicPopulateExtender	动态生成控件中的内容
FilteredTextBoxExtender	具备文本框的过滤属性，控制用户输入值的范围
HoverMenuExtender	鼠标放在某个控件上显示一个特定的面板
ListSearchExtender	下拉菜单添加字母查找功能
MaskedEditExtender	输入框格式限定功能
MaskedEditValidator	
ModalPopupExtender	模式弹出窗口控件
MutuallyExclusiveCheckBoxExtender	互斥复选框
NoBot	防爬虫/机器输入功能
NumericUpDownExtender	数字值增减
PagingBulletedListExtender	带项目符号的列表控件
PasswordStrength	根据输入的密码客户端提示你输入密码的安全性
PopupControlExtender	给任意控件添加一个需要弹出的控件或者面板
Rating	评级控件
ReorderList	任意添加列表内容并更改列表顺序
ResizableControlExtender	可伸缩控件
RoundedCornersExtender	为面板添加圆角效果
SliderExtender	将 TextBox 以滑块的形式显示数据
SlideshowExtender	幻灯片模式播放图片
TabContainer	选项卡控件
TextBoxWatermarkExtender	带有水印效果的 TextBox
ToggleButtonExtender	可改变的按钮，实际上是一个有图片的 checkbox
UpdatePanelAnimetionExtender	面板中数据更新时，该面板显示出来的动画效果
ValidatorCalloutExtender	验证提醒控件

【例 8－2】应用 TextBoxWatermarkExtender，见上表。文本水印控件设置文本输入控件，提高页面显示效果。

TextBoxWatermarkExtender 文本水印控件的功能是当文本中没有数据时，可以使用特殊的样式填充在文本框中，当用户开始输入内容时，这些特色样式不显示；当用户没有输入内容时，文本框失去焦点后，又显示该样式。

TextBoxWatermarkExtender 文本水印控件的属性主要有：WatermarkText 属性为水印效果提示的文本；WatermarkCssClass 属性为水印效果应用的样式；TargetControlID 属性设置 AJAX 效果应用对象的 ID。

光标没有定位于文本框中的页面显示效果如图 8.9 所示，将光标定位于“确认密码”文本框中的页面显示效果如图 8.10 所示。

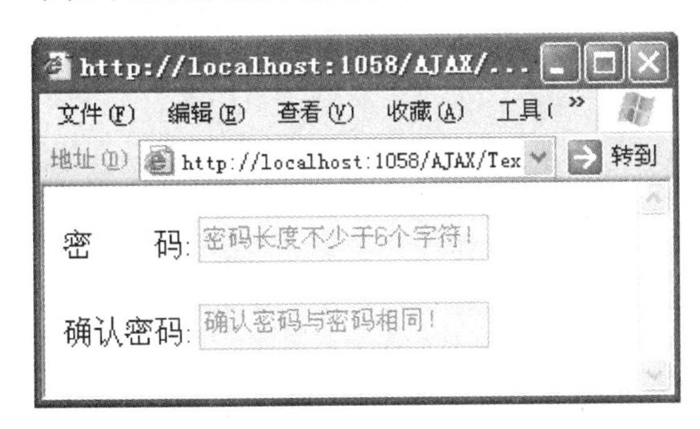

图 8.9　光标没有定位于文本框中

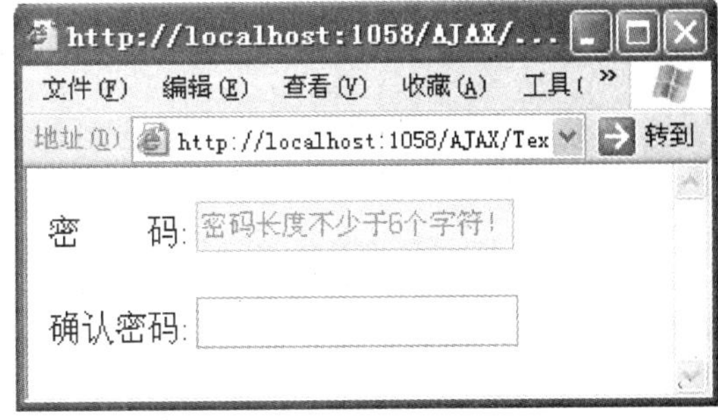

图 8.10　光标定位于“确认密码”文本框中

在页面中分别添加一个 ToolkitScriptManager 控件、两个文本框控件以及两个 TextBoxWatermarkExtender 控件，页面代码如下：

```
<html xmlns="http://www.w3.org/1999/xhtml">
<head runat="server">
    <title></title>
    <style type="text/css">
        .unwatermarked{
            height:18px;
            width:148px;}
        .watermarked{
          height:20px;
          width:150px;
          padding:2px 0 0 2px;
          border:1px solid #BEBEBE;
          background-color:#F0F8FF;
          color:gray;}
    </style>
</head>
<body>
    <form id="form1" runat="server">
    <div>
        <asp:ToolkitScriptManager ID="ToolkitScriptManager1" runat="server">
        </asp:ToolkitScriptManager>
        <asp:UpdatePanel ID="UpdatePanel1" runat="server">
```

```
            <ContentTemplate>
                密     码:
                <asp:TextBox ID="TextBox1" CssClass="unwatermarked"
                        Width="150" runat="server" /><br />
                <asp:TextBoxWatermarkExtender ID="TextBoxWatermarkExtender1"
                        runat="server" TargetControlID="TextBox1"
                        WatermarkText="密码长度不少于6个字符!"
                        WatermarkCssClass="watermarked">
                </asp:TextBoxWatermarkExtender><br />
                确认密码:
                <asp:TextBox ID="TextBox2" CssClass="unwatermarked"
                        Width="150" runat="server" /><br />
                <asp:TextBoxWatermarkExtender ID="TextBoxWatermarkExtender2"
                        runat="server" TargetControlID="TextBox2"
                        WatermarkText="确认密码与密码相同!"
                        WatermarkCssClass="watermarked">
                </asp:TextBoxWatermarkExtender>
                </ContentTemplate>
        </asp:UpdatePanel>
    </div>
    </form>
</body>
</html>
```

【例 8-3】应用 PasswordStrength 密码强度提示控件设置显示输入密码的强度提示。

PasswordStrength 密码强度提示控件在用户输入密码的时候，在密码文本框后面会有一个提示，说明用户输入密码的强度。

PasswordStrength 密码强度提示控件的主要属性有：

① DisplayPosition 属性用于设置提示信息显示的位置；

② StrengthIndicatorType：强度提示方式，有文本和进度条两种显示方式；

③ PreferredPasswordLength：最合适的密码长度；

④ PrefixText：提示信息的前缀；

⑤ TextCssClass：提示信息的样式；

⑥ MinimumNumbericCharacters：密码中最少要包含的数字个数；

⑦ MinimumSymbolCharacters：密码中最少要包含的特殊字符个数；

⑧ RequiresUpperAndLowerCaseCharacters：是否要求大小写混合；

⑨ TextStrengthDescriptions：密码强度的提示信息内容，最少 2 个，最多 10 个，排列顺序由弱到强；

⑩ CalculationWeightings：四种类型的衡量标准；

⑪ BarBorderCssClass：提示进度条样式；

⑫ HelpStatusLabelID：帮助信息 ID；

⑬ HelpHandPosition：帮助信息的位置。

显示文本框中的密码强度提示如图 8.11 及图 8.12 所示，代码如下：

图 8.11　密码强度文本提示方式

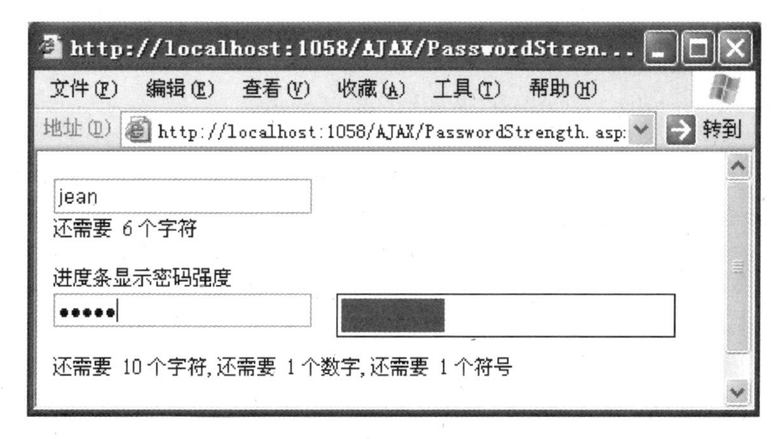

图 8.12　密码强度进度条提示方式

```
<style type="text/css">
    .TextIndicator_TextBox1{
        background-color:Gray;
        color:White;
        font-family:Arial;
        font-size:x-small;
        font-style:italic;
        padding: 2px 3px 2px 3px;}
    .BarIndicator_TextBox2_weak{
        color:Red;
        background-color:Red;}
    .BarIndicator_TextBox2_average{
        color:Blue;
        background-color:Blue;}
    .BarIndicator_TextBox2_good{
```

```
        color:Green;
        background-color:Green;}
    .BarBorder_TextBox2{
        border-style:solid;
        border-width:1px;
        padding:2px 2px 2px 2px;
        width:200px;
        vertical-align:middle;}
    </style>

<body>
    <form id="form1" runat="server">
    <asp:ToolkitScriptManager ID="ToolkitScriptManager1" runat="server">
    </asp:ToolkitScriptManager>
    <div class="demoarea">
        <asp:TextBox ID="TextBox1" Width="150" runat="server" autocomplete="off" /><
br />
        <asp:Label ID="TextBox1_HelpLabel" runat="server" /><br /><br />
        <asp:PasswordStrength ID="PasswordStrength1" runat="server"
            TargetControlID="TextBox1" DisplayPosition="RightSide"
            StrengthIndicatorType="Text" PreferredPasswordLength="10"
            PrefixText="Strength:" HelpStatusLabelID="TextBox1_HelpLabel"
            TextStrengthDescriptions="Very Poor;Weak;Average;Strong;Excellent"
            StrengthStyles="TextIndicator_TextBox1_Strength1;
            TextIndicator_TextBox1_Strength2; TextIndicator_TextBox1_Strength3;
            TextIndicator_TextBox1_Strength4; TextIndicator_TextBox1_Strength5"
            MinimumNumericCharacters="0" MinimumSymbolCharacters="0"
            RequiresUpperAndLowerCaseCharacters="false" />
        进度条显示密码强度<br />
        <asp:TextBox ID="TextBox2" Width="150" TextMode="Password" runat="server"
                autocomplete="off" /><br />
        <asp:Label ID="TextBox2_HelpLabel" runat="server" /><br /><br />
        <asp:PasswordStrength ID="PasswordStrength2" runat="server"
            TargetControlID="TextBox2" DisplayPosition="RightSide"
            StrengthIndicatorType="BarIndicator" PreferredPasswordLength="15"
            HelpStatusLabelID="TextBox2_HelpLabel"
            StrengthStyles="BarIndicator_TextBox2_weak; BarIndicator_TextBox2_average;
            BarIndicator_TextBox2_good" BarBorderCssClass="BarBorder_TextBox2"
            MinimumNumericCharacters="1"
            MinimumSymbolCharacters="1"
            TextStrengthDescriptions="Very Poor;Weak;Average;Strong;Excellent"
```

```
            RequiresUpperAndLowerCaseCharacters="true" />
    </div>
    </form>
</body>
```

参考文献

[1] 唐四薪. 基于Web标准的网页设计与制作[M]. 北京:清华大学出版社,2011.

[2] 沈士根,汪承焱,许小东. Web程序设计—ASP.NET实用网站开发[M]. 北京:清华大学出版社,2010.

[3] 阚宝明,焦阳,刘万辉. Photoshop CS 5图像处理案例教程[M]. 北京:机械工业出版社,2011.

[4] 汤智华,宋波. Photoshop CS 5图像处理基础教程[M]. 北京:人民邮电出版社,2012.

[5] 孙鑫,付永杰. HTML5、CSS3和JavaScript开发[M]. 北京:电子工业出版社,2012.